명명백백이란?

名名白白 밝을 明을 이름 名으로
살짝 바꿨는데 눈치챘는감? ㅎ

"이름을 알면 (名名) 모든 이치가 밝아진다 (白白)"

는 뜻이야. 'A는 B이다'라고 하면 암기가 되지만 'A라는 이름이 원래 B라는
뜻이었다'고 하면 이해가 된다는 간단한 관점의 변화에서 시작되었지.
이름으로부터 이야기처럼 풀어나가는 직관적인 설명으로 누구나 이해할 수 있고,
굳이 암기하지 않아도 저절로 외워지는 나만의 독특한 설명 방식이 명명백백이야.

이름엔 대상의 핵심이 담겨 있어. 너희들이 무턱대고 외우는 용어들도 알고 보면
누군가가 지은 이름이라고. 그렇기 때문에 이름을 이해하면 암기하지 않아도
대상의 핵심을 파악할 수 있단다. 내 강의를 한마디로 정리하자면,
이름 속에서 자연스럽게 뜻과 핵심을 연상하는 학습이라고~

... 그런데 내가 누구냐고?

이름: 김만국

직업: 명명백백 학원 원장 및 유일한 선생님

특징: 만국 萬國이란 이름답게 각종 만물에 대한 풍부한 상식으로
전 과목을 가르침. 오랜 고시 시절 후 직업을 전향한 까닭에
고시생의 패션코드와 한몸이 된 상태. 삼선슬리퍼에서 내려오지
않은지 오래. 연습장을 까맣게 채우며 암기하는 학생을 밤잠
설치며 안타까워한 나머지 눈아래 큰 다크써클이 드리워짐.
그와 더불어 일반인이 가지기 힘든 두꺼운 아랫입술의 소유자!
혼인 적령기가 지난지 오래지만 짝을 만나지 못해 늘 외로워 함.

자신의 수업방식에 대해선 자신감이 넘치나 왜 학원에 학생이
없는지는 고민에 고민을 해도 모르겠다는 그의 고백.

명명백백's family

신발사던 날

이름 : 심바
직업 : 딱히 없이 학원을 두루 살핀다.

특징 : 어릴적 길에 버려진 걸 수강생들이 데려왔으나 아무도 집으로는
데려가지 않아 학원에 남게 되었다는 출생의 비밀을 간직한 개.
명명백백에 오래 있어 들은 풍월은 많아 아는척 지대로나 진짜 실력은
모르겠음.
인간사에 참여하는 게 유일한 낙으로, 카톡질과 페북질이 주 일과.
물론 거의 씹힘. 애들이 학교에 있는 낮동안 아무도 이해할 수 없는
놀이를 즐기는 것이 특기. 만국쌤을 자신과 동급으로 여기나 사실
그말고는 받아주는 이도 없다는 ㅠㅠ

다음 세상에선 사람으로 태어나 진짜 시험 한번 보고싶다나..

등교길.

이름 : 오몽

특징 : 모든 이름에 뜻이 있듯
몽이의 이름에도 뜻이, 그것도
큰 뜻이 깃들어 있었나니..
그 모친이 큰 꿈을 꾸며 살라고
몽이라 이름지었으나 그 꿈을
찾으려 잠만 자게 된듯.
출석률이 뛰어난 학생.
그러나 출석률만 뛰어난 학생.
가장 자주 하는 말은 '몬소리야'

첫수업 떠기던 날

이름 : 박복

특징 : 복받으며 살라고 복이라
지었으나 모친이 남편의 성이 '박'씨
라는 걸 작명 다음 날 깨달은 건 함정.
알명 짐승빠. 짐승돌 스케줄은 알아도
개학 날짜는 모른다는..
원래 착실한 앤데 친구를 잘못 만나
연예인에 빠졌다는 모친의 착각과는
달리, 그녀가 착실한 친구들을
꼬드기는 것임.
가장 자주 하는 말은 '아 끝난거
아니었어?'

그리고, 너.

명명백백 100% 활용하기

본문

29

우리나라 하천의 특색2-
감조 하천

tidal river

> 키워드식 풀이로 중고등 과정의 모든 개념을 완벽하게 담고 있다고!

우리나라의 하천은 황·남해로 흐른다고
···

이렇게 조차가 큰 해안을 향하는 하천의
··· 바닷물이 역류하여 들어오면서

감조구간

바다
(밀물) 하천

> 모든 제목에 영어를 달아 학습에 시야를 넓혔어.
> 인터넷 검색에도 용이하지~

수위가 주기적으로 오르고 내리는 구간이
나타나.

썰물때
하천수위

밀물 때
하천수위

이러한 하천을 조류를 느끼는 하천이란 뜻으로 감조 하천이라 하지.

앗,조류가
흐러든닷!

感 潮 河 川

느낄 감 밀물썰물 조 하천
감지
예감

이로 인해 하천 주변에 염해*가 발생할
수 있고

아이짜...

난 민물고기여

4

> 개념을 아이콘화하여 머릿 속에 쏙 들어오고
> 오래 기억되도록 하는 것이 명명백백식 그림!

> 죽은 한자 풀이가 아닌, 잘 알고 있는 단어로부터 연상
> 하게 하는 것이야 말로 한자를 효과적으로 활용하는 길!

명명백백 more

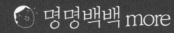

용천대*

> 본문에 나왔던 용어들 중, 보충이
> 필요한 용어는 따로 설명해 두었지~

···ater area   명명백백 more

우리 ··· 솟음친다' 라고 하잖아. 여기서 용(湧)은 '솟구치다' 는 뜻의 한자어란다.
여기에 샘을 뜻하는 천(泉)이 결합하여, 용천(湧泉)은 물이 지표로 솟구치는 것을 말하지. 그래서 용천대는 **물이 다시
지표로 솟아나는 지역**이야. 인간의 삶에 있어서 물이란 생명과도 같은 것이니 예로부터 용천대에는 반드시 **취락**이
입지했단다.

복류천*   伏(엎드릴복) 항복, 굴복, 잠복 / 流(흐를류) / 川(내천): underflow   명명백백 more

🌑 명명백백 special

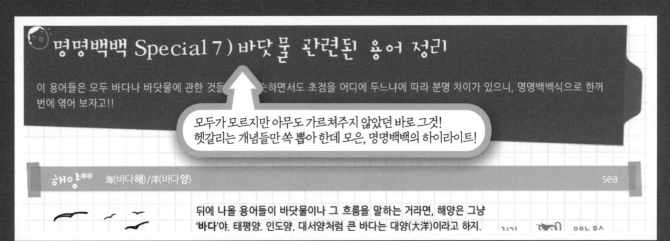

🌑 심바의 bonus

🌑 차례

🌑 찾아보기

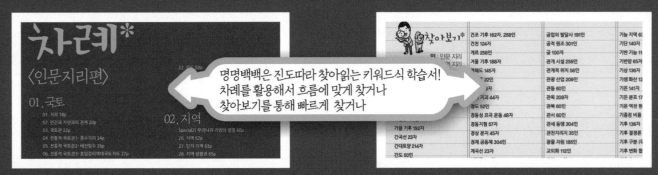

차례*

*전체를 읽을 때는 인문지리 1, 2단원 ≫ 자연지리 ≫ 인문지리 나머지 부분의 순서로 읽을 것을 권장합니다!

〈인문지리편〉

06. 우리나라 각 지역과 북한의 생활

07. 세계의 생활과 문화

〈자연지리편〉

01. 지형

02. 기후

03. 환경과 재해

01

울해 수강생은
몇이나 될까...
했는데 의외로
빠르리 세지네 ㅡ_ㅡ◦

멍멍백백
지리 첫시간

구토

01 지리

명명백백의 여정은 지리에서부터 시작하려고 해. 그런데 왜 하필 지리냐고?

지리는 무엇보다 우리가 살아가고 있는 세계에 대한 통찰을 제공하는 학문이거든.

우선 명명백백인 만큼 '지리'의 의미를 짚고 넘어가지 않을 수 없겠지?

직역하자면 **땅에 대한 이해, 이치** 정도가 되겠다.

인간이야 땅에 붙어사는 존재인만큼 지리학은 그 어떤 학문보다도 역사가 오래되었어.

영어 geography도 고대 그리스 학자였던 에라토스테네스가 명명했는데,

지구를 기술하다는 의미야. 지구를 기술한다는게 뭔 소리냐고?

Geo (지구)
+
Graph (기술하다, 묘사하다)

그야말로 지구상의 모든 게 다 대상일 수 있어! 이름에서부터 여러 현상들에 대해 폭넓게 연구하는 지리학 특유의 다양성을 엿볼 수 있지.

1888년 지리학의 보급을 위해 시작된 National Geography만 보더라도 그야말로 세계 곳곳의 모든 주제들을 총망라하고 있잖아?

그래서 지리라는 과목은 종종 이런 소릴 듣기도 한다고..

하지만 생각해봐. 인간은 누구나 지구의 일부, 어떤 공간을 점유하고 있어. 공간과의 인연, 그것은 죽을때까지 계속되지.

그렇게 보면 모든 것은 사실 지리적이야. 그래서 지리는 다양한 사회적 판단과 결정의 근간이 되는 지식이라고.

지금의 세계는 열려있고 연결되어 있어. 우리는 이곳을 살고 있는 동시에 세계를 살고 있지.

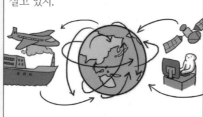

지리는 세계화 시대에 혼돈을 꿰뚫는 사유의 힘을 길러주고

동시에 곳곳의 우리들이 사는 삶의 이야기이기도 해.

특히 최근 통신 위성 기술의 발달로 지리 정보를 다루고 응용하는 기술은 점점더 중요해지고 있어.

얼핏보면 외울 게 많아보이는 지리 용어들도 개념을 한자라는 그릇에 담아 놓은 것일 뿐이라,

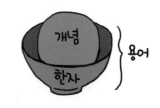

명명백백식으로 공부하다보면 가장 쉬운 과목이기도 하단다.

지리의 연구 영역은 크게 자연 지리와 인문 지리로 나눌 수 있는데,

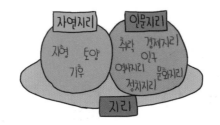

자연 지리는 말 그대로 **자연 환경과 인간의 관계**를 연구해. 지형, 기후, 토양, 식생 등이지.

19

그럼 인문지리는? 우선 인문(人文)이라 함은 사람과, 그 사람이 살아가면서 만들어 놓은 문화를 말해.

人文
사람 인 문화 문

쉽게 말해 사람사는 이야기야. '인문학'이라고 다들 들어봤지?

야, 견문지리는 없냐?

그래서 **인문지리**는 지형이나 기후와 같은 자연 그 자체보다 이로 인해 벌어지는 여러 **문화 현상**을 다루는 것으로,

문화, 정치, 경제, 역사, 산업, 도시 등등..

이게 진짜 페북보다 잼나다니까 ㅋㅋㅋ

너 친구 없지..

결국 지리가 무어냐고 물으신다면? **인간과 자연, 인간과 인간, 그 관계와 다양성! 호기심과 모험의 대장정**이라 말해주겠어!

지리탐험을 통해 어딘가의 그녀를 만날지도..

'호기심과 모험의 대장정' 맞군

그런데..이런 코스프레 좀 유치하지 않니?

하루 대여에 3만원이여 뽕뽑아야지

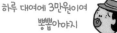

🔍 페북산 맛단 법

02 인간과 자연과의 관계

environmental perspectives

지리가 환경과 인간의 관계를 연구하는 학문인만큼 이에 대한 연구가 오랫동안 있어왔다고 했는데,

뭐? 그런 얘길 했어?

어, 아리스토텔레스 어쩌고 했던거 같아

야!!!! 에라토스 테네스!!!!

환경을 바라보는 시각만큼은 시대마다 달랐어.

사겨만 주시면..

→

콱그냥! 별것도 아니게

→

자기뿐인거 알지? 다시 잘해봐~

전형적인 양아치 패턴인데?

우선 과학 기술이 보잘것 없던 시절에 자연은 인간에게 있어 너무나 거대한 것이었지.

헉! 용왕님 노하셨다

내딸을 제물로 바침세!

그러니 **환경이 인간의 삶의 모습을 결정**한다는 생각을 할 수 밖에 없었어.

과거 우리의 삶의 모습이나

지금의 오지나 극한 지방에서의 삶을 보면 환경이 결정한 부분이 크잖아.

이름을 붙인다면? '**환경결정론**'이지 뭐야!

"Environmental
환경이
Determinism"
결정한다는 주의

그러나 과학 기술의 발달과 함께 인간이 점차 자연 현상들을 이해, 예측하고

극복하는 것이 가능해지면서

인간이 자연 환경을 적극 이용할 수 있다는

'**환경가능론**'이 힘을 얻게 돼.

"Environmental
환경을 (극복하는 것이)
Possibilism"
가능하다는 주의

인류는 이러한 가치관을 바탕으로 짧은 시간에 그야말로 엄청난 문명을 이루었지.

그러나 무분별한 개발과 그에 따른 환경 오염의 피해는 고스란히 우리에게 되돌아 왔어.

지구는 인류에게 경고장을 보내고 있어. 지금 우리에게 필요한 건 결정론이나 가능론이 아닐 거야.

자연과 인간은 상호작용하므로 조화와 균형이 중요하다는

생태학적 접근이지.

"Ecological 생태학적 Approach" 접근

perspective아닌 Approach인건 그만큼 '실천'이 중요하다는 의지의 표현!

한편 자연 환경 그 자체보다 그로인한 문화가

덥고 습한 기후가 벼농사를 짓게 한건데

조선사람 춥고 건조한 만주와서도 벼농사한다네 징허다 혜

벼농사밖에 할줄 아는게 별로 없어서..

더크게 우리의 삶을 좌우한다는 견해도 있는데

문화

인간

이게 **문화결정론**이야.

"Cultural 문화가 Determinism" 결정한다는 주의

덧붙이자면 **인간의 행동이나 사고, 삶의 양식이 알고 보면 그가 속한 문화에 의해 결정**되는 것이라는 사회적 의미로 폭넓게 쓰이기도 해.

빨리 안먹으면 애들한테 다뺏겼어..

옜요

아.. 난 항상 부모님과 지루한 대화를 하며 먹었지..

허겁 지겁

깨작깨작

이렇게 어떤 '결정론'이라 함은 비단 특정 과목만의 이야기는 아니야.

어디서 함부로 자란 애를 데려와!

"환경, 문화결정론"

어려운 환경에서도 훌륭히 성장한 사람이에요!!

"환경가능론"

상대적으로 적용될법한 여러 가치관들을 일컬을 때 사용되는 일반적 개념이란다.

어머니 저 정말 잘할 수 있어요

성깔깨 넘었다. 웃이 돼줘!

너희집안 피가 어디로가니?

"유전자결정론"

"자유의지론"

Perspective! 관점의 문제!

만국아 항상 궁금했던건데, 저런 봉투에는 얼마가 들어있을까?

관 점

얘야~ 섭섭해 하지말라고 쓴다 뿌야 뿌야~ 화풀어!! 내아들보다 좋은 남자 만나 잘 살아..

---

03 국토관

넌 우리나라 땅에 대해 어떻게 생각하니?

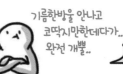

바다와 대륙을 연결하는 교량에 천혜의 자연환경까지 개이득!

기름한방울 안나고 코딱지만한데다가.. 완전 개뿔..

아니 저것들은 왜 맨날 개를 들먹거려?

이렇게 개인이나 사회 집단이 국토를 인식하는 체계, 관점을 국토관이라고 해

우리가 다른 나라 간섭 없이 마음껏 발붙이고 살 수 있는 국토는 정말 소중한거야.

좀 좁고, 자원도 부족하지만, 그래도 이만한 곳이 없쥐~

첫째로 국토는 우리 국민이 삶을 영위하는 생산 공간이자 삶의 터전이고,

둘째, 조상으로부터 이어져온 문화의 터전이며,

셋째, 나라를 구성하는 가장 기본적인 요소라고.

그러니 진취적이고 긍정적인 국토관을 갖는게 무엇보다 중요하지.

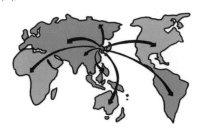

참, 앞에서 시대에 따라 우리를 둘러싼 환경을 보는 시각이 달라졌다고 했지? 국토를 바라보는 시각 역시 역사와 함께 변해왔단다.

풍수지리나 산경도, 택리지 등을 통해 볼 수 있듯이 우리 조상들은 주로 환경 결정론적이고

환경 → 인간

생태 지향적인 국토관을 가지고 있었지.

환경 ⇄ 인간

그런데 일제 강점기에 와서는 우리 국토의 잠재력을 부정한, 왜곡된 국토관을 강요받았어.

국토가 영락없는 호랑이의 모습일세

눈뿟으므? 이건 우크리 토끼므늬!!

대륙과 해양을 잇는 중요한 지정학적 위치도 외세 침략을 받을 운명으로 폄하되었으며

식민지는 죠선징의 운명이노만닷!

대륙 ←

우리 국토를 자원 수탈의 대상으로만 파악한거야.

얼른까지 석탄을 날라야 하니 철도를 건설하라

한편 산업화 시대에는 개발을 통한 경제적 가치를 중시하여

그야말로 눈부신 경제 발전을 이룩한 반면,

지역 격차와

환경 오염이 심화되는 문제점을 낳기도 했단다.

오늘날 우리가 정립해야 할 국토관은 **생태학적 접근**에서

개발과 환경의 조화를 중시하는 자세라는 걸 명심하자고.

04

전통적 지리관1 –
풍수지리

이제부터는 우리의 전통적 지리관을 하나씩 구체적으로 공부할 거야.

풍수는 바람과 물, 크게는 자연을 말하는 것일 테고,

자연이 땅의 모든 기운을 다스려

인간의 길흉화복, 흥망성쇠를 좌우한다고 믿는 것이 풍수지리 사상이야.

그래서 풍수지리에서는 산, 바람, 물 등의 흐름으로 땅의 성격을 파악하여

명당을 찾고자 했어. 명당은 **좋은 집터**란 의미로 풍수지리상 좋은 입지를 말해~

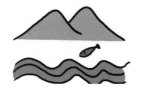

明 堂
밝을 **명**　집 **당**

이 명당의 기본원리가 장풍득수가 되는 곳인데,

그래서 '풍수'를 장풍득수의 준말이라고 보기도 해

감추다는 의미의 장(藏)과

매장
저장

얻는다는 뜻의 득(得)을 써서

획득
소득

바람은 (막아서) 감추고 물은 얻는다는 뜻이지. 바로 이곳에 만물의 근원인 기(氣)가 모인다고 믿었단다.

藏 風 得 水
막을 **장**　바람 **풍**　얻을 **득**　물 **수**

매장　　　　획득
저장　　　　소득

기가 너무 센 곳은 완화시키고 모자란 곳은 보충하는

북동쪽의 기가 허하니 나무를 심고 장승을 세워 보하자구!

비보를 해가면서,

裨 補
도울 **비**　보충할 **보**

비서　　보충

그 명당에 집을 짓거나 (양기풍수) 묘를 쓰면 (음택풍수)

陽基풍수
밝을 [양] 터 [기]
(거주지 관련)

陰宅풍수
어두울 [음] 집 [택]
(묘지와 관련)

명　　당

좋은 일이 일어나고 후손까지 복을 누릴 수 있다고 믿었어.

승진
합격
로또당첨
반장당첨

조선시대에는 유교사상의 영향으로

"돌아가신 부모를 섬길 때에도 살아있을 때와 같이 하라"

특히 못자리를 놓고 쟁탈전을 벌이는 일이 많았는데

십장생!

개나리!

이를 산소(山所, 묘지)를 가지고 소송한다는 뜻으로 산송(山訟)이라고 해.

山 訟
뫼, 묘지 **산**　송사할 **소**

산소　　　소송

이처럼 풍수지리 사상은 기본적으로 환경이 인간의 삶을 결정한다는 **환경 결정론적 사고**를 바탕으로 하고 있어.

어머~ 나 은근 많이 출연하네

환경

인간

통일신라시대에 전파된 이후, 생활터전이나 도읍을 결정하는데 큰 영향을 미쳤단다.

고려시대 서경(평양)으로의 천도를 주장했던 묘청의 운동도 풍수지리를 바탕으로 발생한 거야.

우리 전통의 **대지모사상***과 중국의 **음양오행설***을 기반으로 하고 있다는 것도 알아 두자.

🙂 대지모사상*　　大地 (대지) / 母 (어미 모) / 思想 (사상)
명명백백 more

대지모 사상은 **땅(大地)이 곧 어머니(母)**라는 생각이지. 산업기반이 없었던 예전에는 모든 생산물을 땅에서 얻을 수밖에 없었겠지? 땅은 생활의 터전인 동시에 만물이 생성되는 근원이었어. 이는 마치 어린 아이가 어머니로부터 무한한 베풂을 받는 것과도 같아. 그래서 **땅을 마치 어머니처럼 여기며 신성시했던, 우리나라 전통적 사상**을 대지모사상이라고 해. 왜, 풍수지리에서도 땅과 지형을 중시하고 이것이 인간의 삶을 좌우한다고 생각하잖아.

🙂 음양오행설*　　陰陽 (음양) / 五 (다섯 오) / 行 (행할 행) / 行 (말씀 설)
명명백백 more

이는 **음양(陰陽)**설과 **오행(五行)**설을 함께 묶어 부르는 말이지. 음양설은 우주나 인간의 모든 현상이 음(陰)과 양(陽)의 길고 짧음에 따라 결정 된다는 거야. (왜 음기가 세니, 양기가 세니 그런 말 하잖아.^^) 한편 오행설은 목(木), 화(火), 토(土), 금(金), 수(水)의 다섯가지가 음양의 원리에 따라 행함으로써 우주의 만물이 생성하고 소멸하게 된다는 것이지. 물과 불이 만났으니 헤어지라는 둥.. 나중에 궁합 같은 거 보면 뭔지 어렴풋이 알 수 있을걸? 이 음양오행설이 풍수지리의 세부적인 내용을 구성하는 원리로 응용되었단다.

05
전통적 지리관2—
배산임수

아, 명당 좋다는 건 알겠는데 말야.. 그럼 풍수지리 사상에서 말하는 명당이 되려면, 즉 바람은 막고 물을 얻으려면 어떤 조건의 지형이어야 할까?

배산임수, 알지?

등지다는 뜻의 배(背) 자를 쓰고

배신
배반

위에서 아래를 내려다 볼 때 쓰는 임(臨) 자를 써서

군림
강림

뒤로는 산을 등지고 앞으로는 물을 내려다보는 지형의 모습을 말하는 것이지.

背 山 臨 水
등질배　뫼산　내려다볼임　물수

그러면 등지고 있는 산이 차가운 북서 계절풍을 막아 주고 산림 자원을 공급 해 주며,

마을 앞 하천으로 인해 용수의 획득이 용이하고

하천 주변엔 비옥한 퇴적지가 형성되기 마련이라 실제로 생활하기에 매우 적합한 곳이 될 밖에.

그러니 미신적인 것만은 아닌, 오랜 경험에서 온 생활과학적인 측면이 강한 것이 풍수지리 사상이야.

PungSu is science!

Poong Su

최고의 명당은 그림처럼 산이 지형을 감싸 안으며 그 사이를 물이 드리운 형세인데

조종산
주산
내백호
혈
외백호
명당
내수구
내청룡
외청룡
안산
조산
외수구

〈명당도〉

한양의 입지를 봐. 배산 임수의 지형이 잘 드러나지?

북한산
인왕산
응봉
명당 (경복궁)
한강
남산
낙산
관악산

06
혼일강리역대국도지도
전통적 지리관3 —

자, 이제부터 본격적으로 고지리 자료를 가지고 우리 선조들이 가졌던 지리관을 살펴 보자.

지도나 지리서들 말이야~

지금이나 옛날이나 자신을 둘러싼 세계를 알고 싶은 마음이야 어찌 다르겠어. 글로도 표현할 수 있지만 한눈에 편하게 보면 더 좋겠지?

그래서 고대부터 다양한 모습의 지도들이 만들어진단다. 우선 세계 지도를 통해서 당시의 세계관을 좀 엿보도록 할까?

특히 고지도들 중에는 그래도 지금과 가까운 조선시대의 지도들이 비교적 잘 보존되어 있으니.. 조선 전기의 세계지도부터 하나씩 살펴보자고.

먼저 이름부터 무지막지하게 긴 '혼일강리역대국도지도'부터 시작하자.

직역하면 '역대 나라와 도시의 경계를 하나로 섞어 정리한 지도' 정도의 의미가 되잖아.

混 一 疆 理 歷代 國 都 地圖

섞을 **혼**　하나 **일**　경계, 끝 **강**　정리할 **리**　**역대**　나라 **국**　도시 **도**　**지도**
　혼합　　　　　만수무**강**

그래도 이름을 보니 최소한 이게 세계지도임은 알 수 있지?

이것은 조선 전기에 기존의 자료들을 편집해서 제작된 편찬도야.

현존하는 동양의 세계 지도 중에서는 가장 오래된 지도이고,

가운데 중국이 있고 조선이 크게 그려진 반면, 일본은 작게 그려져 있지? 중국에서 들여온 지도에 조선과 일본을 끼워 넣었기 때문이야. 그리고 왼편에는 유럽과 아프리카까지 그려져 있어.

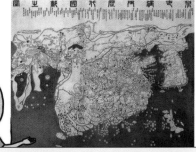

다만 세계사적으로 신항로의 개척 이전이라 아메리카나 오세아니와 같은 신대륙은 보이지 않아.

세계지도의 가운데에 중국을 그렸다는 것 자체가 중화 사상에 입각한 것이긴 하지만

中 華 思想

중국 **중**　빛날, 찬란할 **화**　**사상**
　　화려
　　호화

그때에도 중국 밖의 다른 세계를 인식하고 있었음을 알 수 있고

또한 우리나라를 실제 크기보다 크고 자세하게 그린 것으로 보아 국토에 대한 자긍심을 갖고 있었던 점도 엿볼 수 있어.

마지막으로 중국과 그 밖의 세계 가운데 우뚝 선 조선을 그림으로써 건국의 당위성과 왕권을 천명하려는 의도로 제작 되었다는 것도 알아두자!

조선 건국을 선포하노라!

건국기념 세계지도나 만들깝소?

07

전통적 지리관4 – 천하도

천하도 역시 **하늘 아래 세계를 그린 그림**이니까 세계 지도를 말하는 거겠지?

天 下 圖
하늘 **천**　아래 **하**　그림 **도**

조선 중기부터 **상상의 세계관을 나타낸 원형의 세계지도**가 만들어졌는데, 이들을 천하도라 해.

특정 지도를 말하는 것이 아니라, 당시에 유행하던, 이런 스타일의 세계지도를 일컫는 일반 명사라 할 수 있지.

여기에는 가운데 중국과 조선, 일본의 현실 대륙이 있고 그것을 둘러 싸고 있는 내해가 있으며 그 밖으로 환대륙과 외해의 상상의 세계가 그려져 있어.

전형적인 중화사상에 도교적 세계관 등이 짬뽕된 지도야.

상상의 세계에는 거인국과 소인국 여인국, 머리 셋 달린 사람이 사는 삼수국까지 있어서... 이런걸 관념도라고 하긴 하지만 이건 뭐 지도라기보단 ^^;;

이러한 스타일의 지도가 만들어진 이유는 전통적으로 **하늘은 둥글고 땅은 모나있다**는 세계관을 갖고 있었기 때문이야. 이를 **천원지방**이라 하지.

天 圓 地 方
하늘 **천**　둥글 **원**　땅 **지**　모날 **방**

기독교적 세계관에서 만들어진 관념도인 서양의 TO지도도 이와 비슷하게 생겼어.

중심은 예루살렘

세상은 O자형으로 둥글고 중앙에 T자모양의 바다가 있어 TO지도라 하지.

이런 사소한 이름들도 다 이름 속에 의미가 있으니 무조건 외우지 말라구!

NO

08
전통적 지리관5-
동국지도

조선 후기에는 지나치게 관념적인 성리학을 비판하면서

무릇 선비란..

으이쿠, 족터져!!

실생활에 도움을 주고자 하는 실학이 발달해. 이에 따라 실용적이고 근대적인 국토 인식도 시작되지.

우리 국토부터 제대로 알아야지~

그 영향으로 실측에 의한, 정확한 국내 지도들이 만들어져 실제 백성들의 생활에 이용되었는데,

쟨 대로만 그려야지

대표적인 것이 동국지도와, 청구도, 대동여지도야.

최강 조선도 3종세트
청구도, 대동여지도, 동국지도
할인적 가져 9,900야

문헌에 보면 '조선'을 일컫는 다른 이름들이 많았는데,

동이 대동
청구 동국
해동

이들은 대부분 중국의 동쪽에 있는 나라이기 때문에 붙여진 것이지.

N

그러니 모두 조선의 지도, 즉 국내지도를 말해. 동국지도 물론 마찬가지이고~

조선 후기의 실학자 정상기가 제작한 것인데 **백리척** (자척: 尺)이라고 해서 백리를 한 자로 계산한 축척과 같은 개념을 최초로 사용했지.

30.3cm

그럽시다

백리(약40km)를 한자 (30.3cm)로 칩시다

이게 직선 거리가 아니라 사람이 걸을 수 있는 도로상의 거리를 기준으로 하기 때문에 지금의 정확한 축척과는 차이가 있지만

강이 굽이치거나 굴곡진 곳에서는 실제 거리보다 길게 측정될거야.. 쏴리~

꼬우면 직접 만들어 쓰던가

당시로는 가장 정확했을 뿐 아니라 이후 지도들의 정확성을 높이는 계기가 되었단다.

얼핏봐도 현대 지도와 꽤 흡사해졌지?

조선 전기에 제작된 지도중에 가장 정확하다는 조선방역지도와 비교해 보아도 특히 북쪽 지방이 매우 정확해졌어. 그런데 여기는 대마도와 만주까지 우리 국토로 인식하고 있네? 이건 후기에 와서는 아쉬운 대목인걸?

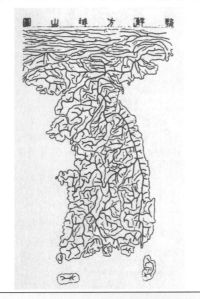

그런데 사실 조선시대 동국지도에는 두 가지가 있어.

조선 전기의 동국지도
조선 후기의 동국지도

그래서 지리나 국사를 깊이 공부하는 학생들은 헷갈릴 수 있지.

맞아! 나도 항상 그부분이 헷갈렸드랬지

다른 하나는 정척, 양성지 등이 세조의 명으로 만든 것으로 조선전기의 대표적이면서 과학적인, 우리나라 최초의 실측지도야.

지리지 뿐만 아니라 지도도 필요하다!

예-이

그런데 아쉽게도 현존하지는 않고 이를 기초로 제작된 이후 지도를 통해 짐작만 할 뿐이지.

아마도..?

갈구냐
나도 줄심이 있음..

동국지도가 먼지도 몰랐으면서 전·후기가 헷갈렸다고?

09

전통적 지리관6-
청구도

청구(靑丘)는 본래 신선이 산다는 동방의 세계를 말하는거였어.

청구

그래서 역시 '동쪽'의 이미로 조선을 뜻하게 되었지.

N 4

우리 역사상 최고의 지리 학자였던 김정호가 조선후기 제작한

고산자 김정호
1804경~1866경

조선의 지도인데, 사실 청구도의 원래 이름은 '청구선표도'였어.

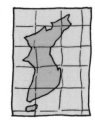

淸丘 線表圖
청구: 조선 선 선 표 표 그림 도

'선표'라는 이름에서 청구도의 특징을 엿볼 수 있는데 모눈선을 구획하여 좌표의 개념을 도입한 지도지.

모눈선에 의해 동일한 축척이 적용되었기 때문에 정확한 대축척 지도가 만들어질 수 있었어.

이후 〈대동여지도〉의 기틀이 되고 근대적인 지도 제작에 큰 의의를 가진다 평가되어 2008년에 국가 보물로 지정되었 단다.

보물 1594호

각 지역의 부가적인 설명을 가미해 지도이면서 지리서의 성격도 갖고 있다는 것도 알아 두고!

10

전통적 지리관7 –
대동여지도

동(東)은 앞에서 말했듯 조선을 뜻해. 다만 대(大)자를 붙여 존경의 의미를 담았을 뿐이지.

동방에 있는 큰고 높은 나라다해

그리고 '상여'라는 말도 있듯이 여(輿)는 수레라는 뜻이야.

이제가면 언제와 ~ 어-야-디-야 아이고..ㅠ.ㅠ

여기에 땅 지(地)가 만나면, 마치 수레에 만물이 담기 듯

땅의 만물을 담아내는 것을 의미해.

그래서, 만인의 의견인 '여론'에도 수레 여(輿)가 쓰인단다

그래서 '대동여지'는 '조선 전국을 담았다'는 의미이고 '대동여지도'는 조선전국도인거야. '대동여+지도'가 아니라 '대동여지+도'라고!

輿地 圖
여지 : 전국 그림 도

김정호가 청구도를 수정, 보완하여 만든 대동 여지도는 정확한 축척을 사용한 실측지도인데,

오직 백성을 위한 지도를 만들 것이다

그 정확성에 조선을 침탈한 일제조차 놀라지 않을 수 없었을 정도였어.

걸어다니며 만든 지도가 이렇게 정확하다니 있을 수 없으므...

매우 큰 전국도라 **분첩식***으로 휴대하기 쉽도록 제작된 것은 중요한 특징이야.

와우~ 접으면 포켓사이즈!?!

실제로 모든 부분을 다 붙이면 3mX7m 정도의 거대한 지도가 돼. 오늘날의 축척으론 1:16만 정도의 대축척 지도야.

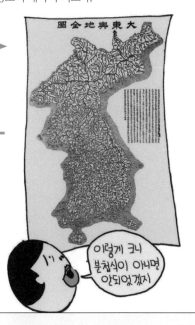

大東輿地全圖

이렇게 크니 분첩식이 아니면 안되었겠지

또 당시 상업의 발달로 늘어난 지도의 수요를 고려해

지도판매

두-둥
드뎌...
아이 좋셔!
밀지좀마슈
?

목판본으로 만들어져 대량인쇄가 가능했고 아무리 많이 찍어내도 내용의 오류가 없었지.

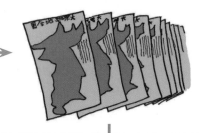

지도를 자세히 볼까? 산맥을 표현할 때, 낮은 산지는 가늘게, 높은 산지는 굵게 그리고 봉우리의 개수까지도 표현했지만, 이건 등고선이 아니라 회화적으로 산줄기를 그린 거야. 점선은 군현(조선시대 행정구역)의 경계이고 강은 곡선으로 표현했는데, 이때 두 줄이면 배가 다닐 수 있는 가항 하천 이었어. 한편 도로는 이와 헷갈리지 않도록 직선으로 표시했지. 또 도로의 10리마다 점을 찍어 실제 거리를 계산할 수 있게한 김정호는 센스쟁이!

아쉬운 점은 산의 표현은 등고선이 아니어서, 높이를 짐작은 해도 정확한 고도를 알 수 없고 토지의 이용을 표시하지 않았다는 점이야. 지도 어디를 봐도 논밭 표시는 없잖아?

쩝...

그리고 또 오늘날의 범례에 해당하는 '**지도표**'라는 기호체계를 고안하여 지면을 절약하면서도 많은 내용을 담았어. 이 지도표의 내용도 명명백백식으로 풀어줄게 참고로 봐둬! 외우라는 건 아냐~

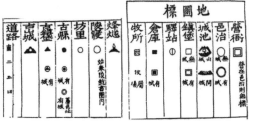

地圖標

道路 / 古城 / 坊墓 / 古縣 / 坊里 / 陵寢 / 烽燧 / 牧所 / 倉庫 / 驛站 / 鎭堡 / 城池 / 邑治 / 營衙

영아: 營(영) / 衙(마을 아) : 영(군대)이 있던 곳
읍치: 邑(읍 읍) / 治(다스릴 치) : 지방을 다스리던 관청
성지: 城(성 성) / 池(연못 지) : 원래 성의 둘레에 방어를 위해 파 놓은 연못의 의미에서》 성을 말함
진보: 鎭(진) / 堡(작은 성 보) : 진(군대)이 있던 곳
역참: 驛(역 역) / 站(이따금 참) : 이따금 말을 갈아타던 역
창고: 倉庫(창고) **목소:** 牧(기를 목) / 所(장소 소): 군사, 행정적으로 필요한 말을 기르던 곳
봉수: 烽(봉화 봉) / 燧(부싯돌 수) : 봉화(신호용 횃불)가 있던 봉수대
방리: 坊(동네 방) / 里(마을 리): 지방관청
도로: 道路(도로) 10리, ...50리

분첩절첩식*

分(나눌분) / 帖(문서 첩) 사진첩, 명함첩... / 折(접을 절) 절충, 요절 / 疊(겹칠 첩) 첩첩산중 / 式(식)

분첩절첩식은 (발음 잘 혀라 ^^;;), 혹은 줄여서 '분첩식'이라고도해.
첩(帖)은 '사진첩'에서처럼 여러 문서들을 포개어 놓은 형태를
말하는데, 큰 문서를 접고(折) 겹치면(疊) '첩'으로 나눌(分) 수
있다는 뜻이지. 현재의 큰 지도들은 다 분첩식이긴 하지만 당시로는
이렇게 크고 자세하여 접고 다니며 요긴하게 사용할만한 지도가
없었거든.

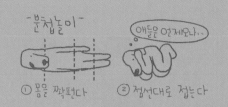

11

전통적 지리관8–
동국여지승람

반면 조선은 건국 초기, 효율적인
통치를 위해

지리서의 필요성을 실감하고 이를 제작
했는데, 동국여지승람이 그 중 하나지.

'동국여지'가 조선 전국을 담았
다는 뜻인 것은 이제 알테고...

그러면 **동국여지승람**은 '조선 전국을 담은 훌륭한 열람' 정도의 의미가 되겠다.
'-도'로 끝나지 않는 것을 보니 **지리서**지?

東國 與地 勝 覽

동국 : 조선   여지 : 전국을 담은 이길, 훌륭할 승 볼 람

명승지   열람
관람

동국여지승람은 역대 지리지 중 가장
종합적인 내용을 담고 있어 조선사 연구에
불가결한 자료로 높이 평가되고 있단다.

12

전통적 지리관9–
세종실록지리지

조선 시대에는 왕이 죽으면

그가 **재위한 기간 동안 기록한 사실들을**
정리하여

이를 실록이라 했어. 실록은 **'실제로 기록한 것'**이란 뜻이지.

實 錄

실제 **실** 기록할 **록**

사실   기록
현실   녹음

그러니 세종실록지리지는 세종의 실록 중 지리에 관해 기록한 부분만을 따로 뽑은 거야

이 지리지 역시 당시의 경제, 사회, 군사, 산업, 지방제도 등이 자세히 기록되어 있고

땅과 인간이 별도로 존재하는 것이 아니라 서로 닮아가고 영향을 미친다는

지인 상관론적 관점을 잘 보여주고 있단다. 그래서 역사, 자연, 인간 문화 등을 폭넓게 다루고 있어.

地 人 相 關 論

땅 **지**   사람 **인**   서로 **상**   관계 **관**   논할 **논**

그러나 세종실록지리지와 동국여지승람은 조선 전기에 통치를 위해 편찬된 관찬지리지*로서

철저히 지배층의 필요를 위해 제작된 것이라

필요한 정보를 쉽게 찾을 수 있도록 행정 구역별로 정리하여, **백과사전식**으로 기술하고 있다는 것은 꼭 기억해야해.

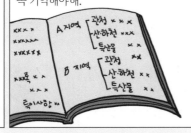

뒤에 나오는 택리지와 같은 인문 지리서와 꼭 비교해 보도록! 왜 통치를 위한 것인지 바로 알 수 있을 거야!

당시의 일반 백성이나 지식인들이 근대적인 지리 인식을 가졌던 것은 아니란다.

관찬 지리지*   官(벼슬, 관청 **관**) 관공서, 관사, 관리 / 撰(지을 **찬**) 편찬 / 地理誌(지리지)

'관'은 정부와 같은 공적인 기관을 말하는 거야. 그러니 관찬지리지는 **정부가 편찬한 지리지**겠지? 이건 조세, 국방 등 통치의 편의성을 위해 제작된 지리지. 그러다보니 지역별로 필요한 정보만을 찾아내기 쉽도록 백과사전식으로 나열된 거라고. 사실 조선 후기 실학 사상이 발달하기 전까지는 지리지는 대부분이 관찬지리지였어. 국방이나 내란 등의 이유로 국가가 이를 허락치 않았고 개인이 스스로도 지리지를 작성할 만큼 실용적이고 주체적인 의식이 높지 않았거든.

13

전통적 지리관10-

택리지

반면 조선 후기에는 실학에 근거한 근대적 국토 인식을 바탕으로

학자들 스스로 주체적이고 진취적인 지리관에 입각해 국토의 실체를 연구하기 시작했지.

내가 직접!

이때에 작성된 지리지들 중에 특히 중요한 것이 택리지란다. **우리나라 최초의 현대적 의미의 인문 지리서*거든.**

근대 한국 지리학에 지대한 영향을 미쳤지

우리는 무언가를 신중하게 고를 때 고를 택(擇) 자를 써.

선택 간택

그러면 택리지는 **(살기 좋은) 마을을 골라놓은 기록**이겠지?

A마을
C마을   B마을

擇 里 志

고를 **택**   마을 **리**   뜻, 기록 **지**

선택   양수리
간택   이장님

조선 후기 이중환이 실학 사상의 영향을 강하게 받아 실제 답사를 통해 저술한 것으로

사실 택리지는 저술 당시에는 이름이 없었고, 후대에 이르러 10여종에 이르는 명칭이 붙었는데,

?

이는 이 책이 워낙 다채로운 내용을 담고 있어 읽는 사람의 용도와 의도에 따라 달리 불렸기 때문이야.

산수연구가로

상인

인문지리학자

'택리지'라는 이름은 주거를 중점으로 생각했다는 것은 뜻을 보면 이해가 되지?

택리지

살기좋은 마을을 골라놓은 기록

풍수 사상과 세종 실록 지리지 등에서 이어져 온 지인상관론적 관점에서 작성된 지리서야.

하지만 풍수지리가 전부는 아니라고

풍수지리

택리지는 크게 4부분으로 나눌 수 있는데,

총론   사민총론

팔도총론   복거총론

우선 **전체적 설명**이란 뜻의 [총론]은

總 論
총론

책의 전체적인 개요와 집필 의도를 말하고 있지.

그리고 사민(四民) 총론에는 **조선 시대 사농공상의 4신분 계급과 사대부의 내력**에 대해,

팔도총론에는 **조선을 팔도로 나누어 각 지방에 대해 설명**하고 있단다.

아래의 예처럼 지형에 대한 세심하고 과학적인 관찰이 돋보이는 부분이지.

철원부는 비록 강원도에 속하였지만 들판에 이루어진 고을로서, 서쪽은 경기도의 장단과 맞닿았고, 토지는 비록 척박하나 큰 들과 작은 산이 모두 평활하고 아름다워, 두강 안쪽에 있으면서도 또한 두메속에 한 도회지를 이룬다. 그러나 들 가운데는 물이 깊고 검은 돌이 마치 벌레먹은 것과 같으니, 이는 대단히 이상스런 일이다.
(팔도총론 : 강원도편-철원)

가장 중요한 건 **복거총론**인데 **살만한 곳을 점쳐 설명한 것**이란 뜻이야.

卜 居 總論
점칠복 살거   총론
복채 거주

왜 우리가 점칠 복(卜)자를 써서 복집, 복채라고 하잖아.

이 '살만한 곳'을 가거지라 하여 자세하게 설명하고 있는데, 중요하니까 이건 다음 장에서~

🙂 **인문 지리서*** 人(인류 인) / 文(문화 문) / 地理書(지리서) 명명백백 more

1장에서 인문지리가 뭔지는 설명했지? 인문지리는 **자연이나 지형 등으로 인해 벌어지는 인간생활과 문화를 말하고 이것을 기록한 책인 인문지리서**겠지.
지형과 자연 그 자체보다는 이로 인해 발생하는 여러 인문 현상들, 경제, 교통, 인구, 취락 등을 연구하는 것이지. 이는 주로 백성들의 이야기이고 실학자와 같은 개인이 집필한 경우가 많아. 이렇게 개인이 쓴 지리책을 사찬지리지라고 하는데 아무래도 자신의 생각을 쓰다보니 서술식으로 쓰였겠지. 그래서 통치를 위해 백과사전식으로 기술된 관찬지리지와 대비돼.

🙂 **실사구시*** 實(실제 실) / 事(사실 사) / 求(구할 구) / 是(옳을 시) 명명백백 more

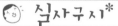

실제 사실로부터 옳은 것을 구한다는 뜻이야. 공론만 일삼는 성리학에 반대하여 객관적 방법으로 얻은 사실에 토대하여 진리를 탐구하려는 태도지.

🙂 **이용 후생*** 利(이로울 리) / 用(쓸 용) / 厚(두터울, 넉넉할 후) / 生(생활 생) 명명백백 more

(여러 가지 기구들을 이롭게 써서) 백성들의 생활을 넉넉히 하는 것. 즉, **실용적 경제 개발을 통해 행복한 의식주를 누리자는 생각**이야.

14 전통적 지리관11－ 가거지

가(可)는 ~할만하다, ~하기 좋다는 뜻이니

가능

可 ~할만할 가

살기 좋은 곳을 한자로 하면 **가거지**가 돼.

可居地
~할만할, 허락할가 살거 땅지

가능   거주
가용   거처

이중환이 말하는 살기 좋은 곳이란 어떤 요건을 갖추어야 하는 걸까?

난 똥만 있으면 돼~

택리지에서는 지리, 생리, 산수, 인심 이 네 가지 요건으로 가거지를 선정하였는데

지리
생리 산수
인심

여기서 지리란 풍수지리상의 **명당**을 의미해.

배 산

임 수

예문에서 보듯, 풍수가 인간의 길흉화복에 영향을 미친다고 말하고 있지.

어찌하여 지리를 논하는 것인가. 먼저 수구를 보고, 그 다음으로 들의 형세를 본다. … 무릇 수구가 성성하고 널따랗기만 한 곳에는 비록 좋은 밭 만 이랑과 넓은 집 천 칸이 있다 하더라도 다음 세대까지 내려가지 못하고 저절로 흩어져 없어진다.

생리는 이런 생리가 아니고 -.-;;

생리적 현상이라고!

이익이 난다는 뜻으로

生 利
날생 이로울리

이익

경제적 기반이 유리한 곳을 의미해.

실학 사상의 영향이 가장 잘 드러나는 부분이지.

실사구시*
이용후생*

택리지

예문에서 보듯, 토지의 비옥도와 교통의 중요성을 강조했어.

이 세상에 있어 산 사람을 봉양하고 죽은 사람을 보내는 데에는 모두 재물이 소용된다. 그런데 재물은 하늘에서 내리거나 땅에서 솟아 나는 것이 아니다. 그러므로 땅이 기름진 곳이 제일이고, 배와 수레와 사람과 물자가 모여들어 있는 것과 없는 것을 서로 바꿀 수 있는 곳이 그 다음이다.

거기에 **인심(人心)이** 좋고

내놔
집문서도 드리리다

산수(山水)가 아름다운, 즉 경치 좋은 곳이 살만한 땅이라 하였지.

아.. 상이 마구 떠오른다~ 뜬다 뜬

사실 인심에서는 당파를 논하는 부분이 많고 산수는 사대부가 시를 읊을 수 있는 곳이라고 한 것을 보면 사대부적 시각으로 쓰인 한계는 있어.

15 전통적 지리관12-
아방강역고

아방(我邦)은 우리 나라야.

방(邦)은 국(國)과 같은 뜻이거든.

邦 = 國

그리고 강역(疆域)은 둘다 영역이라는 의미의 한자로, 국경 내의 영토, 영역을 의미한단다.

강역

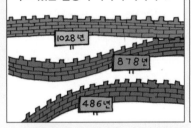
그래서 강역에 대해 살핀 책인 [강역고]는 국경의 변천을 주제로 하고 있는 일종의 역사적 지리서야.

1028년
878년
486년

정리하면 내 나라의 국경과 영토를 살핀 책의 아방강역고지. 조선 후기 정약용이 지은 것으로,

我邦 疆域 考

아방 : 우리나라   강역 : 국경   생각할 고

국경의 변천을 중심으로 자신의 의견을 실으면서,

백두산 정계비도 우리의 영토라 하였고 발해까지 거론하여 민족의 주체성을 강조했어.

만주벌판

우리꺼였는디...

택리지와 아방강역고, 산경표, 도로고 등의 공통점은 조선후기 실학의 영향을 받았고

실학
아방강역고
택리지
도로고
조선후기 지리지

조선 전기의 백과사전식 기술과는 달리, 인문적이고 설명적으로 기술되어 있다는 거야.

지리 주저리~

또 국가가 아니라, 개인이 편찬한 사찬지리지*라는 점이 매우 중요해!

몸소 국토를 연구하련다 -

🖍 사찬 지리지*

私(개인, 사사로울 사) 사생활, 사물함 / 撰(지을 찬) 편찬 / 地理誌(지리지)

명명백백 more

내가 직접!

관(官)이 정부와 같은 공적인 기관이라면 사(私)는 개인을 말해. 그러니 사찬지리지는 **개인이 편찬한 지리지**야. 실학 사상의 영향을 받아 실용적인 목적에서 제작되었거나 학자들 스스로 **주체적이고 진취적인 지리관에 입각해 국토의 실체를 연구하기 위해 편찬**되었지. 지도와 지리지들이 많아지니 헷갈리지? 잠깐 정리하고 넘어가자고.

	조선 전기 《 성리학 영향	조선 후기 《 실학 영향
고지도	혼일강리역대국도지도, 천하도	동국지도, 청구도, 대동여지도
지리서	세종실록지리지, 동국여지승람 : 관찬	택리지, 아방강역고, 도로고 : 사찬

명명백백 Special 1) 분수계와 유역의 개념

지리에서는 분수계(능선)와 유역이 매우 중요한 기초 개념이야. 자주 쓰긴 하지만 정확한 개념을 구별하지 못하고 있는 부분이기도 하지.
이번 기회에 확실히 알아두라고!

분수계** 分 (가를 분) 분열, 분리 / 水 (물 수) / 界 (경계 계) watershed, dividing ridge, drainage divide

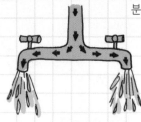

분수계는 **물을 가르는 경계**라는 뜻이잖아. 여기서 물을 가른다는
것은 하늘에서 내린 비가 갈라져 산을 타고 흘러내리는 것을 말해.
생각해 봐, **빗물이 떨어지면 봉우리를 이은 선을 중심으로 반대
방향으로 갈라져** 흘러내릴 테고 이 선을 중심으로 각각의 하천이
유역을 형성하겠지. 바로 이 경계가 분수계인 거야. 산맥이나 고개
등의 봉우리를 이은 선이 경계가 되므로, 고개 령(領) 자를 써서
분수령이라고도 하지. 모서리 능(稜) 자를 써서 '능선' 혹은
'산등성이'라고 하는 것도 바로 이 분수계의 역할을 한다고!

유역** 流 (흐를 류) / 域 (영역 역) drainage basin

'낙동강 유역', '나일 강 유역'이라 하듯이 우리가 흔히 말하는 '유역'이란 단어의 정확한 개념은
무얼까? 한자를 풀면 유역은 **하천이 흐르는 영역**이야. 쉽게, **하나의 큰
하천으로 작은 하천들이 모여 흘러드는 모든 영역**을 가리키는 말이지.
유역은 앞의 분수계와 연결시켜서 알아두면 훨씬 쉬워져. 분수계는
빗물이 갈라지는 경계이고, 유역은 빗물이 서로 다른 방향으로
나눠진 뒤에 새로이 흘러 모이는 각각의 지역을 말하거든.
분수계는 하천을 나누는 칸막이고, 유역은 나눠진 하천을 담고
있는 일종의 그릇이랄까?

산자분수령** 山 (뫼 산) / 自 (스스로 자) 자율 / 分 (가를 분) 분열, 분리 / 水 (물 수) / 嶺 (고개 령) 대관령 drainage basin

갑자기 산자분수령이 왜 나오냐고? 산자분수령은 우리 조상들이 이해한 분수계와 유역의 개념이거든.
한자를 풀면 **산은 스스로 물을 가르는 고개가 된다**는 뜻. 분수계의 개념처럼 **산에 떨어진 물이 골을
따라 모여 물줄기가 되고 이것이 흘러 계곡물과 하천이
된다**는 것이지. 당연한 이야기지만, 그래서 산은 물을
건너서 솟지 못하고 물도 산을 타고 넘지 못한다는
원리야~

16

전통적 지리관13-

산경도와 도로고

산경은 **산의 길, 산의 경계**라는 뜻이야.

山 經
뫼 산 길, 경계 경

우리 조상들은 산은 물을 가르는 경계가 된다는 **산자분수령의 원리**에 따라

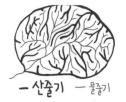

— 산줄기 — 물줄기

모든 산줄기가 연결되며 이것이 물줄기 (하천)를 형성한다고 생각했지.

이러한 생각을 표로 정리한 지리서가 조선 후기 실학자 여암 신경준이 제작한 **산경표**야.

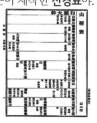

이 **산경표를 기준으로 작성한 지도**는 **산경도(圖)**라고 해. 백두산에서 뻗어 나온 백두대간에 다른 산줄기들이 연결되어 분수계를 이룬다고 보았어. 실제로 분수계와 하계망은 서로를 얽고 설지.

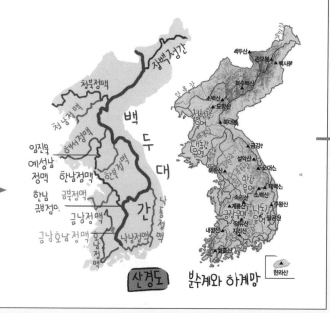

산경도

분수계와 하계망

산경도에서는 산줄기를 기(氣)가 흐르는 통로로 인식해 모두 이어진 것을 볼 수 있는데 이는 땅 속의 지질 구조를 반영 하여 끊어져 있는 산맥도와 가장 다른 점이지.

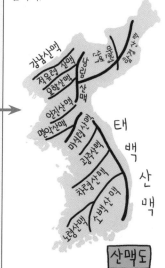

산맥도

도식화 해보면 더 쉽게 비교될 거야.

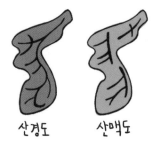

산경도   산맥도

특히 산경도에서는 이 하계망을 따라 생활권이 형성 된다고 설명하고 있기 때문에

백두산   생활권

백두대간

지방 문화권의 경계를 파악하는데는 산경도가 유리해. 반면 산맥도는 지질 구조나 지하자원 등을 파악하는데 유리하고.

산경도와 산맥도의 비교는 자연지리편에 매우 자세히 나와있으니 참고해~

신경준은 한편, 말 그대로 도로에 관한 생각을 담은 **도로고**를 편찬하면서 진보적인 공간 인식을 보여 주기도 했어.

道路 考

도로　　　깊이 생각할 고

숙고
고찰

전국 각 지역의 육로, 수로, 교통 및 중국, 일본과의 교통로까지 상세히 기록되어 있단다.

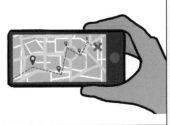

도로고에 수록된 6대로

생각해 봐. 지금도 도로를 알려준다는 것이 얼마나 실생활에 유용한지를!

조선후기에도 상업이 발달하고 여행객이 증가하는 시대적 요구가 있었다고.

와우~완죤히 네비가 따로없네!

도로고

조선후기의 실학자들은 이렇게 **실사 구시와 이용 후생의 관점에서 국토를 바라보면서** 백성들의 실생활에 **도움이 되는 지도와 지리서를** 만들었단다.

어때 실학 사상으로 국토를 바라보니 달리 보이지?

글씨에 가려서 아무것도 안보여

실사 구시 / 이용 후생

대간 · 정맥 · 정간* 大(클 대)/幹(줄기 간), 正(바를 정)/脈(흐를 맥), 正(바를 정)/幹(줄기 간)

명명백백 more

산경표에서는 산줄기를 크기에 따라 대간_정맥(정간)_기맥_지맥... 등으로 나누고 있어. 이때 간(幹)이나 맥(脈)은 줄기, 흐름 등을 말하는 것으로, 산경에서는 큰 **강이 있는 산줄기는 맥(脈), 강이 없는 산줄기는 간(幹)으로** 구분하고 있지. 그래서 정맥의 경우 '금북정맥(금강의 북쪽)'처럼 강이름을 따서 명명하는 거야. 결론적으로 **한반도는 1개의 대간과 1개의 정간, 그리고 13정맥과 수많은 기맥(岐脈)_지맥(支脈)들로** 구성되어 있다고 했어.

차리표
꽃등심····(200g) xxxx원
소주

3개의 대간에 각각 6~8개의 정맥, 거기서 또 기맥이 갈라지고, 거기서···

17

national land

영역1—
국토(영역)

한 국가의 **주권이 미치는 공간적 범위**인 영역은

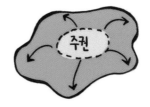

주권

領 域

다스릴 령　지역 역

대통령　　구역
점령

42

영토, 영해, 영공으로 구성되어 있어.

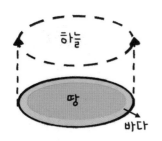

여기엔 모두 **다스릴 영/령(領)**자가 쓰여. 왜 식민지배 이야기가 나올 때도 'ㅇㅇ령'이라 하잖아?

영토, 영공, 영해가 **국가의 배타적 주권이 미쳐서 다스릴 수 있는 곳**이기 때문이지.

영토는 **지표면 상의 영역**으로 한반도와 3,400여개에 이르는 섬이고

영해는 **기선으로부터 12해리**에 이르는 바다를 말하는데, 설명할 게 많으니 다음 장에서 따로 다룰게.

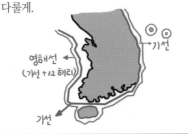

영공은 **영토와 영해의 수직 상공**인데 정확한 기준은 없지만 보통 공기가 띠처럼 두르고 있는 대기권까지를 말하지.

국방상의 이유로 영공은 매우 중요해.

거기다 최근에는 각국이 정보 통신 기술의 경쟁을 벌이면서 그 중요성이 점점 커지고 있어. 언젠가 영공권 분쟁이 일어날지도??

이 셋을 모두 합쳐야 비로소 **'국토'**라 말할 수 있는 것인데

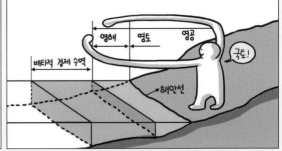

고정된 개념은 아니란다. 예를 들어 간척 사업이나 해수면 상승 등으로 영토가 변할 수 있고 그러면 영해나 영공도 따라서 달라지겠지?

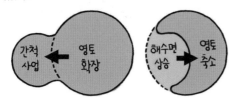

그럼 우리의 간척사업으로 영토가 얼마나 늘었냐고? 물론 영토는 조금 늘었는데 어차피 간석지도 원래 영토의 일부라 크게 늘었다 할 수도 없거니와..

봐, 대규모 간척 사업이 이루어지는 황해가 어차피 직선 기선을 사용하기 때문에 영해가 함께 늘지는 못해.

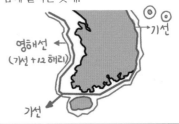

18

영역2－ 영해

territorial sea

영해를 12해리*로 한다면, 이때 정확한 기준이 필요하지 않을까?

야, 그거야 육지 끝부터 재는거지 당연한거 아냐?

너 제대로 알키는 거냐?

아니, 그게 그렇게 간단하지만은 않은 게,

해안선이 극도로 복잡하거나 섬이 많다면?

여긴 우째?

조수간만의 차가 매우 크다면?

여긴 바다였다 육지였다하는데? 어쩔래?

그래서 영해가 시작되는 기준선을 정했는데, 이를 **기선**이라 해. 그냥 **기준선**의 준말이라고 생각하면 돼.

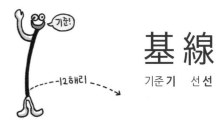

기준!

基 線

기준 기　선 선

---12해리---

해안선이 단조로운 곳은이야 물론 그 **해안선**을 기준으로 하면 되는데, 이를 '통상적인 기선'이란 뜻으로 **통상 기선**이라고 해. 쉽지?

육지

통상 기선
(normal baseline)

바다

반면 복잡하고 섬이 많은 곳은 **가장 바깥쪽의 섬을 직선으로 연결**해서 기준으로 삼고 이를 직선 기선이라 한단다.

육지

바다

직선 기선
(straight baseline)

우리나라의 경우, **동해, 제주도, 울릉도, 독도는 통상 기선을**, 황해와 남해는 직선 기선을 사용하고, 영해는 **기선으로부터 12해리**까지 인정되고 있어. 단, 대한 해협*의 경우 폭이 좁아 일본과 겹치므로 직선 기선으로부터 3해리로 결정했단다.

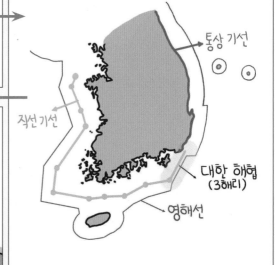

통상 기선

직선 기선

대한 해협
(3해리)

영해선

기선을 정할 때 조차가 있을 경우에는, **바닷물이 빠져 나간 썰물 때의 해안선**(최저 간조선)을 기준으로 해.

간석지

최고 만조선
(밀물때 해안선)

최저 간조선*(썰물 때 해안선)

생각해봐. 그래야 간석지가 영토에 포함되지 않겠어?

사실 12해리가 바다 전체로 보면 넓지 않은 영역이라 인접 바다를 관리할 수 있도록 배타적 경제수역을 설정하는데, 다음 장에서 자세히 설명해 줄게.

마지막으로 배타적 경제수역에도 속하지 않는 바깥 쪽은 공해라고 해.

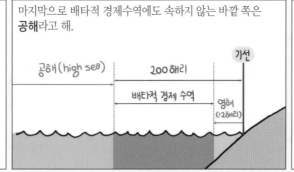

말 그대로 **특정 국가의 소유권이 없는 공공의 바다**라 항행뿐만 아니라 어업·해저전선부설·상공비행·군사연습 등의 자유가, 다른 나라에 피해를 끼치지 않는다면 모두 가능해.

公 海
공공의 **공**　바다 **해**

공평

 **해리***　　　海 (바다 **해**) / 里 (리 **리**) 십리, 백리 : nautical mile　　　명명백백 more

리(里)는 거리를 재는 단위야. 그러니 해리는 **바다의 거리를 재는 단위**겠지. 위도 1'(위도 1°의 60분의 1)에 해당하는 **거리로 1,852미터**란다. 단위의 기호는 nautical mile을 줄여서 nmile로 표기하지.

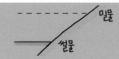 **저조선***　　　低 (낮을 **저**) / 潮 (밀물썰물 **조**) / 線 (선 **선**) : low-water level　　　명명백백 more

조차가 있어 밀물과 썰물 때의 해안선이 다를 때, 해수면이 **가장 낮은, 썰물 때의 해안선**을 저조선이라고 해. 이 저조선을 기선으로 삼아야 간석지가 영토에 포함될 수 있어. 저조선은 **최저 조위선, 최저 간조선**이라고도 하는데, 각각 가장 낮은 조차의 위치선, 가장 낮은 썰물선이라는 뜻이겠지.

 **대한 해협***　　　大韓 (대한) / 海 (바다 **해**) / 峽 (골짜기 **협**) : Korea Strait　　　명명백백 more

우선 해협부터 설명하자면, 이때의 협(峽)은 골짜기라는 뜻이야. **두 개의 뭍 사이에 끼어 있는 좁고 긴 바다**를 말하는 건데, 일종의 골짜기 같은 바다라는 뜻으로 붙여진 이름이지. 대한해협은 우리나라와 일본의 **규슈 섬 사이에 낀 해협**으로 공식 명칭도 Korea Strait(대한해협)이야. 물론 일본인들은 쓰시마(=대마도) 해협이라고 부르지만-.-;; 그리고 이 쓰시마섬 근처의 바다를 그들은 '겐카이나다(玄海灘)'라고 하거든. 더 정확한 위치를 말하자면 대한해협 남쪽, 일본 후쿠오카 현 서북쪽에 있는 바다지. 이 일본어를 그냥 우리식 한자어로 발음한 것이 현해탄(玄海灘)이야.

19
배타적 경제 수역
영역3 －

exclusive economic zone (EEZ)

배(排)는 무언가를 밀어낸다는 뜻이야.

배척
배제

여기에 남을 뜻하는 타(他)가 붙어 배타는 남을 밀어낸다는 뜻이 돼.

排 他
밀어낼 **배**　남 **타**

배척　　타인
배제　　타국

그러니 배타적 경제수역이란 남을 밀어내고 **자기가 경제적 이득을 취할 수 있는 수역**이라는 뜻이지.

우리꺼!

이것은 **기선으로부터 200해리에 이르는 자국 연안의 바다 중 영해를 제외**한 범위로

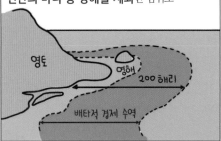

영토

영해

200 해리

배타적 경제 수역

UN의 국제 해양법에서 인정한 경제적 **독점권**이 주어져.

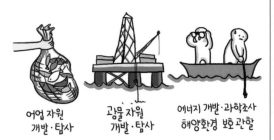

어업 자원 개발·탐사

광물 자원 개발·탐사

에너지 개발·과학조사 해양환경 보호관할

바다를 접하고 있는 나라들은 이 배타권에 대한 이해 관계가 첨예하게 대립하고 있어. 우리나라와 일본, 중국도 EEZ에 대한 합의가 이루어지지 않아 '중간 수역'이나 '잠정적 조치'라는 이름으로 공동 권리를 행사하는 지역이 있지. 잘 봐둬.

대한민국EEZ

대한민국 영해선

울릉도

한일중간수역

독도

한중잠정 조치수역

이어도

한일중간수역

독도의 분쟁권 다툼이 치열한 것도 민족적 이유만은 아니라고.

티터까지 생각하면 **절대** 양보 못해!

자자, 합의가 안되니 일단 중간 수역으로-

한국

일본

하지만 주의해. 영해와 달리 다스리거나 소유하는 권리인 영유권을 주장할 수는 없어.

領有權

다스릴 영 가질 유 권리 권

영토   소유

군사나 주권적 권리가 아니라 **'경제적 이권'**만을 주는 것!

통신이나 수송을 위한 케이블, 파이프 설치 얼마든지 가능!

경제 활동 아닌 선박 항해는 자유롭지~

TITANIC

근데.. 쟈기.. 허리가 어디..?

벨트 했나.. 거기 어디..

-TITANIC

20 독도

Dokdo

독도는 말 그대로 동해 바다 한가운데 외로이 자리 잡은 섬이야.

홀로 떨어져서 독도~

돌로만 돼있어 '돌섬'이라고도 하지~

獨島

홀로독 섬도

신생대 3기에 여러 차례 해저 화산 폭발로 솟아오른 화산섬이지.

!? 쪼끄만디?!

뜨아~ 오 며칠 땅이 엄청 울리더니

무지하게 높은 산이 솟아올랐네~

화산체의 대부분은 바다에 잠겨 있고 일부 정상만 수면 위로 솟아올라 동도와 서도를 이루고 있어.

가파른 돌섬이라 사람이 살 수도 없는 곳인데 일본이 그토록 자국의 영토라 주장하는 이유는 뭘까?

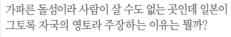

우선 독도 인근 해역의 경제적 가치 때문이야.

바다 속 화산체가 각종 동식물의 산란 및 서식처가 되어주고 있는데다

독도 주변은 **조경수역***으로 한류성 어류와 난류성 어류가 모두 풍부하지.

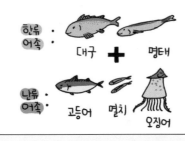

이런 **수산자원의 보고**를 수산물 매니아인 일본인들이 탐내지 않을 수 있겠어?

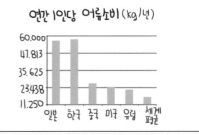

최근 독도 인근 해저에서 천연가스 등 막대한 **에너지 자원**이 매장되어 있다는 것이 밝혀져 더욱 관심을 받고 있어.

독도는 그 위치만으로도 중요한 **군사적 가치**를 지니고 있기도 해.

독도를 거점으로 주변국의 동태를 감시하거나 유사시 군사적 행동을 취하기 유리하지.

이렇듯 독도의 가치가 크기 때문에 포기를 못하는 거야.

우선 오래 전부터 독도의 존재를 알고 있었다는 것,

그리고 1905년 독도를 강제로 자국의 영토로 편입시킨 후

샌프란시스코 강화조약*(1951년)에 독도가 한국 땅으로 명기되어 있지 않다는 것 등을 근거로

우리의 영토가 아니라고 주장하고 있어.

하지만 삼국사기에 신라 지증왕 12년에 독도를 포함한 우산국을 정벌했음이 기록되어 있고

세종실록지리지 등 여러 문헌에 독도에 대해 상세히 기록하여 우리의 영토로 파악하고 있었어.

뿐만 아니야! 광복 후 연합군의 최고사령부 지령 제 677호 (1946)를 좀 보라고!

비록 독도 주변의 배타적 경제수역(EEZ)이 한일 중간 수역에 포함되어

일본과 공동관리하고 있는 실정이지만

역사적으로나 국제법상으로나 독도는 명백히 대한민국의 영토인만큼

독도를 지켜내기 위한 국가적, 외교적 노력은 물론 온 국민의 끊임없는 관심과 국토 수호의 의지가 필요하다고!

샌프란시스코 강화조약* 講 (꾀할, 궁리할 강) 강구 / 和 (화해할 화) 화해, 평화 : treaty of peace

명명백백 more

강화는 화해를 꾀한다는 뜻이지? 강화조약은 **교전국간의 영토, 배상, 전범 처리 등의 문제를 논의하면서 전쟁을 종결하고자 할 때 맺는 조약**이야. 그래서 평화조약이라고도 하지. 샌프란시스코 평화조약은 2차대전이 끝나고 연합군이 일본의 전후 처리방안에 대해 합의한 것인데, 한국의 영토에 대한 사항은 제2장 제2조의(a)항에 다음과 같이 규정되어 있어. "Japan recognizing the independence of Korea, renounces all right, title and claim to Korea, including the islands of Quelpart(제주도), Port Hamilton(거문도) and Dagelet(울릉도). 바로 여기에 독도가 언급이 되어 있지 않다고 독도가 자신들의 땅이라고 주장하고 있지. 아니, 우리나라 섬이 3천개가 넘어! 중요한 세 섬만 표기했다고 해서 진도, 완도와 같은 다른 많은 섬이 일본 것임?? 물론 독도를 명기하지 않은 점은 못내 아쉬워. 일본은 미국과의 긴밀한 외교를 통해 조약에 우리나라는 참석하지 못하게 하는 한편, 전쟁의 손해는 최소화하면서 일본을 재건하는 교두보를 마련했지. 패전국인 일본의 총리가 조약의 주도국인 미국의 국무장관 및 대사와 함께 웃는 모습을 좀 봐..부들부들..

21 이어도

이어도는 **한국과 중국의 배타적 경제 수역 분쟁 해역에 위치한, 수중 암초**야.

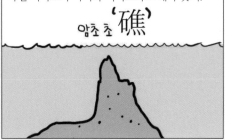

바닷 속에 있는 부분이라 영토는 아니야. 그러니 사실 이어도가 아니라 이어초라고 해야 맞지.

그래서 '이어도'가 암초를 의미 하는 한자인 '여(礁)'를 늘려 발음 하다 붙여졌다는 설이 있어.

또한 파도가 높이 칠때만 잠깐식 보이는 섬이다 보니, 제주 사람들이 가족과의 이별이 없는 환상의 섬이라 여겨

이별이 없기를 바라는 마음으로 붙인 이름이라는 설도 있고.

離 於 島

이별할 이 어조사, 감탄사 어 섬 도

여기는 섬조차 아닌 곳인데도 한중일간 영유권 다툼이 있어.

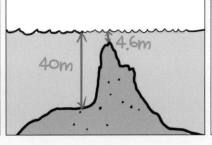

바다 한가운데 얕은 암초가 있다보니 이게 여러모로 유용하게 쓰이거든.

우리나라는 2003년에 해양과학기지를 건설 하여 해저지형이나 조류 등을 관측하고 기상 관련 자료도 수집하고 있어.

최근에는 단순 과학기지를 넘어 인공섬을 건설할 꿈까지 꾸고 있지.

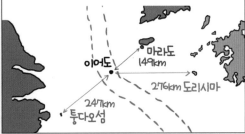

암초는 가장 가까운 유인도에 귀속되는 국제법에 따라 우리가 주인 노릇을 하고 있긴 한데..

하지만 중국과 EEZ분쟁이 해결되지 않은 수역에 있는 만큼 방심은 금물!

22

간도

간도는 현재 북한과 중국이 국경을 맞대고 있는, 압록강과 두만강 북쪽의 만주 지역을 의미해. 백두산을 기준으로 동쪽은 (동)간도, 서쪽은 서간도라 부르지.

간도라는 지명의 유래는 여러 가지 설이 있는데 병자호란에 승리한 이후에

앞으로 까불지 말라혜

아 쪽팔려 오랑캐한테..

청나라가 이 지역을 청의 발상지라 하여 아무도 살지 못하게 막는,

청의 국혼인 신성한 만주족의 땅! 한족 너네들도, 조선놈들도 아무도 들어오지마!

사냥이나 해야쥐~

봉금정책을 실시했는데,

封 禁 政 策

봉할 봉　금할 금　　정책

봉쇄　금지
밀봉

조선과 청나라 사이(間)의 섬(島)과 같은 땅이 되었다고 해서

여기 살면 처형

간도(間島)로 불렸다는 설이 유력해.

間 島

사이 간　섬 도

봉금 정책의 해제 이후, 조선의 농민들이 이 땅을 개간했다고 해서 간도 (墾島)로 불리웠다는 설도 있지.

墾 島

밭갈 간　섬 도

개간

이 지역은 역사적으로 고조선, 부여, 고구려, 발해의 영토였기 때문에 우리에겐 남다른 의미를 지닌 땅이야.

집안(지안)
옛 고구려의 수도

앞서 말했듯이 조선인들이 척박한 땅을 개간하고 삶의 터전으로 삼아오기도 했고

여기라도 개간해서 먹고 살아 보드래요

독립 운동에 있어서 매우 중요한 거점이 되기도 했어.

독립군의 주요 활동지역

연안
봉오동
연길
홍경　유하
집안

19세기 말에 백두산 정계비의 '토문강'에 대한 해석을 놓고

서쪽으로는 압록, 동쪽으로는 토문을 국경으로..

조선과 청나라간에 간도에 대한 치열한 영유권 문제가 발생했지만

1909년에 청일간의 **간도협약**에 의해 한순간에 청나라의 영토가 되어버렸지.

하지만 간도협약은 일본의 침략기에 강제적으로 맺은 것이라 정당한 효력을 가질 수 없는데,

광복 후에 분단이 되면서 북한이 중국의 눈치를 보느라 영유권을 주장할 타이밍을 놓쳐 버렸어.

실제 이 곳에는 조선족이 많아 연변 조선족 자치주가 형성되어 있는데,

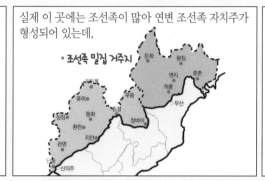

최근 여기도 한국으로의 이주와 저출산으로 인구가 빠르게 감소하고 있어.

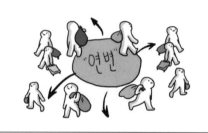

2000년대 초반부터 중국이 **'동북공정'**이라 하여 동북쪽의 역사, 지리 등을 치밀하게 연구하는 프로젝트를 추진하면서

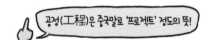

東北工程

동녘**동** 북녘**북** 장인**공** 법도**정**

> 공정(工程)은 중국말로 '프로젝트' 정도의 뜻!

고구려와 발해도 중국 역사에 편입 시키는 등, 통일 한국과 영유권 문제가 발생할 것을 대비하고 있어.

우리도 영토 문제에 더욱 관심을 기울이자고!

23

위치1－
수리적 위치

mathematical location

지구상에는 우리나라만 있는게 아니잖아. 이제 우리나라의 위치에 대해 얘기해 볼까?

인간은 환경의 영향을 많이 받기 마련이야.

한 나라의 위치는 자연 환경, 생활, 역사, 문화, 산업, 외교에 이르기까지 방대한 영향을 미치는 요소라고.

위치에는 수리적 위치와 지리적 위치, 관계적 위치가 있어.

야, 위치면 그냥 어디에 있는 거지. 뭐가 세가지나 있냐?

이론보단 실습! 이참에 해외 여행이나 가자!

하나씩 살펴 보겠지만 세가지 위치의 의의가 분명히 달라. 잘 구분해 둬야한다고.

	표현	의의
수리적 위치	34°N J	좌표를 찾아가기 쉬움
지리적 위치	장가옆자리	풍경이 보이나 이동이 불편
관계적 위치	외국인옆자리	외국문화를 배울수있음

우선 **수리적 위치**란 수로 표현되는 위치겠지?

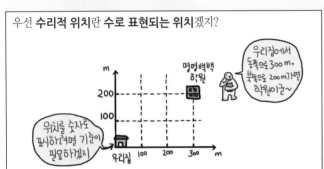

명명백백 학원

우리집에서 동쪽으로 300m, 북쪽으로 200m가면 학원이간~

위치를 숫자로 표시하려면 기준이 필요하겠지

지구상에서 특정 위치를 수로 표현하기 위해서는 씨실과 날실처럼 **지구를 분할한 가상의 선**인 위선과 경선을 이용해. 여기에 붙인 값이 위도와 경도지.

一 緯 度

씨실, 가로**위** 정도**도**

經 度

날실, 세로**경** 정도**도**

남북을 나타내는 위도의 기준은 물론 **적도**, 동서를 나타내는 경도의 기준은 영국의 **그리니치 천문대**란다.

서경(W) 0° 동경(E)
그리니치 천문대 (본초자오선)
북위(N) 적도 0°
남위(S)

우리나라의 경우 4극은 그림과 같으며 대략 북위 33°~43°, 동경 124°~132° 사이에 있어.

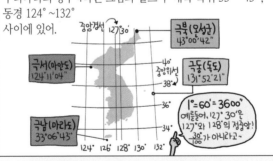

중앙경선 127°30'
극북(온성군) 43°00'42"
극서(마안도) 124°11'04"
극동(독도) 131°52'21"
극남(마라도) 33°06'43"
124° 126° 128° 130° 132°

1°=60'=3600"
예를들어, 127°30'은 127°와 128°의 정중앙! 30°가 아니라고~

특히 **위도**는 **기후**를 알려주는 가장 직접적인 지표로, 우리나라는 **북반구 중위도**에 위치하는데,

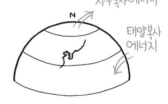

지구복사에너지
N
태양복사에너지

중위도는 저위도와 고위도의 열교환이 활발히 이루어지기 때문에 주로 **냉·온대 기후**가 나타나.

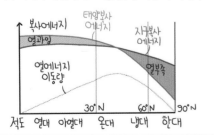

복사에너지
태양복사 에너지
지구복사 에너지
열과잉
열에너지 이동량
열부족
30°N 60°N 90°N
적도 열대 아열대 온대 냉대 한대

또한 계절별로 태양의 입사각이 달라 태양복사 에너지 차이가 크기 때문에 중위도에서는 여름에 열과잉, 겨울에 열부족이 돼. 그래서 **사계절이 뚜렷**하지.

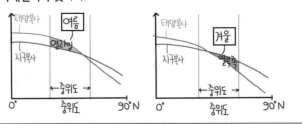

태양복사 여름
지구복사 열과잉
중위도
0° 중위도 90°N

태양복사 겨울
지구복사 열부족
중위도
0° 중위도 90°N

한편, **경선**을 활용해서는 각국이 **기준 시각**을 맞추고 있어.

만약 표준 경선에 따라 시각이 달라지지 않는다면 전세계는 같은 시각을 공유하겠지. 아마 이렇게 되겠지?

세계는 모두 am 3

am3면 이제 일어나야지

무슨소리야 곧 점심먹는데

야야 am3는 저녁먹을 시간이야

am3? 잘 시간!

그러나 각국은 기준 시각을 맞추고 있어. 그래서 어디나 오후 12시에 태양이 중천에 뜨고 점심을 먹는 거란다. 대신 시차가 존재하지.

 12시다~ 밥먹자~~

 C'est pm12! déjeuner!

 It's noon Lunch Time!

24시간 동안 지구가 1바퀴(360°) 돌기 때문에 **1시간 시차**를 갖는 표준 경선은 **15°간격**이야. 그래서 이탈리아가 영국보다 1시간 빠르지.

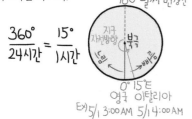

$$\frac{360°}{24시간} = \frac{15°}{1시간}$$

180° 날짜 변경선

지구 자전방향 북극

남극

0° 15°E

영국 이탈리아

태)5/1 3:00AM 5/1 4:00AM

헷갈리지마! 해가 먼저 뜨는 곳의 시간이 빠른 게 맞기 때문에 동쪽이 빠른 거라고!

우리나라 안에서만해도 새해 해돋이 보러 동해바다 가잖아

그러면 0°를 기준으로 동경180° 지점은 12시간 빠르고 서경 180° 지점은 12시간 느려 24시간의 차이가 생기기 때문에 이곳을 날짜 변경선으로 삼고 있어.

5월1일 15:01 PM

180°

4월3o일 14:59 PM

날짜변경선

같은 지역에서 날짜가 달라지지 않게 하려고 사람사는 육지를 피해 경선됐어

각국은 시차를 편리하게 계산하기 위해 **표준 경선**을 설정하는데, 동서로 길게 분포하는 국가에선 여러 개가 지나기도 하겠지. 무엇을 기준으로 삼건 국가 자유고!

75°E 90°E 105°E 표준경선 120°E

시간이 제각각이면 불편하니 북경과 가까운 120°E로 하자해

조마다 시간이 다르면 안돼? 뉴욕이 알래스카보다 5시간 빠르쥐~

알래스카

뉴욕

표준경선 135°W 표준경선 120°W 표준경선 105°W 표준경선 90°W 표준경선 75°W

우리나라는 표준 경선으로 일본과 함께 **동경 135°**를 쓰고 있어.

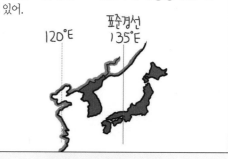

120°E

표준경선 135°E

따라서 영국보다 9시간 빠르지. 만약 우리가 지금 낮 12시라면 영국은 9시간 뒤에 해가 중천에 뜨고 점심을 먹겠지?

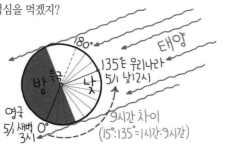

180°

태양

135°E 우리나라 5/1 낮12시

밤 북극

낮

영국 5/1 새벽 3시 0°

9시간 차이 (15°:135°=1시간:9시간)

나도 시차라는 걸 경험해보고 싶어

미국 콜? 오어 유럽?

하루만 밤새봐 바로 시차가 느껴질거야

한 10대 맞아도 느껴질걸?

심바의 보너스* - 세계의 시간대

아무리 설명해줘도 시차 계산은 수에 알러지 반응을 보이는 학생들이 여전히 싫어하는 부분이지? ^^;; 나와 함께 연습 좀 해 보라고 자, 문제 나갑니다. LA에서 열린 운동 경기를 우리나라에서 5월 1일 오후 1시에 보았다. 현지 시각으로는 언제 열린 것일까?

자, 자료를 보면 LA의 표준시 경선은 120°W라는 것을 알 수 있어. 우리나라는 135°E를 쓰므로 (120+135)/15=17(시간)이야. 즉 우리나라보다 17시간 느릴테니 전날(4월 30일) 20시(오후 8시)라는 계산이 나오지?

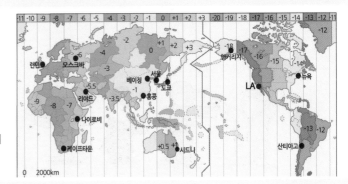

본초 자오선*
本 (근본 본) / 初 (처음 초) / 子午線 (자오선) : prime meridian　　　명명백백 more

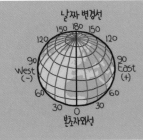

자, 우선 자오선을 알아야 겠지?^^;; 지구의 자오선은 북극과 남극, 그리고 지구상의 한 지점을 연결한 선을 의미하는데 이는 결국 수많은 경선들을 말해. 午(낮 오)가 들어 있듯이, 어떤 지점의 자오면(面)에 해가 오면 그 지점은 정오가 되지. 영어 meridian도 midday에서 기원했단다. 그렇다면 본초 자오선은 다른 자오선(경선)들의 **근본이 되고 시작이 되는 기준 자오선(경선)**이라는 의미겠지? 남북의 경계이자 위도를 구하는 기준인 적도(0°)는 양 극의 가운데이기 때문에 계산하기 쉽지만, 경도를 구하는 기준은 임의로 정할 수 밖에 없어. 그런데 그 기준선이 나라마다 제 각각일 때는 매우 혼란스러웠단다. 그래서 1884년에 25개국 대표가 모인 '만국지도회의'에서 **영국의 그리니치 천문대를 지나는 경선을 본초 자오선**으로 정한 후 지금까지 쓰고 있어. 그런데 왜 하필 거기가 영국이냐고? 어차피 지구는 둥근데 우리나라는 안되냐고? -.-;; 그건 당시 그리니치 천문대의 천문학적 성과를 높이 샀기 때문인데, 프랑스는 이에 반대하여 지들 혼자 파리를 지나는 경선을 본초 자오선으로 쓰고 있대나 뭐래나 ^^;;

대척점*
對 (마주할 대) / 蹠 (도달할 척) / 點 (점 점) : antipodes　　　명명백백 more

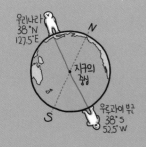

직역하면 **마주하여 도달하는 점**이란 뜻이지? 우리나라 중점(38°N, 127°30'E)에서 땅 속으로 터널을 뚫어서 지구 중심을 지나 지구 반대편에 도달하면 어느 곳일까? 바로 우루과이 앞바다인데 이를 수리적 위치로 표현해보자.

우선 위도는 적도에서 우리나라와 반대인 남쪽(S)으로 38°만큼 떨어진 38°S라고 읽어. 경도는 지구 반바퀴인 180°만큼 서쪽(W)으로 이동해서 계산하면 52°30'W(=180°-127° 30')이 구해져. 즉 우리나라 중점의 대척점은 38°S, 52°30'W야. 이 대척점은 **계절과 시간이 항상 정반대**일 수밖에 없겠지? 비행기를 타고 간다면 제일 오랜 시간이 걸릴 테고.

24
위치2-
지리적 위치

geographical location

한편 반도, 섬, 산악, 해안, 도시 등 수리적 좌표만으로 표현할 수 없는 위치의 개념이 있을거야.

어디 세상이 수만으로 되간디?

지리적 위치는 **주변 지형 지물로 알아본 위치**를 말해.

산으로 둘러싸이고 앞에 하천이 흐르는 한양은 풍수지리상 위치가 좋구나

수리적 위치와 헷갈려선 안돼. '몽이는 1분단 둘째 줄, 복이는 3분단 셋째 줄'이라는 표현은 수리적 위치고

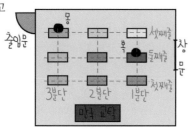

'복이는 창가 쪽에 앉았고, 몽이는 문가에 앉았다'고 표현하는 것은 지리적 위치야.

어느 지역의 주변에 대륙, 해양,산맥, 하천 등이 어떻게 분포하느냐에 따라, 즉 지리적 위치에 따라 지역 주민의 삶은 크게 달라져.

우리나라는 **유라시아 대륙 동안**에 위치하잖아.

원래 중위도에서는 **편서풍**이 부는데, 대륙 동안에 위치해서 연교차가 큰 **대륙성 기후**가 나타나.

한편 유라시아 대륙을 지나온 편서풍은 지표에서는 그 세력이 약해지고

대신 계절마다 발달하는 기단의 영향이 강해지면서 **계절풍 기후**가 나타나지.

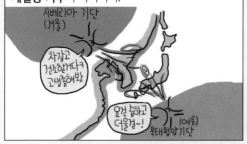

또한 3면이 바다로 둘러싸인 **반도** 국가이기 때문에

조상들은 대륙의 문화를 받아들여 해양을 통해 다른 지역으로 전파했단다.

바다를 통해 외국과 교류하기 유리하기 때문에

남동 임해 공업 지역을 조성해서 수출 지향적인 산업을 육성할 수 있었어.

이렇게 우리나라는 **대륙과 해양으로 진출하기에 유리한 조건**을 갖추고 있어. 어때? 꽤 괜찮은 땅이지? ^^

철의 실크로드* : iron silkroad

예전에 실크로드(비단길)는 말이나 낙타, 혹은 도보로 이용하던 흙길이었겠지. 그렇지만 동서양을 연결시켜 주던, 아주 중요한 길이었단다. 이제 그 자리에 철도가 놓여져 있잖아. 그래서 이를 '철의 실크로드'라 하는 거란다. 자세히 말하자면 **한반도 종단 철도(TKR:Trans Korea Railroad)와 시베리아 횡단 철도(TSR:Trans Siberia Railroad), 중국 횡단 철도(TCR:Trans China Railroad)** 등을 하나로 연결하는 유라시아 철도망을 부르는 별명이지. 마치 과거에 실크로드를 통해 아시아와 유럽이 연결되어 문물을 교류한 것처럼, 이제는 유라시아 대륙을 횡단하는 철도망을 통해 동북 아시아와 유럽 연합의 교역이 더욱 활성화되길 기대하고 있어. 우리나라는 북한의 경의선 (서울-신의주), 경원선(서울-원산)과 철도를 연결하게 되면 '꿈의 실크로드'를 타는 것이 꿈이 아니게 돼.

25 위치3—
관계적 위치

comparative location

관계면 관계고 위치면 위치지 관계적 위치는 뭐냐고?

관계인듯 관계아닌 관계같은.. 위치인듯 위치아닌 위치같은..

관계적 위치는 주변의 정치, 경제적 상황에 따라 인접 국가와의 관계가 달라질 때 쓰는 표현이야.

위도와 경도는 변하지 않으니까 수리적 위치는 절대적 위치 라고도 해

반면 관계는 항상 변할 수 있기 때문에 관계적 위치는 상대적 위치라고도 부르지

몽이가 짝과 사이가 좋을 때는 도움을 받기 쉽지만, 사이가 나빠지면 여러 가지로 불편해 지겠지?

어제 우리 우정 FOREVER!

오늘 나 너 다시는 안봐!

지리적 위치와 자주 헷갈려하는데, 관계적 위치는 정세에 따라 쉽게 바뀌는 위치라고 생각하면 쉬워. 관점의 차이를 잘 비교해 보도록.

"내가 교량적 위치에 있으니 전해주게 되네"
↓
지리적 위치

"지금 우리 양국간의 사이가 좋으니 전해 줄게"
↓
관계적 위치

우리나라는 주변에 강대국이 많고 **대륙과 해양의 교량적 위치**로 인해 주변국과의 힘의 균형에 따라 관계적 위치가 계속 변했어.

미국
러시아(소련)
중국
일본

조선 말기에 힘이 약했던 우리나라는 청나라, 러시아와 같은 대륙 세력과 일본이라는 해양 세력이 침략하여 수탈 당했지.

광복 이후 세계는 공산주의와 자유주의 진영으로 나뉘어 불꽃튀는 전쟁은 없지만 차가운 이념 대치를 하던 냉전의 시대였는데,

冷 戰

차가울 냉 싸울 전

냉대   전쟁

우리나라는 양 진영의 긴장감의 꼭지점인 전초적 위치에 놓이게 돼.

가장 최전방에 배치하는 초소처럼

前 哨
앞 **전**　망볼 **초**

전방　초소

한반도가 양 진영의 확대를 막는 것을 의미하면서 결국 분단이 되는 지경에 이르렀어.

급기야는 한국 전쟁이 발발하고 우리나라는 거의 폐허가 돼. 어찌보면 냉전의 가장 큰 희생양이 우리 나라야.

지금도 우리의 분단 상황은 국제 정세에 중요한 변수가 되고 있지.

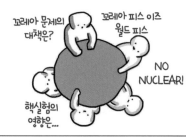

한편 냉전 이후 우리나라는 일방적 의존 관계에서 벗어나 주변 강대국과 다양한 실리적 관계를 맺어왔고

점점 경제가 발전하고 국제적으로 위상이 높아지면서

바야흐로 아시아, 태평양시대를 맞아 동북아시아의 **중추적인 국가**로 발돋움하게 되었지.

🐢 베세토 벨트* BE-SE-TO Belt

명명백백 more

베세토는 동북아시아의 중요 도시인 베이징(BEijng), 서울(SEoul), 도쿄(TOkyo)의 앞 두 철자를 따서 만든 용어로, 중국, 한국, 일본 세 나라를 하나의 경제 단위로 묶는 경제 권역을 말해. 우리나라는 경제력과 국제적 영향력이 커지면서 주변과의 우호적이고 협력적인 관계적 위치를 갖게 되었잖아. 이를 바탕으로 황해를 둘러싸고 있는 중국과 환(環 둥글 환) 황해 경제권을 형성하고, 동해를 둘러싸고 있는 일본, 러시아와 환동해 경제권을 형성해서 동북 아시아의 물류와 비즈니스의 중심지로 발돋움하고자 하지.

학교끝난지가
언젠데,
어딜가서
이리안와..

O2

넌내꺼

오빠~꺄~

I♥U

안

지역

명명백백 Special 2) 우리나라 지방의 별명

우리나라의 지리를 배울 때 말이야.. 영남이니 영서니 하는 지역명이 많이 나오잖아. 이들은 공식적인 행정 구역의 명칭은 아니지만 예로부터 지역의 별명으로 널리 쓰여왔어. 이곳들이 정확히 어디를 말하는지, 그리고 왜 그렇게 불리게 되었는지 정도는 알아 두자고. (겁나 상식임 ㅡ.ㅡ;;)

관동** 　관동 (關東) : 강원도

지리에서도 그렇지만 고전 문학에서도 '관동'이란 지역명을 만나게 되는데, 그 유래에는 2가지로 생각해볼 수 있어. 첫째는 관동에서의 '관(關)'이란 '관내도(關內道)'라는 행정 구역을 의미해. 고려 성종이 전국을 10도로 나누면서 지금의 황해도와 경기도 일대를 관내도라했지. 관내도의 동쪽이니 관동은 강원도 일대겠네! [관동별곡]도 강원도의 빼어난 경치를 노래한 작품이야. 또다른 유래는 철령관인데 '관서와 관북'편에서 자세히 언급하도록 할게. 그리고 관동은 영동과 영서로 나뉜다는 것도 알아둬야 해.

▶ 영동 (嶺東)과 영서 (嶺西) : 태백산맥의 동쪽과 서쪽

영은 고개 령(嶺)자로, 고개란 거대한 산맥 내에서도 상대적으로 고도가 낮아 그나마 쉽게 산 너머 지역으로 이동할 수 있는 곳이지. 그래서 이러한 고개들은 행정적, 군사적 경계이자 중요한 교통로였어. 영동/영서 할 때 영은 처음에는 대관령을 의미했어. 조상들에게 대관령은 교통로로써 그 의미가 컸거든. 그렇지만 여기서는 **태백산맥 전체를 의미한다고** 알아두어야 해. **영동 지방은 고성-속초-양양-강릉-동해-삼척에** **이르는, 태백산맥 동쪽 지역**이고 **영서 지방은 그** **왼편의 강원도**를 이르는 말이야. 태백산맥이라는 험준한 산지가 강원도를 가로지르고 있어서, 자연적으로나 사회·문화적으로 많은 차이가 나타날 수밖에 없기 때문에 영동과 영서의 구분은 자연스러운 것이라 하겠지.

관서와 관북** 　관서 (關西)와 관북 (關北) : [평안도 + 황해도]와 함경도

'관북'이나 '관서'는 그럼 관내도의 북쪽과 서쪽이냐고? 그렇다고 보는 학설도 있지만 **철령에 있던 관(關: 빗장)**이 그 유래라고 보는 견해가 더 지배적이야. 철령관을 기준으로 방향에 따라 관동, 관북, 관서 지방으로 구분한거야. 철령은 강원도와 함경도의 경계가 되는 고개인데 관(關)은 '빗장'이라는 의미에서도 알 수 있듯이, 국경이나 행정 경계 지역에서 드나드는 사람과 화물을 조사하여 지역의 경비를 담당하던 곳이었거든. 철령도 군사적, 행정적 경계이자 주요 교통로였기 때문에 관이 있었고 그 관의 북쪽이니 **관북 지방은 지금의 함경남북도**를 의미하지. 또한 **관서 지방은** **나머지 서쪽인 황해도 북부와 평안남북도**를 말해. 어? 관이 철령이라면 관북은 맞는 것 같은데.. '관서'란 이름은 좀 그렇다고? 맞아, 관서의 경우에는 '관서북'이란 표현이 더 정확하겠지? 그래서 평안도 + 황해도는 '서북도'란 별명이 있기도 해~ (사실 '관동'도 지리상으로는 '관내도'의 동쪽으로 보는 게 더 타당할 것 같지?)

영남** 영남 (嶺南) : 경상도

영남의 영(領)도 앞에 영동/영서에서처럼 고개 령(領)자야. 그 중 '영남 지방'이라고 할 때의 영(領)은 죽령 이나 조령이야. **소백산맥에 있는 고개들**이지. 소백산맥 이남이니, **경상남북도**를 말해. 경부고속국도의 건설과 남동임해 공업지역의 발달로 인해 한국 산업의 중심축이 된 곳이야.

호서** 호서 (湖西) : 충청도

호서의 '호'는 호수 호(湖)자야. 자연호가 발달하지 않은 우리나라에서는 저수지를 뜻하기도 하는데, 여기서는 **충북 제천에 있는 의림지**를 말해. 그럼 의림지의 서쪽이니까 **충청남북도**를 말하겠지? 충청도는 수도권과 가까운 까닭에 과밀화된 수도권의 기능을 분담하기에 가장 적임지라고 할 수 있어. 또한 서해안 시대의 개막에 따라 어느 곳보다 빠른 속도로 발전하고 있는 지역이지. 그런데 말이야, 지도를 보면 충청은 남북도가 아니라 충청동도, 충청서도라고 해야 하는 거 아닌가? ㅋ

호남** 호남 (湖南) : 전라도

그럼 호남 지방에서 말하는 호(저수지)는 어디일까? 이에는 여러 가지 설이 있지만 **김제의 벽골제**라 하기도 하고 그냥 **금강**을 가리킨다고 하기도 해. 이러나저러나 호남 지방은 **전라남북도**를 말하지. 넓은 평야가 펼쳐져 있어 예로부터 곡창지대였어.

이 지역의 별명이 잘 나타나 있는 것이 대학의 이름이야. 각 지역에는 그 별명을 딴 대학이 있기 마련이지. 영동대만 빼고 ^^;;

관동대학교
강원도 강릉시

상지영서대학교
강원도 원주시

호서대학교
충청남도 아산시

영남대학교
경상북도 경산시

호남대학교
전라남도 광주시

그럼 현재의 명칭은 어디서 유래했을까? 이 각 도의 주요 두 도시 앞글자를 딴 거야. 강원도(강릉+원주), 충청도(충주+청주), 전라도(전주+나주), 경상도(경주+상주)! 예전에는 이 두 도시들, 특히 먼저 나오는 도시가 가장 큰 도시였단다.

26 지역

region

지구 전체를 하나로 다루지 않는 한 우리는 보통 어떤 '지역'을 논의의 대상으로 하게 마련이지.

지역은 **지표상의 영역**이란 뜻이야. 어떤 곳을 주변과 다른 '지역'으로 구분하기 위해서는 뭔가 특징이나 기준이 있어야 하겠지?

地 域
땅**지** 영역**역**

이렇게 지역이 가지고 있는 독특한 특성을 지역성이라고 해.

지리학의 중요한 연구 목적 가운데 하나가 지역성을 밝히는 거야.

여기에는 자연 지리적인 현상과 인문 지리적 현상 모두가 그 연구 대상이 되지.

이때 연구 주제에 맞게 임의로 지역을 구분해야 돼. 안그럼 전세계를 다하리오?

지역 구분에 많이 쓰이는 방식으로, 특정 성질에 따른 구분, 또는 특정 기능에 따른 구분 등이 있어.

▶ **동질 지역:** 성질에 따라 구분한다는 건, **어떤 지리적 성질이 동일하게 나타나는 공간적 범위**(uniform region)를 한 지역으로 보는 거야.

A의 성질을 동일하게 보이는 지역

이를 동질 지역에 따라 구분했다고 해.

同 質
같을**동** 성질**질**

동일 성질

동질 지역 안에 있는 지점들은 모두 하나 이상의 공통된 특징을 갖고 있지.

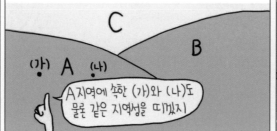

예를 들어, 같은 농작물을 기르는 지역을 묶어 벼농사 / 밭농사 / 과수원 지역 등 '농업 지역'을 구분할 수 있어.

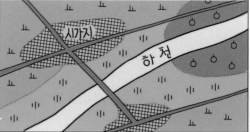

그 밖에 기후 지역, 종교 지역, 문화 지역 등도 성질에 따른 지역 구분의 대표적인 사례야.

이러한 동질 지역의 구분은 사실, 행정 구역처럼 자로 자른 듯이 나뉘지 않고

경계 부근으로 가서는 두 지역 다른 성질이 혼재되어 나타나는 경우가 많아.

이렇게 **상이한 지역성이 공존하는 지역**을 점이 지역(transitional zone)이라고 한다는 것도 알아두자. 이름을 봐! **점점 옮겨가는 지역**이란 뜻이잖아~

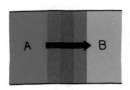

▶ **기능 지역** : 이와 달리, 하나의 중심지와 관련성이 있는 공간의 범위를 정하여 지역을 구분할 수도 있어.

여기선 중심지가 어떤 기능을 수행하며 그 **기능이 미치는 범위까지**를 구분하게 되므로 이를 기능 지역(functional region)이라 해.

예를 들어 어떤 학교가 제공하는 교육 기능이 미치는 범위는 제한되어 있는데, 이를 통학권이라 하겠지.

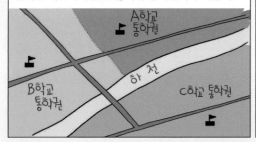

상권이나 통근권, 신문 구독권 등도 기능 지역에 해당될 거야.

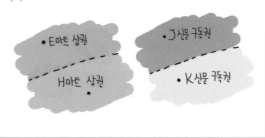

27 인지지역

강남의 '압구정동'하면 어떤 이미지가 떠오르니?

'아프리카'는?

무언가 떠올랐다면 너는 그 지역에 대한 인식 (image)을 갖고 있는 것이고

이렇게 '내가 어디까지를 특정 지역으로 인지하고 있는가'가 지역 구분의 기준이 되기도 하는데 이를 **인지 지역**이라 해.

앞에서 말한 실질적 지역이 아니라 **지역에 대한 느낌이나 이미지 등으로 나타나는 각자의 인식 속에 존재하는 지역**이지.

네가 '저 서울 사람이에요'라고 할 때의 서울은 행정 구역이나 지리적 위치로서의 의미보다 네가 인지 하는 일종의 이미지로서의 의미가 크겠지.

그런데 이게 반드시 실제 지역과 일치하는 것은 아니야.

아프리카엔 번화한 도시도 많은데 다들 밀림만 있는 줄 안다니까.

그리고 이러한 인식은 당연히 개인이나 사회 집단, 시대에 따라 달라지지.

'서울' 하면?

남산 한옥마을을 체험했던 줄리언 씨

사업차 방문했던 대니얼 씨

경험, 지식, 정서, 전통, 가치관 등이 다르니 그럴 수 밖에.

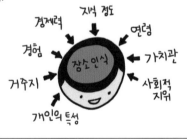

경제력 지역 정도 연령
경험 장소 인식 가치관
거주지 사회적 지위
개인의 특성

그래서 같은 장소라도 사람마다 머릿속으로 다른 그림을 그리고 있는 거고.

이걸 그린 것을 **심상지도(mental map)**라고 해. 장소에 대한 **마음 속의 형상을 그린 지도**지.

心 象 地 圖

마음 심 형상 상 　　지도

심상 지도를 통해 우리는 장소에 대한 인식의 차이를 읽을 수 있어. 자신이 잘 알고 있고 중요하게 생각하는 부분은 크고 정확하게 그리고, 그렇지 않은 내용은 작게 그리거나 아예 빠뜨리기도 하거든.

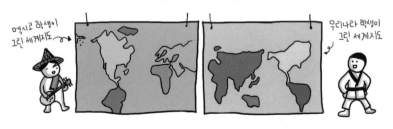

멕시코 학생이 그린 세계지도

우리나라 학생이 그린 세계지도

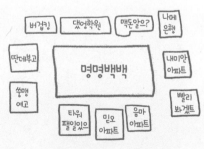

버겁김 댔엉학원 맨도알으? 나메은행
딴대부고 명명백백 내미안아파트
쏭맹여고 　　　　 빨리 와겟트
타워팰일잇 밀오아파트 음마아파트

'만국이의 대치동 심상지도'

28 지역 생활권

인간은 어느 지역을 근거지로 삼아 살아가면서 이웃들과 유대감을 형성하는데

지역 생활권이란 말 그대로 **생활이 이루어지는 지역의 범위**를 말해.

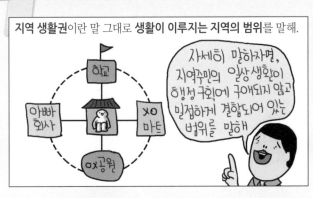

장소 간에는 사람과 물자, 자본, 정보 등이 이동하면서 교류가 이루어지기 마련이라

지역 생활권 내에서는 공간적 상호작용이 활발히 일어나지.

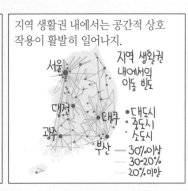

이러한 지역 생활권은 제공되는 기능의 규모에 따라 계층이 분류되기도 한단다.

이렇게 형성된 지역 생활권은 항상 고정된 것이 아니야. 교통로가 발달함에 따라 평면적으로 확대되고

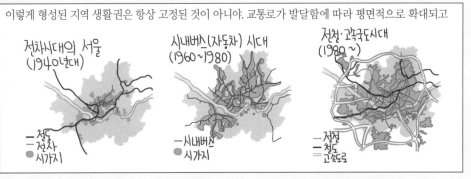

장소 간의 시간 거리는 줄어드는 효과가 있어서 더 넓은 지역이 하나의 생활권으로 통합되지.

또한 최근에는 정보 통신이 크게 발달하면서 시간적, 공간적 제약이 완화되었어.

그렇지만 이러한 정보 통신의 발달은 공간의 제약을 극복했음에도 불구하고 지역 격차, 세대 격차 등을 심화시킬 수도 있어서 주의해야 해.

어쨌든 교통과 통신의 발달이 우리 생활권의 범위를 확대시킨 것만은 확실해. 이 패션 디자이너의 일상처럼!

29 지리 조사

geographic research

우리가 어떤 지역을 개발하려 하거나 지역의 문제를 해결하고자 할 때

무엇보다 먼저 그 지역에 대해 알아야 할 것 아니겠어?

특정 지역을 관찰하고 조사함으로써 그 지역을 이해하고자 하는 게 지리 조사야.

가장 먼저 조사의 주제와 지역을 알아야 하는데,

이는 조사의 주제를 먼저 정하고 그에 맞는 지역을 선정하거나

반대로, 지역을 먼저 정하고 어떤 주제로 조사할 것인지 결정할 수도 있어.

그리고 나면? 조사를 해야지! --;;

지리 조사를 할 때는 실내에서 할 수 있는 조사를 먼저 한 후,

문헌조사 자료분석　인터넷 검색　설문지 작성　자료정리 일정 및 항목결정

야외 조사를 통해 현장의 정보를 취합하는 게 일반적이야.

실측 / 사진촬영 스케치 / 인터뷰 설문조사 / 기관방문

특히 최근에는 위성이나 항공기 등을 이용한 원격 탐사로 그 지역에 가지 않고도 다양하고 정확한 영상 정보들을 얻을 수 있단다.

遠隔探査
멀 **원** 떨어질 **격** 찾을 **탐** 조사할 **사**

게다가 이런 정보들은 디지털화되어 있어 처리 및 응용에도 용이하지.

구글 어스로 전세계를 한 눈에 볼 수 있지~

조사가 모두 끝나면 조사 과정에서 얻은 정보를 취합, 분석, 정리해서

정보 / 정보 / 정보
시작은 설문결과로~
정리.. / 정리..
이건 그래프로
요건 통계지도로..

보고서를 작성하면 끝!

충남 연기군의 행정자치도시 (가칭 세종시) 설립에 관한 지리조사 보고서

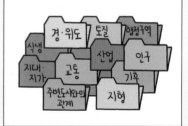

아씨.. 세종시는 도대체 어딘겨

보좌관 말대로 실내조사부터 할걸 그랬나..

30 지리 정보

geographic information

지리 정보란? 지리에 대한 정보지 뭐긴 뭐야. ㅋ 다양한 지리 현상들을 체계화해 놓은 것이라고 할까?

이런 용어는 설명할수록 더 어려워져

특정 장소나 지역에 대해서는 수많은 지리 정보들이 있기 마련인데

경·위도 / 토질 / 행정구역 / 식생 / 산업 / 인구 / 지대·지가 / 교통 / 기후 / 주변도시와의 관계 / 지형

이들은 공간 정보와 속성 정보, 관계 정보, 시간 정보 등으로 그 종류를 나눌 수 있어.

이름 그대로인데 왜 헷갈린다는거야? 자, 강릉을 예로 들어 설명해줄게

헷갈려~

공간 정보는 위·경도 및 경계 등 공간의 위치나 형태를 나타낸 것으로,

강원도 강릉시
경도 : 128° 54′E
위도 : 37° 45′N

정보의 성격에 따라 점, 선, 면 등으로 표현되지.

 점
 선
 면

학교, 병원, 공장 등 특정 지점의 위치 / 하천, 도로 등 / 산업단지, 주거지역 등 넓은 면적을 차지하는 범위

일반적으로 지도 상에 그려져 있는 이 정보들은 공간 정보야. 별거 아니지? ^_^

그럼 **속성 정보**는? 속성이란 성질, 특성을 말해.

屬 性
속할 **속** 성질 **성**

그러니까 자연 환경 (지형, 기후 등)과 인문 환경 (인구, 산업, 역사, 문화 등) 등 모든 특징들을 설명하는 정보라고 보면 돼.

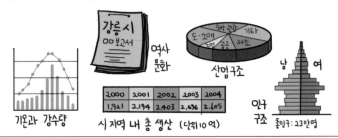

그리고 **관계 정보**는 인접성이나 계층 등, 이 지역과 다른 지역 간의 관계를 나타내는 정보지 뭐.

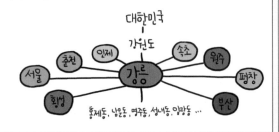

마지막으로 **시간 정보**는 다음처럼 시간에 따른 변화를 나타내는 정보야. 시간의 흐름과 함께 제시되었을 때만이 유의미한 정보들이지.

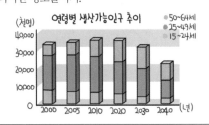

이러한 지리 정보들을 다양한 방법으로 획득하고 활용하는 것은 현대 사회에 매우 중요한 일이란다.

그런데 그 양이 너무나 방대하기 때문에

이를 효율적으로 다룰 수 있는 시스템이 필요한데, 그것이 바로 다음 장에서 설명할 지리 정보 체계야.

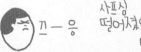

31 지리 정보체계

지리 정보 체계라? 어려운 말은 아닌데 무슨 뜻인지 확 와닿지는 않지?

쉽게 풀자면 '지리 정보의 활용 시스템'이랄까?

Geographic Information System (GIS)

원래 영어를 번역한 거라 그래. 'GIS'라는 표현을 더 많이 쓰지.

Geographic → 지리

Information → 정보

System → 체계

다양한 지리 정보들을 데이터화한 뒤 컴퓨터에 저장해놓고

그때그때 목적에 맞추어 분석·가공하여

정확한 결과치를 얻음으로써 필요한 분야에 활용할 수 있도록 만든 시스템이지

예를 들어볼까? 만약 떡볶이 트럭을 세울만한 입지를 선정하려고 하는데,

주변에 떡볶이집이나 비슷한 종목의 점포가 있는지,

떡볶이를 사먹을 인구 분포는 어떠한지,

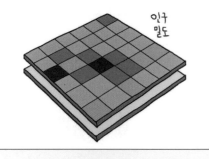

교통이나 기타 요건들은 어떻게 되는지 등의 정보가 잘 체계화되어 있다면

입지 선정이 훨씬 신속하고 합리적으로 이루어 지겠지?

마치 셀로판지를 겹치듯, **조건을 중첩시켜 가며 최적지를 찾는 거야.**

특히, 위성을 사용해 사용자가 지구 어디에 있는지를 정확히 알려주는 **GPS 기술**은 실생활을 더욱 편리하게 해 주고 지리 정보의 활용 가능성을 크게 넓혀 주었어.

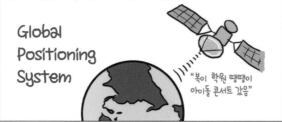

이처럼 지리 정보 체계는 시간과 노동력을 크게 절약하고 정확한 결정을 하게 함으로써 현대 사회에 꼭 필요한 존재가 되었단다.

활용되는 범위도 넓어서 다 열거할 수 없을 정도야. 그래서 최근 GIS를 사회 간접자본으로 인식하고 있어.

이는 국가의 운영에도 광범위하게 활용되기 때문에 정부의 각 부처들은 다양한 형태의 지리 정보를 함께 수집하여 전산화하고 있어. 이를 **국가지리정보체계 (NGIS, National GIS)**라고 해.

특히 최근의 스마트 기술은 무한한 지리 정보 응용의 가능성을 여실히 보여주고 있어.

GIS를 구축하는 데는 많은 비용과 전문적인 기술이 필요하지만 이렇듯 활용 가치가 훨씬 크기 때문에 투자하는 거지.

32

지도1-

지도

map

지도가 뭔지 모르는 사람은 없겠지만 명명백백인만큼 정확한 의미를 짚어 보자고. 한자로는 '땅 그림'으로 표현했지만

영어 map은 라틴어 'mappa(맘빠)'에서 유래했어.

이건 '테이블보'라는 뜻이야. 왜 하필 테이블 보냐고?

예로부터 테이블 위에 지도를 올려놓고 다양한 활동이 행해졌기 때문이지. 바로 이것이 우리에게 지도에 대한 중요한 의미를 말해주고 있어.

실제 공간을 **인간이 다룰 수 있는 크기와 형태로 가공함으로써 지리적 인식과 활용이 가능하게 하는 것**, 그게 지도인 거야.

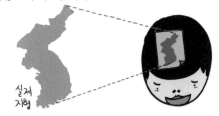

1800년대 영국에 존 스노라는 한 의사는 런던에 콜레라가 창궐하자

감염경로를 모르니 속수무책이구나..

지도 위에 환자의 주거지 및 이동경로를 표시하여 그들이 공통적으로 특정 수도 펌프를 사용한다는 점을 발견했어.

그 펌프를 폐쇄하자 콜레라는 더이상 발생하지 않았지. 이처럼 지도는 '지리적 사고'를 가능하게 하는 매우 유용한 도구란다.

아.. 지도에 점만 찍어봤을 뿐인데..

이건 지도를 통해 많은 정보를 효과적으로 나타낼 수 있기 때문에 가능한 것이지.

기호를 통해 다양한 지리정보를, 축척을 통해 실제 거리를, 등고선을 통해 지표의 기복을 알 수 있지롱~

지도의 종류에는 여러 가지가 있는데, 무엇이든 종류를 나눌 때에는 기준부터 확실히 해야 돼.

사용 목적에 따라? 제작 방법에 따라? 축척에 따라?

우선 사용 목적에 따라 일반도와 특수도로 나눌 수 있는데, 우선 **일반도**는 기본적인 사항들을 두루 표기한 지도야.

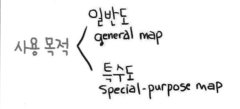

사용 목적 {
일반도
general map

특수도
special-purpose map

지형도라고도 하지. 자연 지리에서 중요하기 때문에 자연지리편에서 다시 다룰 거야.

나주시

반면 **특수도**는 뭔가 좀 특수한 지도겠지 ^^;; 그게 도로, 기후, 통계 수치 등 특정 주제를 테마로 제작된 지도를 말해. 주제도라고도 하고.

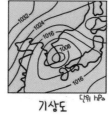

기상도   단위 hPa

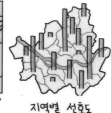

지역별 선호도

연교차
50°C이상
40-50°C
30-40°C
20-30°C
10-20°C
0-10°C

세계 연교차 분포도

내용 뿐 아니라 특정 사용자를 고려해 만든 지도도 특수한 목적이 있는 지도이니 특수도라고 할 수 있지.

점자로 되어 있어 우리도 읽을 수 있네

그리고 콜레라 지도에서도 볼 수 있듯이 일반도(지형도)는 특수도를 만드는 기초가 된단다.

일반적인 지도는 일반도, 특수한 지도는 특수도.

장난하냐 ─

또한 제작 방법에 따라 실제로 측정하여 제작한 **실측도**와

기존의 자료를 엮어서 만든 **편찬도**가 있어.

編纂
엮을 **편** 모을 **찬**
편집

기존에 있었던 지도나 통계 자료 등을 편집해 제작하지. 그래서 **편집도**라고도 해.

모든 지도를 다 새롭게 실측하여 만들 수는 없는 노릇..

다리 부러져..

마지막으로 좁은 지역을 자세히 그린 **대축척 지도**와 넓은 지역을 간략히 그린 **소축척 지도**로 나뉠 수 있는데 이건 축척을 정확하게 이해해야 하므로 이 역시 자연지리편을 참고하길!

33

지도2-
통계 지도

statistics maps

스노의 콜레라 지도처럼 **통계 수치를 지도에 표현한 것이 통계 지도**야.

통계 수치

통계 수치는 종류에 따라 고유의 특징을 가지고 있고

수치 개수
이동방향
밀도
변화량
비율

이를 가장 잘 표현할 수 있는 방법을 찾다 보니 여러 가지가 있는 거야.

점 지도
등치선도
유선도
단계 구분도
도형 표현도

▶ **점지도** : 일정 개수를 하나의 점으로 약속하고

쌀보리 100 ha

= ●

쌀보리 100 ha

점의 크기와 개수로 각종 분포를 표현한 것이 점지도(혹은 점묘도, dot map)야.

● 쌀보리 100 ha

분포의 현황을 한눈에 볼 수 있는 장점은 있지만

호남·영남지방의 쌀보리 분포가 한 눈에 쏙~ 들어오네~

쌀보리

원래의 **통계 수치 자체를 파악하기 어렵다는** 단점도 있지.

또아! 값을 알려면 저 점을 다 세야하는겨?! 차라리 쌀보리 푸대에서 낟알을 세겠다!

쌀보리

▶ **등치선도** : 치란 '값'이란 뜻이니

:
9 ○
8 ○
7 ○
:

수치
가치

등치선은 **같은 값을 갖는 지점을 연결한 선**이란 뜻이지?

等値線
같을 **등**　값 **치**　선 **선**
수치
가치

무엇이든 수치화할 수 있는 자료를 지도상에 표시했을 때, 그 수치가 같은 지점을 연결한 것이지.

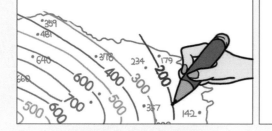

그 수치가 고도인 **등고선도**, 온도인 **등온선도**, 기압인 **등압선도** 등이 흔히 쓰이는데,

등압선도 _{단위:hPa}

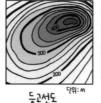
등고선도 _{단위:m}

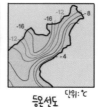
등온선도 _{단위:℃}

이는 등치선이 주로 연속된 값을 표현하는데 요긴하기 때문이야.

▶ **유선도** : 유선은 **흐르는 선**이니 곧 화살표이고, 화살표로 표현해야 하는 통계는 **이동현황**이겠지?

流線
흐를류 선선

주로 인구나 물자의 **이동 방향과 양**을 화살표의 **방향과 굵기**로 표현한 지도야.

이동 패턴은 물론 지역간 관계나 긴밀도도 파악할 수 있지.

인구이동의 흐름과야, 도시간의 이동관계 등이 한눈에 보이는군.

발길 당하는대로 떠나보세.. 친구찾아 삼만리~

▶ **단계 구분도** : 단계를 구분하여 표현한 지도지 뭐겠어 ^^;

밀도처럼 단계별로 비교하기 편한 통계값일 때, 이를 **서로 다른** 색이나, 기호, 음영 등으로 구분하는 거야.

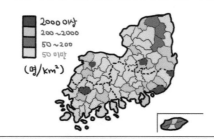
2000 이상
200~2000
50~200
50 미만
(명/km²)

단계 내에서의 수치니 정확한 값은 알 수 없지만 **지역별로 비교**가 쉬운 장점이 있지.

호오~ 시·군·구별로 인구밀도가 단계적으로 낮아지는군. 인터레스팅~

▶ **도형 표현도** : 당연히 도형으로 표현한 지도겠지? ^^;;

막대, 원, 입체 도형 등을 이용하여 통계 수치를 나타내.

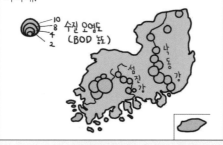
수질 오염도 (BOD 뇨)

선거 방송에서도 볼 수 있듯이, **한눈에 알아보기 쉬운** 걸로는 따라갈 자가 없을걸?

서울시 지역별 만명당 지지도

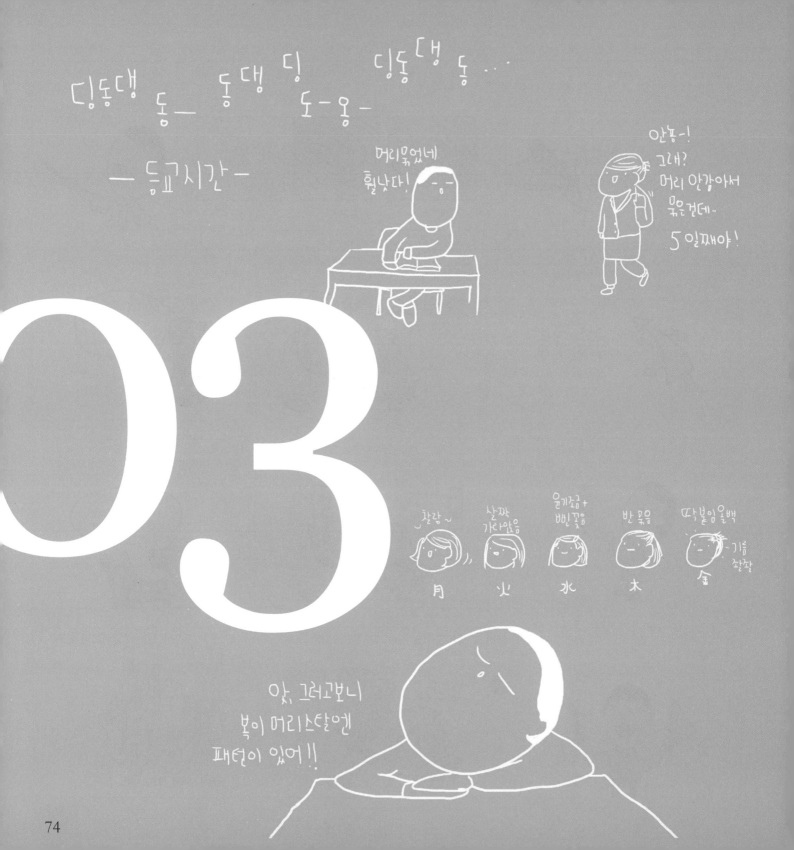

공간

34 장소

place

場所
곳**장** 곳**소**

너무나 잘 알고 있는 단어지만 굳이 정의하자면 **일상적인 생활이 이루어지는 구체적인 생활 공간**을 의미해.

단순히 물리적인 구획만은 아니고, 개인과 집단의 주관적 의미가 부여된 독특한 지표면의 일정 구역이며

공간 활동에 필요한 의사 결정을 하는 과정에서 중요한 역할을 담당하지.

장소가 지니는 특성은 '장소성'이라고 하는데

'장소성'

어디에 있으며 무엇이 입지하는가, 또는 주변 다른 장소와의 관계는 어떤가 등에 따라 형성되고 변화한다.

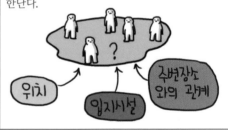

35 입지

location, landuse

입지는 **땅에 들어서다**라는 뜻이야.

立地
설**입** 땅**지**

즉, 우리가 어떤 활동이나 설비를 위해 장소를 선택하는 거지.

한번 입지를 선정하면 돌이키기 어려운데, 무턱대고 정할 수는 없겠지?

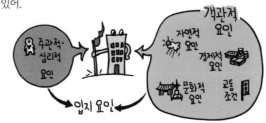

입지 선정에 있어, 여러 가지 요인을 고려하게 될 텐데, 이것들을 **입지 요인**이라 하고 크게 **주관적 것과 객관적인 것**으로 나눌 수 있어.

개인적인 장소를 선정할 때에는 주관적 요인이 많이 반영되겠지만

산업활동을 위한 입지를 선정할 때에는

여러 가지 객관적인 요인을 분석하여 그 결과를 **예측**하는 것이 중요해.

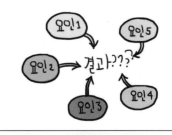

이를 체계화하여 이론으로 정립한 것이 입지론이지.

이제부터 입지의 유형과 각 산업별 입지론을 공부하게 될 텐데.. 뭐? 입지론이 어렵다고? 명명백백이잖아!

36 주거 입지

residential location

주거 입지는 '**취락**'이라는 표현을 많이 써. '모여 살며 마을을 이룬 것'을 뜻하지? 잠시 거처하는 것이 아니라 삶의 터전으로 정착하는 것을 의미해.

聚 落

모일 **취** 마을 **락**

취합 부**락**

오늘날의 주거 입지는 여러 가지 요인들이 복합적으로 고려돼.

물론 자연적인 조건들이 전혀 없는 것은 아니지만

한강이 내려다 보이는 아파트 사는게 꿈이야

미세먼지때문에 산 근처로 이사가

사회, 경제적 조건들의 영향이 커. 어디가 집값이 비싸고 싼지를 떠올려봐.

난 직장에 가려면 2호선이어야 해

일단 전세가 1억이하 아파트 좋은데..

애 때문에 교육 여건이 좋은데로 이사가야지

교통·접근성   경제 여건   사회·문화적 여건

하지만 촌락입지에서는 예로부터 자연적 요인을 중요하게 생각해 왔지.

물
지형
기후 등

'촌락'이 뭐냐고? 쉽게 말해 시골이야. 농촌, 어촌, 산촌 등 1차 산업을 중심으로 하여 전통적 문화를 유지하면서 공동체 의식과 소속감이 강하게 나타나는 지역 사회지.

도시   VS   촌락

村落

마을촌 마을락

농촌   부락

그래서 다음과 같은 입지 형태를 많이 찾아볼 수 있단다.

지형 : 배산임수 취락

물 : 득수취락
피수취락

물론 전통 취락이라 해서 자연적 조건만이 중요했던 것은 아니야.

야 그럼 그때는 좋은 서당 옆에 프리미엄붙고 막 그랬냐?

그런건 아니고..

교통이나 방어 등 사회·경제적 요인에 의한 입지도 많았는데,

육상교통 : 역원, 파발, 마, 취락

하천교통 : 도, 진, 포 취락

방어 : 국경취락, 산성취락

특히 이러한 전통적 취락 형태들은 모두 그 이름 속에 정확한 의미가 담겨 있단다.

그러니 외우려 하지 말고 명명백백식으로 하나씩 이해해 나가자고

여기 어디 좋은 학원이 있다해서 이사왔는데..

여기요, 어머님! 이 위요!

MMBB

저기는 절대 아닌것 같은데...

37 전통 촌락 입지의 자연적 조건

특히 농경에 물이 많이 필요했기 때문에 물을 구하기 쉬운 곳에 **득수 취락**이 입지했지.

得 水
얻을 **득** 물 **수**

복류했던 하천이 다시 지표로 흐르는

선상지의 **선단**이나

절리가 발달한 현무암 때문에 빗물이 스며들어 지표수가 부족한 제주도에서

해안가 **용천대**에 입지하는 것이 득수 취락의 예라 하겠지.

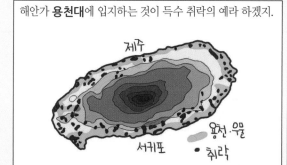

예부터 풍수지리사상에서 **배산임수의 지형**을 명당이라 하여 선호한 것도

실제로 득수와 경지확보에 유리했기 때문이야.

반대로 홍수가 빈번한 곳에서는 물을 피하기 쉬운 곳에 **피수 취락**이 입지해.

避 水
피할 **피** 물 **수**

자연제방의 취락이나 범람원의 터돋움 집은 자연지리 편에서 다루었어.

교통이나 방어 등 사회·경제적 요인에 의한 입지도 많았는데. 하나씩 살펴 보자고~

79

38 역원 취락

역원취락은 역이나 원에 모여 사는 것이니 역과 원이 무언지 알면 되겠군.

교통시설이 없던 옛날에는 말이 아주 요긴한 수단이었지.

그러나 먼 길을 가려면 말도 사람도 좀 쉴 곳이 있어야 하지 않겠어?

그래서 주로 공무 수행으로 관리가 이동할 때 말을 교환해 주던 정거장을 역(驛)이라 하였고,

관리들이 쉬어갈 수 있도록 한, 일종의 공공 숙소가 원(院)이야.

이와 비슷한 것으로 막과 파발이 있는데,

왜, 사극을 보면 주막이란 곳에서 여행자들이 배도 채우고 묵어가기도 하잖아.

이름에서 풍기듯, 막은 좋은 시설을 갖춘 것은 아니지만

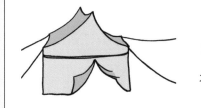

일반 여행자나 상인들을 대상으로 한 임시 거처였어.

원과 비슷하지만 걸어 다녀야 하는 일반 백성들을 위해, 내륙 교통로 곳곳에 있었던 편의시설이었지.

한편, 파발은 지금으로 치면 일종의 비상 연락망 시스템이야.

비상연락망이라는 게 항상 열어놓고 운영을 해야만 의미 있는 것이잖아.

그래서 파발(擺撥)은 항상 열어놓고 다스린다(운영한다)는 뜻으로,

擺 撥
열 파 다스릴 발

급한 공문의 전달을 위해서, 항상 열어놓고 말이나 사람을 대기시켜 놓았던 곳이지.

역이나 원, 파발과 막 등은 모두 내륙 교통의 요지로서,

왕래가 쉽고 이동 인구가 많아 취락이 입지해왔어.

물론 지금이야 내륙 교통지로서의 가치는 사라졌지만 이 때의 지명이 남아있는 경우를 심심치 않게 볼 수 있다고~

39 영취락

영(嶺)은 우리나라 지방의 별명을 다룰 때 했듯이, 고개라는 뜻이지.

산맥은 자연스럽게 행정구역과 생활권이 나뉘는 경계야.

그리고 그 사이를 이동하기 위해서 **다소 고도가 낮은 고개가 이용**되었지.

특별한 교통수단이 없었던 시절, 조상들에게 영(嶺)은 만나고 헤어지고 아쉽고 설레고… 의미가 깊었던 곳이란.

왼쪽의 지도는 산맥과 행정 구역간의 관계를, 오른쪽의 지도는 교통로로 중요했던 영(嶺)들을 보여주고 있어.

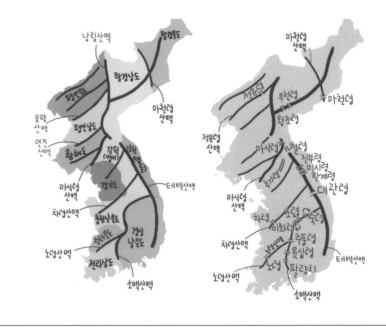

이 산맥 사이사이의 영(嶺)에는 **고갯길 양쪽으로 취락이 발달**하였고

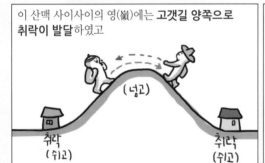

이를 **영취락**이라고 해.

영남지방에서 한양으로 가는 조령 근처의 문경 새재가 대표적인 영촌이었지.

40 나루터 취락

'나루'란 강가나 냇가 또는 좁은 바닷목의 배가 건너다니는 곳이야.

'나룻배'는 지나다니는 배를, '나루터'는 그 주변 지역을 말하겠지.

정확한 어원은 알려진 게 없지만 백제의 두번째 도읍인 공주를 '곰나루'라 한 것이 가장 이른 용례야.

그런데 바로 이 나루터에 예로부터 취락이 입지했어.

교량이 발달하지 못했던 시절에 나룻배는, 강을 건널 수 있는 유일한 교통수단이었거든~

도(渡)는 '물을 건너다'는 뜻이고

도미
도독

그리고 진(津)도 도(渡)와 마찬가지로 '나루터'란 뜻이야.

津 = 渡

그래서 나루터 취락을 굳이 어려운 한자어로 **도진취락**이라고도 해.

渡 津 聚落

물건널,나루터**도** 나루터**진**   취락

줄여서 津村(진촌)이라고도 하겠지?

그 외에 물가를 의미하는 '포'나 '파' 등도 나루터 취락을 의미하지.

渡, 坡

물가, 개(강하구)**포** 둑**파**

앞에서 배운 취락들이 내륙 교통의 요지에 입지한 것이라면,

도진취락이나 포취락은 수상 교통이 편리한 곳에 입지한 거야.

더 정확히 말하면 이 곳은 **수상 교통과 육상 교통이 잘 연결**되어 있는 곳이지.

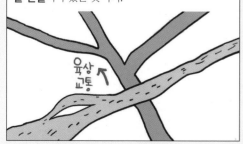

강은 건넜는데 원하는 곳으로 연결할 수 있는 육상 교통로가 없다면 무슨 소용이겠어? ^^;;

하여튼 교통이 편리한 곳은 예나 지금이나 유동인구가 많아지고 이동이 편리하니 당연히 취락으로서 인기가 많을 수 밖에.

산업화 이후 한강에는, 그 나루터들을 중심으로 다리가 건설되었어. 지금의 지명에도 **도, 진, 포, 파** 등, 나루터라는 의미를 가진 곳이 많아.

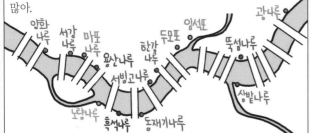

이런 수·륙 교통의 요지들은 일제 강점기 이후, **철도와 도로 교통이 발달하면서 급격히 쇠퇴**하여

충청도의 중심지가 공주에서 대전으로 옮겨 가듯, 교통 요지로서의 의미는 잃고 말았지.

41 진취락과 영취락

진촌이나 영촌, 산성취락 등은 군대 주둔지에 입지한 취락이야.

우선 진촌(鎭村)의 '진'은 진압할 진(鎭) 자를 쓰는데,

국경지대의 수비를 위해 군대가 주둔해 있는 곳을 진(鎭)이라 했어.

반면 해군이 주둔하고 있는 곳은 영(營)이라고 해.

그래서 해군이 주둔하던 마을을 영촌(營村), 혹은 병영촌(兵營村)이라 한단다.

진영촌(鎭營村)은 진촌과 영촌을 합해서 부르는 말이고.

중강진이나 통영 등은 지명에서 알 수 있듯이 예전의 진촌과 영촌이란다.

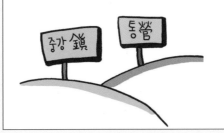

한편 지리적 요충지에 산세를 따라서 성을 축조한 것을 산성이라 하는데,

이 산성 내부에 취락이 입지하는 것을 산성 취락이라고 해.

山 城 聚 落
산**산**   성곽**성**   **취락**

경기 광주의 남한산성과 구미의 금오산성이 대표적인데 경치도 좋고 먹거리도 풍성한 유원지니 한번 놀러가 보렴.

군대 주둔지에 취락이 형성되는 이유는 **방어에 유리한 그 자체도 있지만** 그들을 위한 시설이나 인구 증가 때문이야.

정부는 국경 지대에 도시가 발달하는 것을 적극 지원했는데,

정부 입장에서도 국경지대에 도시가 발달하면 국토 방위에 유리하기 때문이었어.

진촌?영촌?진촌?영촌?*

명명백백 more

사회 공부를 하다 보면 '진촌'과 '영촌'이라는 단어를 두 번, 그것도 같은 취락 입지 파트에서 만나 헷갈리곤 해. 하나는 앞에서 배운 **도진취락(나루터취락)**있지? 이를 줄여서 **진촌(津村)**이라 부르기도 한다고 했잖아. **고개에 입지하는 영취락**도 **영촌(嶺村)**이라 한다고 했고.. 이 진촌(津村)과 영촌(嶺村)은 교통이 발달한 곳에 입지한 것이지. 반면 여기서 말하는 **진촌(鎭村)과 영촌(營村)은 군대 주둔지에 취락이 입지**하는 거라고. 한자 외우는 건 죽어도 싫다고? 그럼 문맥상 구별해 내도록 해.

42   농업 입지

agricultural location

자, 이번에는 어떤 작물을 어디에 경작할지, 농업 입지에 대해 알아보도록 할까?

농업 입지는 자연적 요인이 중요한데 그중에서도 기후가 특히 중요해.

그래서 자연 지리의 기후 파트, 특히 '농작물의 북한계선과 무상일수'편과 겹치는 내용이 많아.

식물에는 강수량과 기온이 중요한 요소인데, 우리나라는 전국적으로 강수량이 풍부한 편이기 때문에

강수는 오키 기온은 신경좀 써라

무엇보다 기온이 농작물의 생육을 결정짓는 요소야.

난 그래도 -14℃까지는 버티지

가을밀

난 영하로 떨어지면 절대 못 버텨

귤

기온이야 북으로 갈수록 낮아지니, **최한월 평균 기온이 농작물의 北한계선을 결정**하겠지.

고구마
가을밀
가을밀
그루갈이
(이모작)
대나무
고구마
대나무
그루갈이
차
차
귤

예를 들어 대나무는 영하 3℃이하로 내려가면 죽기 때문에, 최한월 평균 기온이 영하 3℃ 이상인 곳에서만 재배가 가능해.

강릉~제천을 잇는 선으로 냉온대의 경계이기도 해

최한월 평균 기온 −3℃
= 대나무의 북한계선

이와 함께 알아두어야 하는 게 **서리가 없는 날의 수,**

霜
서리없는 날

즉, **무상일수야.**

無霜日數

없을**무** 서리**상** 날**일** 수**수**

서리는 대기중의 수증기가 지상에 있는 물체의 표면에 얼어 붙은 것이기 때문에

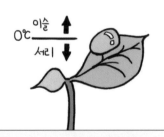

이슬
0℃
서리

죽지는 않더라도 곧 식물이 얼어서 생장을 할 수 없게 된다는 뜻이기도 하지.

결국 일년 중 어떤 식물의 생육기간이 최소한 무상일수 보다는 작아야 그걸 재배할 수 있는 거야.

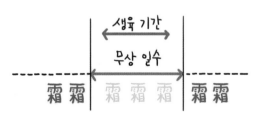

생육 기간
무상 일수
霜霜 霜 霜 霜 霜霜

예를 들어 벼가 완전히 자라는데 걸리는 시간은 150일이므로

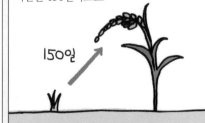

150일

무상일수가 150일 이상이 되는 곳 (개마고원 이남 정도 되지?)에서 그 무상 일수 기간 내에 농사를 지어야 하는 거야.

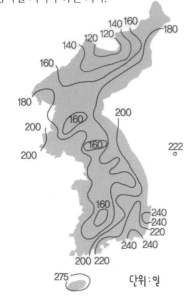

그 외에도 강수량에 따라 잘되는 농작물이 결정되기도 하고,

지형이나

토질 등도 농업 입지에 영향을 미치는 자연적 요인들이지.

한편, 농업의 입지에는 여러가지 사회, 경제적 요인도 중요해.

최근에는 농업의 상업화로 사회, 경제적 요인의 비중이 더욱 높아졌고

교통의 발달로 근교 농촌에서 재배하던 상품 작물이 원교 농촌으로 확대되었고,

기술의 발달로 자연적 제약을 많이 극복하게 되었지.

그리고 사람들의 식생활 변화나 소득 수준의 향상,

정부 정책에 따라 입지가 바뀌는 경우도 사회, 경제적 요인의 비중이 높아지는 모습이야.

최근 농업과 농촌의 변화는 매우 중요한 부분이야.

명명백백 Special 3) 지대와 지가의 개념

지리에서 나오는 여러 입지론을 배우기 전에 반드시 '지대'의 개념을 정확히 알고 있어야 해. 지대는 입지를 결정하는 가장 중요한 요소거든.
이게 쉬운 것 같으면서 은근히 헷갈리니, 기본부터 확실히 잡고 가자고~

지대** 地(땅 지) / 代(대신할 대) 대가   rent

지대는 "**토지를 사용한 대가**"야. 우리는 땅을 이용해서 어떠한 활동을 할 수 있고 그로 인해
수익을 얻을 수 있잖아. 이를 지대라고 하는 거지. 임차인(땅을 빌린사람)은 **땅을 사용하여
얻은 수익을 땅 주인에게 임대료로 지불**하게 되므로 지대는 결국 **임대료와 같은
개념**이야. 땅 주인이 직접 생산 활동을 한다고 해도, 임대료만큼은 받지 못하는 셈이니
비용 측면에서는 같을 수밖에. 영어로도 'rent'잖아.

그런데, 좀 어려운 이야기긴 한데…, 지대는 경제지리학에서 두 가지 개념으로 쓰여.
하나는 계약지대(contract rent)라고, 방금 말한 임대료의 개념이야. '교통이 편리한
도심에서는 높은 지대를 지불하여야 한다'에서 '지대'는 계약 지대를 말하는 거겠지.

두번째는 지금처럼 자본주의가 발달하기 이전의 지대인데, 이때의 지대는 그냥 **수익**이란 뜻으로 받아들여야
해. 왜냐하면 예전에는 땅주인과 임대자가 일정 계약에 의한 임대료를 지불하는 것이 아니고, **땅을 소유한
지주가 소작농에게 노동의 대가를 지불한 뒤 땅에서 난 수익은 모두 지주의 몫**이었거든. 이때, 땅을 경작한 이들의
노동비는 지주의 입장에서는 생산비의 일부에 불과해. 이런 식으로 발생한, '땅을 사용한 대가'를 어려운 말로
경제지대 (economic rent)라고 하는데, 이런 까닭에 튀넨의 농업 입지론에
나오는 지대는 수익과 같은 의미로 쓰인 거란다.

사실 지대론은 매우 까다로운 이론이고 깊이 알 필요는 없어. 하지만 고등학교 과정에서도 지대는
임대료의 개념과 수익의 개념이 함께 쓰이고 있는데, 이를 정확히 설명하고 있는 책은 없더군. 이 지대는
정말이지 천차만별이야. 서울의 도심 땅 10평을 이용해서 얻을 수 있는 수익과 두메산골 땅 10평을
이용해서 얻을 수 있는 수익이 같겠어? **주변 지역과의 관계, 문화·사회적 여건, 지형, 쾌적성, 토지 비옥도**
등 지대에 영향을 미치는 요인은 많지만 뭐니뭐니해도 가장 큰 영향을 미치는 것은 **교통, 즉 접근성**이지!

지가** 地(땅 지) / 價(값 가) 가격   land price

지가. 땅값이지 뭐긴 뭐야 ^^;; 이 쉬운 '지가'라는 단어를 다루고자 함은 너희들이 땅값을 모를까봐서가 아니라 앞에서 한
지대와 비교하기 위해서야. 비슷한 듯 하면서도 다르거든. 토지는 그냥 존재하는 자연적 산물이라 지가는 언제나
존재하지만, **땅을 사용하여 발생한 수익인 지대는 생산활동을 하지 않으면 발생하지 않아.** 일반적으로는 **땅을 통해
얻을 수 있는 대가가 큰 곳이 당연히 땅값도 비쌀 테니까 지대가 높은 곳이 지가도 높겠지?**

그렇지만 지대와 지가가 일치하지 않는 경우도 많다고~ 개발 제한 구역 같은 곳은 땅을
사용하여 얻을 수 있는 수익성이 낮으니 지대가 적지만, 장래성 등을 생각할 때, 지가는 꽤 높을 수도 있거든. 주택과
상가 같은 경우에도 일시적인 이용가치가 높아 전·월세 값은 비싸지만 집값 자체는 그렇지 않은 경우나 또 반대의
경우도 종종 있고. 지대를 '토지'라는 자본에서 발생하는 이자라고 하고 지가를 원금 자체라고 하면 더 쉬우려나?
이제 '지가가 비싼 곳에서 높은 지대를 얻으려면..'이 무슨 뜻인지 정확히 알겠지?

43 고립국 이론

isolated state theory

자 여기 농사를 지을 수 있는 땅덩이가 있어.

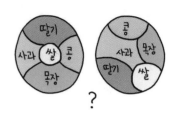

어떤 곳에 어떤 작물을 심어야 이 땅을 가지고 **최대의 이윤**을 낼 수 있을까?

이를 연구한 것이 농업 입지론이고 대표적인 것이 튀넨의 고립국 이론이야.

내꺼가 제일 유명하다니까

Thünen 1783~ 1850

일단 입지론은 여러 요인들을 분석하여 장소 선택을 효과적으로 하고자 하는 연구잖아.

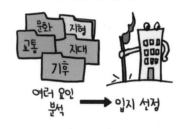

문화 지형 교통 지대 기후

여러 요인 분석 ➡ 입지 선정

그런데 이 때, 동시에 여러 가지 요인을 고려하면 이론화하기가 힘들어.

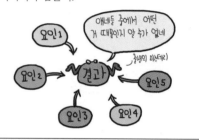

얘네들 중에서 어떤 거 때문인지 알 수가 없네

튀넨의 미스테리

요인1 요인2 요인3 요인4 요인5 결과

그래서 알고자 하는 요인 외의 조건은 통제해야 해. 과학에서도 그러하듯이.

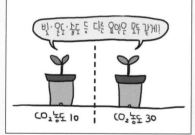

빛·온도·습도 등 다른 요인은 모두 같게!

CO₂농도 10　CO₂농도 30

튀넨은 **운송비에 따라 어떻게 농업지역이 분화되어야 효과적인지를 연구하고자 했기 때문에 운송비 이외의 변수를 통제**하였어.

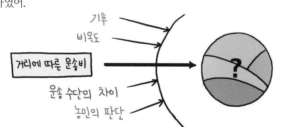

기후 비옥도 **거리에 따른 운송비** 운송 수단의 차이 농민의 판단 ➡ ?

자연조건이나 토지비옥도가 동일하고

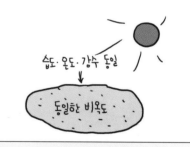

습도·온도·강수 동일 ➡ 동일한 비옥도

운송수단은 우마차뿐이며,

나 때 농촌에 정말 우마차밖에는 없었다고!

모든 농민은 합리적인 경제인이라는 것을 전제로 했어.

최소 비용으로 최대 이윤을 추구하겠지

또 무엇보다 외부와의 교류가 없고 가운데에만 중심 도시가 있는 **고립국을 가정**하였지.

중심시장

그래야지만 중심 시장으로부터의 운송비만이 정확한 변인이 될 테니까 말이야.

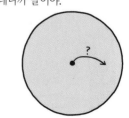

고립국이 아니라면 주변국들의 영향을 받아 오직 운송비에 따른 분화모델을 만들 수 없잖아~

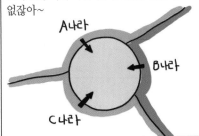

그래서 결론이 뭐였냐고? ^^;; **수익은 시장 가격에서 생산비와 운송비를 뺀 것**인데, 생산비는 모든 지역에서 같다고 가정했으니

시장에서 판 가격 〈 전제 조건 통제

─ 생산비 ☞ 모든 지역에서 일정

─ 운송비 ☞ 거리에 따라 달라짐
─────────────────
입지 지대(수익)

시장에서 멀어질수록 운송비가 증가 하여 지대 (수익)가 낮아지겠지?

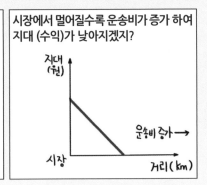

그리고 작물마다 시장에서 파는 가격도 다르지만 같은 거리를 운반해도 운송비가 달라

어떤 작물은 시장 가격은 비싸지만 운송비도 비싸서 시장에서 멀어질수록 지대가 급격히 낮아지기도 하고

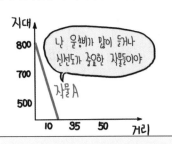

어떤 작물은 지대는 낮지만 운송비도 낮아서 시장에서 먼 곳에서 재배해도 수익이 나는 것이 있어.

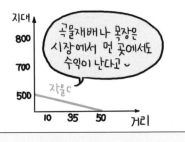

합리적인 경제인이라면 지대가 가장 높은 작물을 재배하겠지?

이렇게 작물은 **시장 가격과 운송비에 따라 재배 범위가 달라지면서 동심원 모형으로 분포**하게 돼.

즉, 시장으로부터의 거리에 따라 지대가 높은 작물의 순으로, 다음과 같이 분화 된다고 했지.

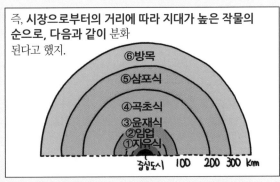

이는 도시와 가까울수록 시장 가격이 높은 작물이 선택되면서, 토지를 집약적*으로 이용하고

도시와 먼 곳에서는 지대가 낮아, 땅을 조방적*으로 쓰기 때문이야.

만약 가항하천이 있다면 **하천 주변으로 운송비가 줄어 띠 모양으로 토지 이용이 수정**된다는 것도 제시했지.

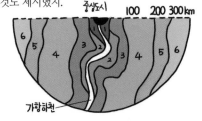

그러나 현실의 국가들은 고립국도 아니고 전제 조건도 같지 않기 때문에 이 이론이 그대로 적용될 수 없는 한계는 있겠지?

어이, 튀선생 거 좀 제대로좀 하지 그랬어?

무슨 놈의 이론들이 한계가 없는게 없어..

① 자유식*

market gardening and dairying

명명백백 more

자유식 농업은 **그때그때 수익이 많이 나는 작물**을 재배하는 거야. 주로 원예(market gardening)나 낙농업(dairying)이 이루어지지. 왜냐하면 이곳은 지대가 비싸므로 **시장 가격이 비싸고 수익이 많이 남는 작물**을 재배해야 하는데, 원예나 낙농이 그러했어. 교통이 우마차뿐이었던 것을 생각해 보면 이런 작물들은 시장과 조금만 멀어도, 금방 시들거나 상하지 않았겠어? 한 평도 낭비하지 않는, 집약적인 토지 이용을 하기에도 원예나 낙농이 적격이었지.

② 임업*

林(수풀 **림**) / 業(일 **업**) : forest for fuel

명명백백 more

②번 서클에서는 임업이 발달해. 지금으로서는 이해할 수 없지만 당시에는 나무가 주 연료였거든. 그런데 나무는 운반하기 매우 힘들잖아. 그러다 보니 **거리가 조금만 떨어져도 운송비가 많이 들었**지. 그래서 도시 주변에 임업이 입지했단다.

③ 윤재식*

輪(돌, 바퀴 **윤**) 4륜구동 / 裁(심을 **재**) 재배 / 式(법 **식**) : intensive arable rotation

명명백백 more

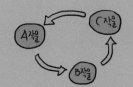

③번부터 ⑤번 지역에서는 모두 곡물 및 목초를 기르는 거야. 다만 다른 점은 도시와 가까울수록 땅을 집약적으로, 멀어질수록 조방적으로 이용한다는 것이지.
'윤재(輪栽)'는 '돌려짓기'잖아. **정해진 몇 가지 작물을 특정 순서로 돌려가며 휴경지 없이 재배**하는 거야. 이 방법은 땅이 쉴 틈이 없으니 노동력도 많이 필요하고 지력 유지를 위해 비료를 많이 써야 했겠지.

④ 곡초식*

穀(곡식 **곡**) 곡물 / 草(풀 **초**) 목초 / 式(법 **식**) : arable with long ley

명명백백 more

곡초식은 **곡식과 풀을 번갈아 가면서 재배**하는 가야. 곡식은 땅의 양분을 빨아먹고 자라기 때문에 지력이 쇠퇴하게 되거든. 그러면 이를 다시 목초지로 만들고 목장으로 사용하면서 지력을 회복하도록 하는 거야.

⑤ 삼포식*

三(석 **삼**) / 圃(밭, 농사 **포**) / 式(법 **식**) : three-field arable

명명백백 more

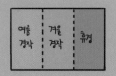

삼포식, **밭을 3분했다**는 건데... 어떻게 나누었을까? **여름 경작지, 겨울 경작지, 그리고 휴한지**로 나눠서 지력을 회복할 수 있도록 하였지. 노는 땅이 있으니 그만큼 앞의 두 농작법 보다는 토지를 **조방적**으로 이용한 셈이야.

⑥ 방목*

放(내버려둘, 놓아줄 **방**) 석방 / 牧(기를 **목**) 목장, 목동 : ranching

명명백백 more

도시와 가장 먼 곳에는 목장이 있단다. 그런데 집약적 사육이 아니야. 넓은 땅을 싼값에 얻을 수 있으므로 **가축을 놓아서 기르는** 방목의 형태가 나타나지. 방목은 잘 알지? '우리 엄마가 날 방목했어'라고 말할 때도 쓰이듯이, 그냥 놓아 기른다는 거잖아.

집약적* 集(집중할 **집**) / 約(요약할 **약**) / 的 : intensive

명명백백 more

직역하면 **집중해서 요약**한다는 뜻이잖아. 하나로 빽빽이 모은다는 거야. 그럼 토지의 집약적 이용이란 **토지를 빈틈없이 밀도 높게 이용**한다는 뜻이겠지? 그러기 위해서는 자본을 들여 비료를 많이 주거나 노동력을 많이 투입하여야 해.

조방적* 粗(거칠 **조**) / 放(내버려둘 **방**) / 的 : extensive

명명백백 more

조방적이라는 것은 **거칠게 내버려 두었다**는 뜻이잖아. 집약적과는 반대로 **성글게 이용**했다는 뜻이겠지. 그래서 자본이나 노동력이 상대적으로 적게 드는 것을 말해.

44 공업 입지

industrial location

공업의 입지 요인에는 여러가지가 있지만 크게 **자연적 요인**과 **사회·경제적 요인**으로 나눌 수 있어.

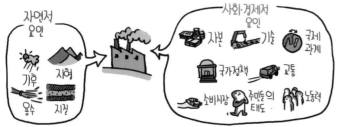

자연적 요인도 중요하지만

상대적으로 **사회·경제적 요인의 비중이 점점 커지고** 있고, 기술과 환경이 바뀜에 따라서 여러 요인들 간의 중요도가 달라지기도 해.

특히 업종에 따라서 요구되는 요인이 달라지기 때문에

유형별로는 크게 7가지 정도 입지로 나눌 수 있는데,

이름 속에 입지의 유형이 그대로 나타나 있으니 외울건 없다고.

산업의 특징을 생각해 봐! 네가 공장장이라고 해도 그곳에 지을 수 밖에 없었을테니.

45 공업 입지 유형

types of industrial location

어떤 공업이 입지할 때 운송비가 적게 들면 좋겠지? 운송비는 입지에 따라 크게 좌우되기 때문에

입지 유형들은 알고보면 **최소 운송비 지점**인 곳이 많단다.

원료 지향, 시장 지향, 적환지 지향 입지가 그렇지.

▶ **① 원료 지향** : 제조 과정에서 원료의 부피나 무게가 줄어든다면, 무거운 원료를 운송하기보다 **원료 산지에서 가공**해서 가벼워진 생산품을 운송하는게 운송비가 적게 들거야.

시멘트나 **정미업, 제지업** 같은 경우가 이러한 이유로 원료 지향형 공업에 속해.

그래프로 보면 무거운 원료의 운송비 증감이 생산품의 운송비 증감보다 크기 때문에

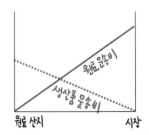

둘을 더한 총 운송비의 최소 지점은 원료 산지가 되는 거야.

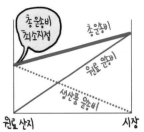

이와 달리, **원료의 신선도를 유지 하기 위해** 원료 산지에 공장이 입지하는 경우도 있어.

통조림을 비롯한 **농·축·수산물의 가공업**이 그렇지.

▶ ② **시장 지향** : 반대로 시장 지향형은 제조 과정에서 생산품의 부피나 무게가 증가하는 경우일 거야.

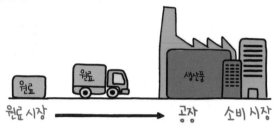

생각해봐~ **가구**는 목재를 가공해 부피가 크고 파손이 쉬운 생산품이 되잖아? **음료**나 **주류**도 소량의 원료에 물을 섞어 부피와 무게가 커질 테고.

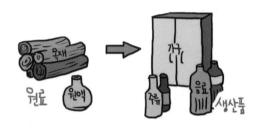

꼭 무게나 부피가 늘지 않더라도 **제과**나 **제빵**처럼 원료는 잘 변질되지 않는데 비해, **가공품은 쉽게 변질되는 제품**들도 시장에 입지하는 게 유리하겠지.

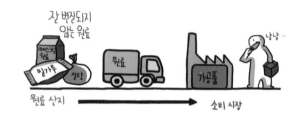

원료 지향형과는 반대로 생산품 운송비가 더 크기 때문에

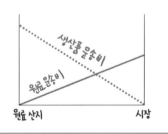

총 운송비의 최소 지점은 시장이 된다고.

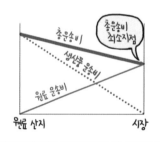

또 패션이나 출판 등 **소비자와 자주 접촉하거나** 유행을 **빠르게 반영**해야 하는 업종도 시장에 위치하는 게 좋겠지?

▶ ③ **적환지 지향** : 쌓을 적(積)

바꿀 환(換)!

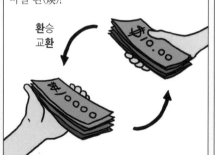

적환은 바꿔서 쌓는다는 뜻이겠군. 이런 일이 일어나는 곳은 어디일까?

그래! 교통 수단이 변하는 곳. 그래서 적환지는 중간지라고 하기도 해.

積 換 地
쌓을 적　바꿀 환　땅 지

적립　환승
적금　교환

특히 대규모 수출입 화물들의 적환이 이루어지는 **항구**를 말하지.

이곳에서는 물건을 모두 내렸다가 보관하고 다시 선적하는 등 많은 비용이 발생해.

그래서 원료나 생산품이나 적환지에서 운송비가 껑충 뛰기 때문에,

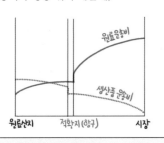

원료와 제품의 운송비를 모두 합하면 적환지 지점에서 최소가 되지.

따라서 **무거운 원료나 제품을 수입, 수출하는 제철**이나 **정유공업**은 아예 적환지에 입지하면 적환 비용을 지불하지 않을 수 있어.

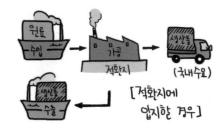

[적환지에 입지할 경우]

▶ ④ **집적 지향** : 모으다는 뜻의 '집'과

집단　집합　수집

쌓는다는 뜻의 '적'이 겹쳐진 것으로,

적재　적립　수집

'집적'은 쉽게 모여있다는 뜻으로 보면 돼. 원료 산지와 가까운 곳도, 소비 시장과 가까운 곳도 아닌데 공장들이 집적하는 경우는?

集 積
모을 집　쌓을 적

집단　적재
집합　적립
수집　적금

야야, '집적'이야, '집적'!!

먼.소.리.야.

공장들이
직접한다고?

공장들이
찝쩍댄다고??

우선 **여러 단계의 과정을 거치는 자동차나 조선 산업**의 경우, 부품을 들고 여기저기 뛰어 다니기 보다는 관련된 공장들이 가까이 있는 게 유리하겠지.

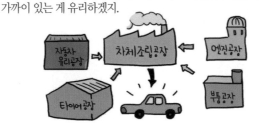

또 원래 정유업 자체는 원유를 수입해야 하기 때문에 항구에 입지하는 적환지 지향형인데,

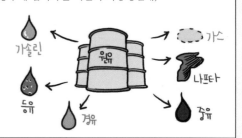

원유의 가공물을 원료로 하여 여러 제품을 만드는 **석유 화학 공업**은 집적하면 원료의 공유가 쉬워 좋겠지.

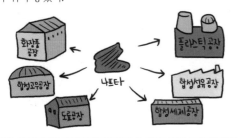

그런데 집적 지향형 공업인 자동차나 조선 등이 적환지에 집적하면 철강 공장과도 가깝고 수출할 때 운송비도 절약되겠지?

그래서 이래저래 항구에는 대규모 중·화학 공장이 많이 들어서는 거야.

그 외에도 공장이 모여 있으면 유리한 점이 많기 때문에 꼭 중화학 공업이 아니라도 비슷한 계열의 공장이 집적하는 경우는 많아.

그러나 집적이 과도해지면 다음과 같은 부작용이 발생하기도 해. 하여튼 세상 만사 지나치면 좋을 게 없다니까.

▶ ⑤ **노동 지향** : 섬유나 신발, 전자 제품 조립같은 **노동 집약적 공업**들은

저렴하고 풍부한 노동력을 찾아 공장이 입지하지.

▶ ⑥ **동력 지향** : 동력비의 비중이 커서 **전력을 쉽게 얻을 수 있는 곳**에 입지 하는 것인데,

원석을 전기 분해하여 얻는 **알루미늄 제련업**이나

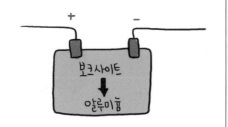

전기분해를 통해 특수 성분만 추출하는 **화학 비료업** 등이 여기에 속해. 천문학적 단위의 전기를 소모하거든.

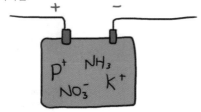

▶ ⑦ **입지 자유형** : 마지막으로 부가가치가 큰 **반도체나 지식 산업** 등은 입지가 자유로워.

관련 산업이 집적하는 모습도 보이지만, 기존의 산업에 비해 입지의 제약을 훨씬 덜 받기 때문에 입지 자유형으로 분류해.

대신 **고급 연구 인력**을 확보할 수 있는 **쾌적한 환경**이 중요하지. 그래서 전혀 다른 의미의 '노동 지향형' 공업으로 보기도 해.

지금까지 배운 이 모든 공업 입지의 핵심은 결국! **최소의 비용**을 지출하는 곳에 들어 선다는 거야~

46 베버의 공업 입지론

theory of industrial location

앞에서 공업 입지의 대체적인 유형을 살펴 보았는데,

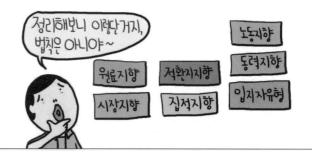

이를 이론적으로 체계화시킨 사람이 독일의 경제학자 베버야.

우선, 입지론에서는 인과 관계를 파악하기 위해서 다른 변인을 통제해야 해.

베버는 여러 요소 중 **운송비**가 가장 중요하다고 생각했기 때문에

그 밖의 조건은 통제하였어.

[원료산지, 동력산지, 소비시장은 고정되어 있다]

[생산인은 합리적인 경제인이다]

당시에는 석탄으로 공장을 돌려서 제품을 만들고 이를 시장에 파는 것이 공업의 기본이었기 때문에 **원료 산지**와 **소비 시장**, **동력 공급지**의 세 꼭지점이 기본 요소가 돼.

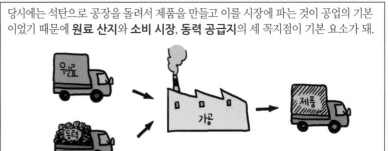

그런데 원료와 제품, 동력의 비중이 업종에 따라 다를 테니 **총 운송비가 최소가 되는 점**을 찾아 공장이 들어서면 좋겠지.

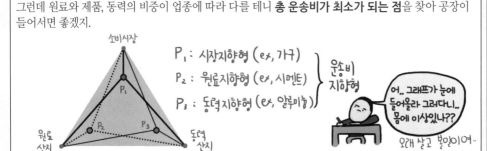

P_1 : 시장지향형 (ex, 가구)
P_2 : 원료지향형 (ex, 시멘트)
P_3 : 동력지향형 (ex, 알루미늄)

운송비 지향형

어.. 그래프가 눈에 들어올라 그러다니.. 몸에 이상있나?? 오래 살고 볼일이여..

그런데, 베버는 전제 조건에서 노동비를 통제하지 않았어.

[지역의 임금차는 존재한다]

노동비가 특히 싼 지점 L이 있을 때, L의 **노동비 절약분이 추가적으로 드는 총 운송비 보다 크다면** 그곳에 입지할 수도 있다고 했지.

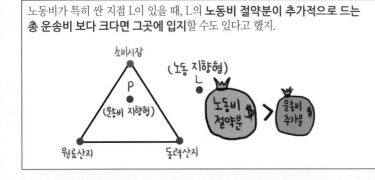

(노동 지향형)

노동비 절약분 $ > 운송비 추가분

또 집적 이익이 다른 비용의 증가분보다 크다면 집적하는 지점에 입지할 수도 있고.

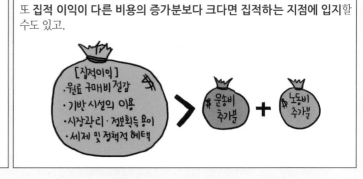

[집적이익]
· 원료 구매비 절감
· 기반 시설의 이용
· 시장관리 · 정보획득 용이
· 세제 및 정책적 혜택
> 운송비 추가분 + 노동비 추가분

그런데 베버의 공업 입지론은 시대적 상황이 크게 변한 데다가

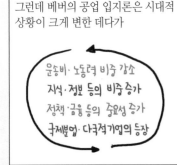

운송비·노동력 비중 감소
지식·정보 등의 비중 증가
정책·금융 등의 중요성 증가
규제완화·다국적기업의 등장

공업 입지의 다양한 변수들을 경직시켰다는 한계가 있어.

왜 시장이 한군데만 있어? 여러 곳에서 팔수도 있잖아

여러 입지들간의 상호관계는 무시하고?

생산물과 원료의 가격은 일정한거야? 가격에 따른 입지변화도 있을 수 있잖아

수요와 공급은 전혀 고려하지 않나벼?

그리고 흩어져 있는 노동력을 한 점으로 받는것도 좀...

그럼에도 불구하고 복잡한 변수들을 합리적으로 수치화함으로써, 입지 이론의 초석과도 같은 역할을 하고 있지.

야! 그럼 니가 해봐!!

그 놈 참 되게 까죽대네!

47 다국적 기업

multinational corporation

현대 후기 산업 사회의 공업 활동은 분공장이 전세계에 분포한 다국적 기업들을 중심으로 이루어지고 있어.

자본의 관리나 의사 결정은 본사에서 하지만 생산과 판매는 해외의 네트워크를 활용하지.

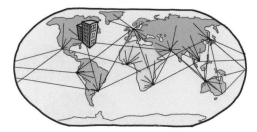

해외에 공장을 갖추면 넓은 부지와 값싼 노동력 등을 확보할 수 있고

개발도상국으로 가는경우야

무역 마찰을 극복하거나 현지 시장을 개척하기에 유리하거든.

사명과 머리굴리는 소리

웹~

고세를 내느니 직접 투자해서, 현지 국적을 가진 회사를 만드는게 나아~

대부분 ① 선진 자본주의 국가에서 시작된 기업이지만, ② 해외에 영업점과 대리점을 진출시키며 상권을 확대해 나가고 ③ 해외에 공장까지 갖추면서 하나의 국적을 초월하여 전세계로 퍼지게 된 회사들이지.

① 해외 / 국내

[국내 진출단계]

② [해외 영업단계]

③ [다국적 기업단계]

◎ 본사, 모공장
■ 생산공장
○ 영업점
▲ 대리점

국제 분업의 형태는 넓은 시야를 갖고 많은 요소들을 고민해야 하므로 전통적인 공업입지론으로는 부족해. 경영학과 같은데 가면 자세히 배울거야.

경영학과도 가지말아야겠군

이과는 무조건 나가리에
역사는 싫고요
언어는 한국어면 족하구요

한자 공부 해야되는 과는 노땡큐

하나둘 사라져가는 미래의 옵션이여~ 좋은 주인 만나삼.--

다국적 기업이 출현하면 여러 가지 장점이 있지만,

3층에어는 이렇게 만드는구나~

저 공장하나가 수만명 먹여 살려요~♡

나이힘보다 쌈박한 운동화나 될래!

쌈지한 운동화는 이제 그만.

가술 도입   고용 창출   경쟁 확산

국내 기업들이 설 자리를 잃거나 거대 자본에 잠식 되기도 하지.

처음엔 미국 자본의 상징이었지만 생산 요소간의 이동이 활발해지면서 세계의 주요 기업들이 대부분 다국적 기업화되고 있단다. 우리 나라의 기업들도 물론!

특히 최근의 글로벌 IT 기업들은 공장 하나, 영업점 하나 없이도 전세계를 상대로 엄청난 부가 가치를 축적하고 있어. 주시해 보아야 할 점이야.

때로는 초국적 조직으로서 조세 회피, 각종 법규 회피 등, 여러 갈등들을 야기하는 경우도 많아.

다음 세대에는 너희들이 주인공이 되어 우리나라 글로벌 기업들을 제대로..

48

중심지

'중심지'의 정의부터 시작해 볼까?

바로 이게 도시와 상업 입지를 이해하는 데 중요한 의미를 갖는다고!.

'중심지'를 정의하자면 **주변 지역에 재화와 서비스를 제공하는 곳**이야.

이를 제공하는 기능은 **'중심지 기능'**혹은 **'중심 기능'**이라고 해.

만약 내가 호떡집을 차려 놓고 호떡을 팔면?

바로 이곳은 주변에 호떡이라는 재화를 공급하는 곳이니 중심지이고 호떡집은 중심 기능을 하고 있지!

그래서 상점들은 물론이고 병원, 학교 등도 각각 모두 중심지인 거야.

중심지 중심지 중심지 중심지

주는 곳이 있으면 받는 곳도 있겠지?

재화와 서비스를 공급 받는 지역을 배후지라 하지.

背後地
등배 뒤후 땅지

그런데 갑자기 여기서 도시는 왜 나오냐고? 잘 생각해봐.

도시는 동네 미용실, 정원, 학교, 관공서 등

도시 주민들의 기본적인 수요를 제공하는 기능도 있지만

다른 도시로 재화와 서비스를 공급하면서 도시의 수입을 벌어들이는 기능도 있어.

예를 들어 재화를 생산하여 도시 주민이 아니라 도시 외부로 판매했다고 생각해봐. 이게 바로 중심지 기능이잖아.

도소매업뿐만 아니라 행정, 교육, 의료, 문화 등 주변 지역으로 재화와 서비스를 공급하는 일은 매우 흔한 풍경이지?

그래서 도시 내부에도 수많은 중심지가 있지만 도시 자체가 중심지 이기도 하지.

그래서 중심지가 도시와 상업 입지를 함께 설명할 수 있는 거야.

49 최소 요구치와 재화의 도달 범위

threshold & range

ㅋ, 이부분만 오면 갑자기 하기가 싫어지지? 그만큼 많이들 어려워 하는데,

이번 기회에 확실히 개념을 잡아 볼까?

내가 호떡집을 하나 열었다고 해보자.

일단, 가게가 유지되기 위해서는 최소한 얼마는 팔아야 된다는 계산이 나오겠지?

이렇게 **상점이 유지되기 위해 최소한의 수요가 존재하는 범위**를 최소 요구치라고 해.

가게가 **최소한으로 요구하고 있는 값**이니 최소 요구치지 뭐 ^^;; '본전치기'라고나 할까? 영어로는 문지방 (threshold)이란다!

반면 재화의 도달범위는 **어떤 상점으로 재화를 구매하러 오는 최대한의 거리**야.

호떡 하나 먹겠다고 배 타고 올 사람 있겠어? ^^;; 대충 걸어서 수 분 이내가 아니겠어?

이 범위를 최대한으로 잡은 게 재화의 도달 범위(range)지.

배달을 나간다면 재화의 도달범위는 이윤이 0이 되는 곳일 거야. 그 밖으로는 나가봐야 손해겠지.

그래서 **중심지가 성립되기 위해서는 반드시 재화의 도달범위가 최소 요구치 보다는 커야** 해.

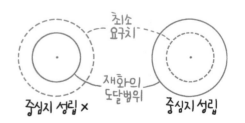

재화의 도달 범위 내에 올 사람이 100명인데, 하루에 200명은 먹어줘야 한다면 곧 망하지 않겠어?

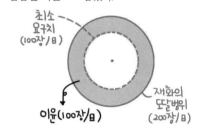

반대로 100명만 와도 유지되는데 200명이 온다면 그만큼은 이윤으로 남겠지.

자 이제 응용을 좀 해 볼까?

인구밀도가 높은 지역이라면 하루 100명을 채우는 범위가 줄어들 테니 최소 요구치의 범위가 작아질거야.

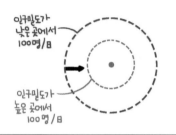

그래서 유동인구가 많은 도심에서는 같은 종류의 점포가 붙어 있어도 모두 유지되는 거야.

구매력이 높은 지역의 경우에도 역시 최소 요구치의 범위가 작아져.

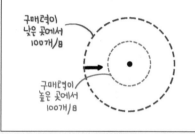

같은 인구밀도라도 재화를 구매할 여유가 있는 사람들이 많거든. 적은 수의 사람으로 같은 이윤을 낼 수도 있고.

한편 교통이 발달한 곳은 더 멀리서도 올 수 있으니 재화의 도달범위가 넓어지겠지?

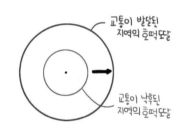

이 세 가지 모두 중심지 기능에 유리하게 작용하는 경우지.

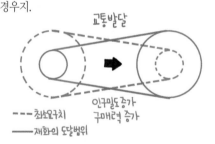

그래도 문제풀 때 헷갈린다면, 다음과 같이 둘을 같은 종류의 단위로 놓고서 비교해 봐! 훨씬 쉬워질 테니.

최소 요구치	재화의 도달범위
최소 수요 인구수 (명)	재화의 도달범위 내 유효인구수 (명)
최소 요구 이윤 (원)	재화의 도달 범위 내에서 올릴 수 있는 이윤 (원)
최소 수요 인구가 사는 범위 (면적) 최소요구 이윤을 올릴 수 있는 범위 (면적)	재화의 도달 범위 (면적)

−3일 후−

−다시 3일 후−

50 중심지 이론

central place theory

상점, 병원 등이나 도시나 주변에 재화와 서비스를 공급한다는 점에서 모두 '중심지'이고 '중심지 기능'을 수행하는 것이라고 했지?

그래서 중심지 이론은 상업입지와 도시의 계층 분화에 동시에 적용되는 이론이야.

먼 소리냐고? 어느 나라나 도시들이 있고, 이들은 서로 어떤 질서를 보이기 마련이잖아?

우리나라도 서울, 대구, 부산과 같은 대도시들이 일정 간격을 두고 있고 그 사이 중도시, 그리고 수많은 소도시들이 있지.

상점들도 대형 백화점에서 구멍 가게까지 서로 영향을 미치게 될거야.

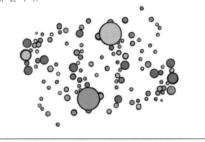

이렇게 **중심지간에 상호 영향을 주고** 받으며 규모나 거리가 조정되면서

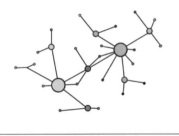

계층 구조가 형성되는 원리를 연구한 것이 크리스탈러의 **중심지 이론**이거든.

어떤 종류의 중심지든 중심지 기능을 수행하는 곳이라면

재화와 서비스를 얼마나 다양하게 제공해 줄 수 있느냐가 계층 구조를 결정한다고 보고

중심지의 제공력 차이를 제외한 전제 조건은 통제하였지.

그 결과 중심지가 하나일 경우는 배후지가 원형으로 형성되지만

동일 계층의 중심지가 여럿일 경우는 중심지에서 소외되거나 중첩되는 경쟁을 피하기 위해 **배후지가 육각형 모양**이 된다고 했어.

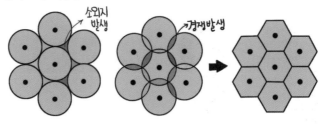

물론 현실에서는 완벽한 동질 지대가 아니기 때문에 정육각형은 아니지.

모양도 모양이지만 크기를 보자면, 동네의 작은 구멍 가게와 대형 마트의 배후지가 같을 순 없잖아?

서울과 부산, 산골 마을의 배후지가 같을 수도 없고.

중심지들간에도 제공하는 기능의 종류와 수에 따라 배후지의 크기가 달라지고 중심지 간의 거리가 결정된다는 거야.

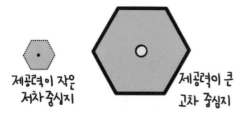

결론적으로 최소 요구치와 재화의 도달범위가 큰 **고차 중심지는 저차 중심지에 비해 배후지가 넓지만 중심지 간의 거리가 멀어.** 저차 중심지는 그 반대이고

중심지의 모형 및 위계를 도식화 시켜보면 다음과 같아.

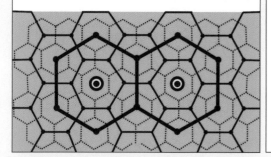

그러나 크리스탈러의 중심지 이론도 현실과 맞지 않는 여러 한계가 존재해.

중심지와 배후지 관계는 시간에 따라 계속 변할것 같은데?

어느 한 중심지가 지나치게 크면 중심지의 위계고 뭐고 싸그리 존립이 불가능하기도 한데?

인구나 지가가 균등하다는 전제가 당췌 말이나 돼?

아니, 각종 시설이나 시장 등이 집적하는 경우도 많잖아?

어쨌든 가장 중요한 것! 이렇게 중심지의 계층이 분화되는 요인은 뭐라고?

51

상업 입지

commercial location

상업. 상품을 파는 상점을 운영하는 것이지.

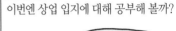

이번엔 상업 입지에 대해 공부해 볼까?

상점 주인은 당연히 가게가 최대의 수익을 올리기를 바라지.

이때 상업의 종류에 따라 입지는 달라져. **도매업**은 주로 교통이 편리하고 넓은 용지를 구하기 쉬운 **도심 주변부**에 입지하며 그 **상권이 매우 넓지.**

소매업의 경우 최소 요구치가 크고 고급 상품을 판매하는 백화점이나

특수한 품목을 판매하는 **전문 시장** 등은 접근성이 좋은 **도심이나 부도심**에 위치하는 반면,

일상 용품을 판매하는 업종은 주거지 내에 위치하고 도시 전체에 흩어져 있지.

한편 **대형 할인점**은 넓은 매장과 주차장 확보가 유리한 **외곽 지역**에 위치해.

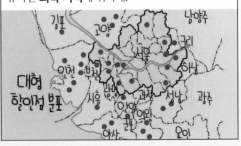

물론 대형 할인점이 급속히 성장하면서 도심에도 일부 점포를 여는 경우도 있긴 하지만 말이야.

상품의 종류에 따라 소비자의 이동 행태도 차이를 보여. 일용품의 경우 주변 시장을 이용하지만 고가의 전문 상품은 시장이 특정 지역에 집중 되거나 수가 적어 긴 거리를 이동하기도 하지.

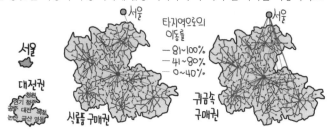

이런 상점의 입지는 늘 같은게 아니라 시대적 조건과 함께 변해. 도시가 성장, 분화됨에 따라 상업 지역도 외곽으로 확대되었지.

또한 인구가 증가하고 교통이 발달하여 공간적, 시간적 제약이 많이 줄어들어서

정기 시장이나 소규모 상점들은 문을 닫고

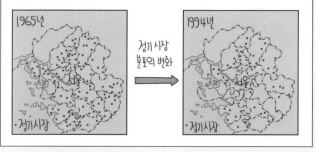

2010년대까지 대형 할인점 및 백화점은 크게 늘었어.

최근에는 무점포 유통과 편의점의 성장이 두드러지지.

소비자의 구매 행동도 변하고 있는데, 자동차가 널리 보급되면서 **주차가 편리한 곳을 선호하고**

맞벌이 부부가 늘어나면서 **주말에 할인점에서 대량의 상품을 구매하는** 패턴을 보이고 있어.

최근의 가장 큰 특징은 인터넷, 홈쇼핑 등 **전자상거래가** 급격히 발달했다는 거야.

특히 스마트폰의 사용이 일반화되면서 기존 유통 구조를 통째로 흔들고 있지.

바빠서 모바일 쇼핑만 해 마트가본지 오래됐어

전자 상거래가 늘어나면 생산자와 소비자의 직거래가 가능해지고 **유통 구조가 단순**해지게 된다는 것도 잊지마.

기름살짝 두르고 없이게 구워주시면, 바삭~한 고등어

산지직송 고등어 ~ 한마리 천원!

당일배송

허!!!

나 3천원에 팔고 있는데?!

누나.. 생선가게... 잘되지?...

만국아~ 학원... 잘되지?...

범상치않게 짙은 피

정기 시장과 상설 시장*

定(정할**정**)/期(기간**기**)/常(항상**상**)/設(갖출**설**):periodical market / permanent market

명명백백 more

정기 시장의 상설화 과정

- - - - 최소요구치
───── 재화의 도달 범위
───── 행상의 이동경로

행상의 단계 ➡ 주1회 정기시 ➡ 주2회 정기시 ➡ 상설시장

정기 시장은 말 그대로 **정해진 기간에만 열리는 시장**이고 **상설 시장은 항상 갖추어진 (열려있는) 시장**이야. 시장이 성립하기 위해서는 **최소 요구치보다 재화의 도달 범위가 커야**하지? 그러나 인구가 희박하고 교통이 발달하지 못했던 과거에는 최소 요구치보다 상품의 도달 거리가 작았기 때문에 상설 시장이 성립하지 못했어. 사람도 많지 않고 교통도 불편한 곳에 가게 차려봐. 바로 망하지. 따라서 몇개의 지역을 정기적으로 순회함으로써 생계 유지에 필요한 최소 요구치를 확보하는 정기 시장이 발달했어. 예를 들어 A마을에 매달 5일과 10일에 열리는 장이 있어. 6일~10일의 수요를 모으면 최소 요구치를 충족하게 되어 행상은 5일장 다음에 10일장에 와서 물건을 팔지. 그리고 6일에는 B마을, 7일 C마을, 8일 D마을, 9일 E마을, 다시 10일에는 A마을의 장을 다니는 거야. 그러나 **인구의 증가, 교통의 발달, 구매력의 증가** 등으로 최소 요구치는 줄고 재화의 **도달 범위는 늘면 정기 시장은 상설화 되겠지.**

52 도시의 성장

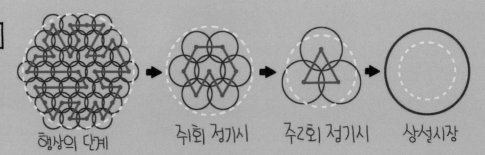

이제부터 본격적으로 도시라는 공간에 대해 공부해 보자.

아까 도시 했는데요?

그건 '중심지' 측면에서만 잠깐 살펴본거고..

했던거 또하는게 괴로울함

urban growth

도시는 보통 촌락과 대비되는 개념으로서, **인구가 많고 인구 밀도가 높은 지역**으로

주민 대부분이 2,3차 산업에 종사하여 직업과 생활 양식이 다양한 곳이야.

도시가 발달한 역사를 좀 살펴보도록 할까?

난 역사가 싫어요

No Thanks!

기본적으로 평지인 곳, 득수가 쉽고 교통이 편리하거나 방어가 유리한 곳 등에는 사람이 모여들었겠지?

따라서 도시도 평야나 내륙분지에 주로 발달했지

역사라고 걱정할 것 없이 명명백백인걸~

근대 이전, 그러니까 처음 국가의 통치 체계가 확립된 삼국 시대의 도읍지부터

삼국과 도읍지

통일 신라 시대의 9주 5소경,

주(州)는 지금의 도(道)와 같은 것으로 통일신라는 전국을 9주로 나눴지, 소경(小京)은 '작은 서울'이란 뜻으로 경주외에 5곳의 주요 지방도시를 말해

고려 시대의 3경 및 지방 도시들은 모두 **행정, 군사적으로 중요한 지역**이었어.

외세의 침략이 많았던 고려는 일반적 행정구역인 5도(道)와, 군사적 구역인 양계(兩界)를 구분했어. 지방도시는 수도인 개경외에 3경(京)을 더 두었고, 그 아래 목(牧)을 두어 정부의 통치권을 강화했지. 도호부(都護府)는 지방행정을 담당하던 기관이름이야

조선 시대 초만해도 전반적으로 도시의 성장은 더뎠어. 교통과 방어에 유리하면서 풍수지리상 명당이었던 수도 한양과

지방의 행정, 군사 중심지들 정도가 발달했지.

이름에서 느껴지듯, 관찰사(觀察使)는 행정감독관, 절도사(節度使)는 군사감독관을 말해

그러다 **조선 시대 후기부터 상업과 무역의 요지**들이 성장하고

국내 상인
주요 장시
무역 도시
해상 교역로
육상 교역로

조선후기 상업과 무역발달

역원 취락, 도진(나루터) 취락 등 **교통과 상공업이 발달한 도시**들이 본격적으로 발달하게 돼.

(단위: 천명)
●100 이상 ●10~20
●50~100   ·5~10
·20~50   ·5 미만

조선후기의 도시 (정조 13년)

일제 시대에는 자원 반출을 위한 **항구 도시**와 항구와 내륙을 연결하는 **철도 교통의 중심지**가 성장해.

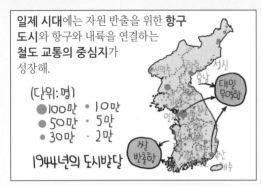

(단위:명)
- ● 100만 · 10만
- ● 50만 · 5만
- ● 30만 · 2만

1944년의 도시발달

일제 후기에는 병참 기지화 정책으로 자원이 풍부한 **북부 지역이 광공업** 도시로 부상했고.

공업편에서 자세히 다루고 있으니 참고하시므니!

1차 주갔시오!

광복 직후에는 해외 동포 귀국과 북한 주민의 월남으로 남한의 도시 인구가 급증해.

하지만 당시의 도시는 이들을 받아들일만한 여건이 전혀 안되있어

나도 배고파

그러다 산업화가 시작된 1960년대부터 도시가 발달하고 **이촌향도 현상**이 심해지면서 **도시의** 인구가 점점 증가하지.

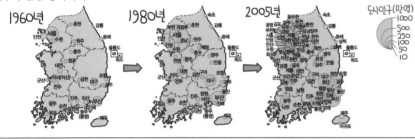

특히 70년대에는 정부 주도로 **남동 임해 도시들이** 급성장했고 80년대 이후에는 대도시 과밀 완화를 위해 **위성 도시 및 신도시들이** 건설된 점은 중요한 특징이야.

최근 도시분화 양상에 대해서는 뒤에서 자세히 다룰거라고~

53 도시화

urbanization

방금 도시를 이렇게 정의했잖아.

① 인구가 많고
② 주민들은 주로 2·3차 산업에 종사하며,
③ 직업과 생활 양식이 다양한 곳

그러니 도시化란 그렇게 되는 거지 뭐 ^^;;

① 도시의 인구 증가 (이촌향도 현상)
② 2·3차산업 비중 증가
③ 다양한 도시적 생활 양식 보편화

국가 전체적으로 보면, **도시의 수가 증가**하고 도시의 인구 **비중이 증가**한다는 말이야.

그렇다면 이렇게 도시가 성장하게 된 원동력은 뭘까?

무엇보다 **산업화**로 **기반 시설**이 마련되고 2,3차 산업의 발달로 **고용 기회**가 확대되면서 도시의 성장은 시작돼.

교통의 변화에 따라 그 성장이 더욱 확대되거나 반대로 정체되기도 하지.

최근에는 **첨단 산업이나 지식, 서비스 산업**이 도시 성장을 주도하는 요인으로 부각되었고

그외에 **국가 정책**이나 **대도시의 기능 분담**을 목적으로 도시가 성장하기도 한단다.

도시화 곡선을 통해 도시의 성장 과정을 도식화해 볼 수 있는데, **인구가 전국적으로 분산**되어 있는 **초기 단계**를 지나

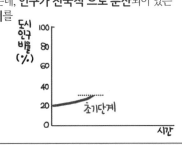

이촌향도 현상에 의해 도시 인구가 급증하는 **가속화** 단계를 겪지.

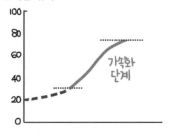

도시의 발전이 **종착 단계**에 이르면 이촌 향도 현상도 완화되면서

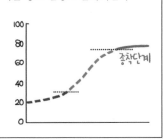

사람들이 각종 도시 문제에 염증을 느끼고 도시를 떠나는 **역도시화*** 현상이 발생하기도 해.

농촌으로 떠나기도 하지만 **도시간 이동**도 활발해. 서울에서도 주변 경기도의 다른 도시로 이동하는 사람들을 흔히 볼 수 있잖아.

우리나라도 1960년대 급속한 도시화를 거쳐, 90년대 이후 인구의 80% 이상이 도시에 거주하며 종착 단계에 이르렀단다.

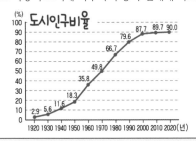

명명백백 Special 4) 도시화와 반대되는 움직임들

역도시화, 탈도시화, 교외화… 개념 자체는 어렵지 않은데 비슷비슷한 용어들이 한꺼번에 나오니까 헷갈리지? 그 차이를 정리해 줄게. 그렇지만 이 용어들만큼은 정확한 차이를 구별하는 것보다는 모두 도시로 인구가 집중하는 도시화의 반대되는 움직임이라는 것 정도만 알아둬도 돼.

역도시화**   易 (바꿀, 반대 **역**) 역방향, 역순 / 都市 (**도시**) / 化 (될 **화**)   counter-urbanization, de-urbanization

도시화의 반대라는 뜻이네? 영어로 counter나 de도 '반대'라는 뜻의 접두사잖아. 도시화가 전체 인구 비율 중 도시 인구의 비율이 증가한다는 것을 의미하니까, 역도시화는 **도시의 인구 비율이 감소**하는 것을 말하는 것이겠지. 정확히 구분하자면, 역도시화의 개념 속에는 도시 인구 비율이 왜 감소했는지에 대한 언급은 없어. 예를 들어 갑자기 시골에서만 애를 열댓 명씩 낳아 비도시 지역의 출산율이 도시 지역보다 훨씬 증가하거나, 비도시 지역은 사망률이 그대로인데, 도시 인구의 사망률이 증가해도 역도시화를 가져올 수 있겠지. 물론 이러한 이유에 의해 역도시화가 일어나는 경우는 거의 없겠고-.-;; 실제 현실에서 나타나는 역도시화 현상은 주로 도시 인구가 촌락으로 이주하여 나타나게 되지.

탈도시화**   脫 (벗어날 **탈**) 이탈 / 都市 (**도시**) / 化 (될 **화**)   ex-urbanization

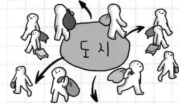

'탈도시'는 도시를 벗어난다는 뜻이잖아. 즉 **도시 인구가 외곽으로 이주하면서 나타나는 인구 변화**야. 굳이 역도시화와 구별하자면 역도시화는 이유가 무엇이 되었건 도시 인구의 비율이 감소하면 되는 것이고 탈도시화는 그 중 도시 인구가 도시 바깥쪽으로 이주하는 현상에 초점을 둔 거야. 그래서 역도시화는 [역+도시화]이고 탈도시화는 [탈도시+화]라고나 할 수 있어. 그리고 탈도시화는 도시 바깥으로 나갈 뿐 교외로 가는지, 촌락으로 가는지는 언급하지 않은 개념이야.

교외화**   郊 (들 **교**) / 外 (바깥 **외**) / 化 (될 **화**)   suburbanization

교외화는 탈도시화와 달리 인구가 이동하는 목적지를 언급하고 있어. 도시 외곽에 존재하는, **도시와 촌락의 점이 지대인 교외 지역으로 이주해 가는 현상**을 지칭하는 개념이지. 교외(suburb)는 도시와 인접하여 도시의 서비스를 이용하기에 편리할 뿐 아니라, 도시와 달리 지가가 낮으면서도 쾌적한 자연 환경을 향유할 수 있다는 장점이 있잖아.

U턴, J턴, I턴**

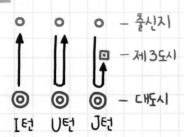

이 용어들은 특별히 인구 이동의 방향을 가리키는 거야. U턴은 물론 내가 처음 있던 곳으로 돌아오는 이동이겠지. **도시로 갔던 인구가 다시 출신 고향으로** 돌아오는 현상이지. 주로 진학이나 취직을 위해 대도시로 갔다가, 각종 도시 문제로 인해 고향으로 회귀하는 상황이겠지. 그럼 J턴은? 돌아오긴 하는데, 다른 쪽 끝이 좀 짧지? 완전 출신 고향까지는 가지 않고 그 **중간에 위치한 다른 도시에 정착**하는 거야. 대도시는 싫은데, 출신지로 가자니 너무 낙후되었다면, 출신지 근처의 도시들에 정착하여 고용의 기회도 얻고 마음의 안정도 찾고자 하는 경우겠지. 그럼 I턴은? 한방향 밖에 없잖아. 바로 **원래 도시에 있던 인구가 농촌 지역으로 이동**하는 거야. 최근, 도시 생활 자체에 염증을 느끼고 농사를 지으며 살아가고자 하는 귀농인들을 심심치 않게 방송에서 볼 수 있잖니?

54 도시의 기능

urban function

도시가 발전하기 위해서는 기본적으로 돈을 벌어 들여야만 해.

그래야 지역 경제도 돌아가고,

도로도 놓고 지하철도 뚫고 해야 기업도 늘어나고 인구도 많아지고 할 테니.

회사가 돈을 벌기 위해 고객에게 재화나 서비스를 공급하듯,

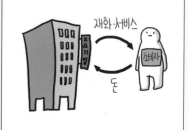

돈을 벌기 위해서는 도시도 다른 도시로 재화나 서비스를 공급해야겠지?

아무리 내부에 복지 제도가 잘 갖춰진 회사라도 돈을 벌지 못하면 아무 의미가 없듯이,

도시도 다른 도시와의 상호 작용을 통해 수입을 벌어들이는 활동이 가장 기초가 되며

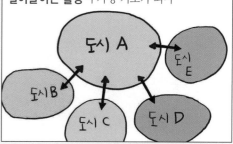

그게 재투자됨으로써 도시의 기반을 갖추게 되는 거야. 그래서 이를 도시의 기본적 받침이 되는 기능, **기반 기능**이라고 하지.

基 盤

기본, 터 **기**　받침 **반**

기본　　　　소반

공업, 다른 지역 상인들이 물건을 떼가는 도매업, 관광 산업 등이 이에 속할 거야.

어어어? 잠깐, 다른 도시에 재화와 서비스를 공급한다고?? 어디서 들어본 소린데?

그래! 이건 앞에서 했던 중심지 기능과 같은 거야.

그럼 **비기반 기능**은? 도시의 기능 중 기반 기능이 아닌 기능들이겠지 뭐! ^^

도시 외부가 아닌 **도시 내부 주민의 기본적인 수요를 충족하기 위해 재화와 서비스를 제공하는 기능**이야.

미용실, 관공서, 학교, 병원 등 주변의 수많은 상점이나 관공서 등이 이에 속해.

기반 기능이 발달해 도시가 부유해지고 커지면 점점 비기반 기능도 발달하겠지?

비기반 기능이 잘 되어있는 곳은 살기 좋아. 그래서 인구가 또 증가하고.. 이러면서 도시는 점점 성장 하는 거야.

무조건 외우지 말고 이름과 함께 자연스럽게 이해해야 오래 기억한다고!

한편, 흔히 '00도시'라고 하듯이 특별히 두드러지는 도시의 기능이 있을 때 이를 통해 도시의 성장 동력을 찾아볼 수 있어.

크게 생산 도시, 소비도시, 종합 도시로 구분할 수 있는데,

생산 도시는 생산이 주 수입원인 공업 도시(울산, 포항, 구미)나 광업 도시(태백),

소비 도시에는 외지인의 소비가 수입원인 관광 도시(경주, 제주)나 교육 도시(청주, 공주) 등이 있어.

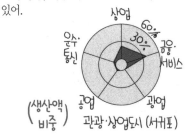

물론 도시들의 주된 기능은 시대에 따라 달라질 수 있겠지.

태백
광업도시 → 관광도시

성남
공업도시 → 주거도시

다양한 기반 기능과 비기반 기능, 소비와 생산 기능이 고루 발달한 대도시는

상업
60%
30%
유수통신
금융·서비스
공업
광업
(생산액 비중)
종합 (기능) 도시 (서울)

종합 도시라고 한다는 것도 알아두자고!

없는 기능 없는 나 너무 완벽해~

종합 (기능) 도시

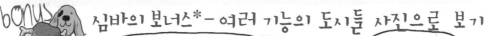

bonus 심바의 보너스* - 여러 기능의 도시들 사진으로 보기

제2청사가 행정 중추기능을 담당하고 있으며 과학 연구기관과 종합주거기능도 발달한 도시야

대전 (행정·과학·복합도시)

미술관·공원·녹지 등 쾌적한 주거 환경을 갖춰 명품 주거 도시로 평가받는다지?

과천 (행정·주거도시)

엥? 벌건 대낮에 탱크가 다닐 거?... 군부대가 밀집한 도시로구만

동두천 (군사도시)

항구를 바탕으로 중화학 공업이 발달한 공업도시의 면모가 보이지?

포항 (공업도시)

도시 전체에 문화관광지가 많아 고도가 낮고 관광기능이 크게 발달해지

경주 양동마을 (관광도시)

공업·상업·교통·서비스 등이 고루 발달한 전형적인 종합도시지

대구 (종합도시)

55 도시 체계

자, 이제 중심지 이론을 바탕으로 도시 체계를 공부해 볼까?

도시가 곧 중심지니까!

도시는 그만하면 된 것 같은데 이제 소시를 하면 어떨까요?

아이유를 하면 더좋고 ㅋ

urban hierarchy

어떤 도시든 모든 기능을 다가질 수는 없기 때문에, 구비된 기능을 다른 도시에 공급하고 부족한 기능은 공급받으며

상호 교류가 일어나기 마련.

서로 다른 기능과 규모를 가진 도시들은 서로 **계층 구조**를 이루게 되는데, 이를 **도시 체계**라고 해.

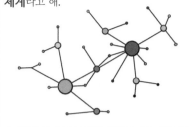

대도시의 경우에는 경제, 행정, 문화, 교육 등 **다양한 기능**을 보유하는 중심지이므로 **수가 적고 대도시간 거리가 먼** 반면,

소도시의 경우 기능이 단순한 대신 **수가 많고 도시간 거리가** 가깝겠지.

우리나라의 경우에는 서울-부산-광역시-시청 소재지-군청 소재지(읍)-면 등의 순으로 **6계층 정도의 구조**이며

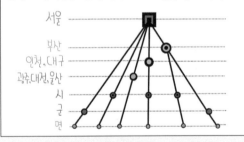

서울의 종주 도시화*(Special), 연담 도시화*(Special), 광역화 등으로 **수도권 도시의 비중**이 압도적으로 커.

도시간 통화량을 연결한 지도를 봐도 도시의 계층 구조와 수도권 집중이 잘 보이지?

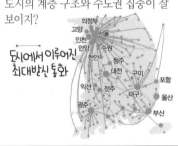

56 도시 내부의 분화

네가 서울에 살고 있다면 질문 하나 하자.

아마 서울역은 서울 어디서라도 쉽게 접근할 수 있도록 교통망이 잘 발달되어 있을 거야.

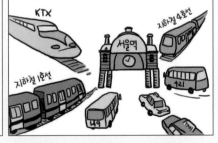

이렇게 접근하기 쉬운 정도, 즉 교통이 편리한 정도를 접근성이라 하는데

접근성이 좋은 곳은 지대(수익)가 높아 지가도 높지.

발달된 도시일수록 도시 내부에서도 지역에 따라 지대와 지가, 접근성의 차이가 커.

바로 이러한 **접근성, 지대, 지가**의 차이가 도시 내부를 분화시키는 원인이야. 서울 곳곳의 모습을 동네마다 다르게 만든다는 거지.

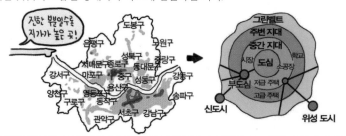

이 현상은 대도시일수록 뚜렷해. 소도시는 여러 기능들이 혼재되며 도시 구석구석 비슷한 모습을 보이는 경우가 많잖아.

이제 본격적으로 도시 내부의 분화에 대해 살펴볼까?

▶ **도심** : 대기업, 백화점, 중앙 행정 기관, 금융 기관 등은 도심으로 집중하려는 **집심*** 현상을 보여.

集心
모일 **집** 중심 **심**
집중   도심

이러한 **중심 상업 기능**들은 접근성이 조금만 떨어져도 수익이 크게 낮아지기 때문에

높은 지대(임대료)를 지불하더라도 도심에 있는 게 유리하거든.

그래서 지대와 지가,접근성이 높은 도심에 **중심 업무 지구(C.B.D)**가 형성돼.

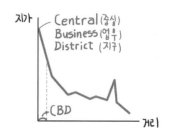

그런데 발 디딜 틈도 없는 명동 중심에, 막상 살고 있는 사람은 별로 없잖아?

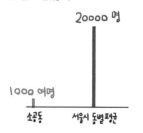

인구 공동화 현상*이 나타나 낮에는 북적대고 밤에는 썰렁한 곳이 도심이지.

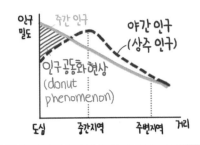

空洞化

빌공 빌동 될화

공기 동굴
공중

▶ 중간 지대 : 반면 주택가나 공장 등은 도심에서 떠나려는 이심* 현상을 보여.

離心

흩어질 이 중심 심

이탈 도심

이들은 도심에 있다고 큰 수익을 올리는 게 아니기 때문에 도심 바깥쪽으로 분화되는 거야.

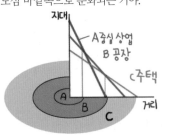

도심 바로 뒤쪽으로 상가, 주거지, 경공업 지역 등이 혼재되어 있는 곳을 **중간 지대**,

혹은 도심에서 외곽으로 점점 변하는 지대라 하여 **점이 지대**라고 하지.

漸 移

점차 점 옮길 이

점층 이사

▶ **부도심(副都心)** : 또한 도시가 발달하면서 교통망이 만나는 곳은 도심의 기능을 분담해. 이곳을 **부도심(부심)**이라 하지.

그러나 중추 행정 기능은 여전히 도심 중심 이고 부도심은 주로 **상업이나 오락 기능**이 발달해 있어.

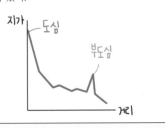

▶ **외곽 지역** : 도심에서 떨어질수록 녹지가 많고 쾌적해 **주거지**로 이용되는 경우가 많아.

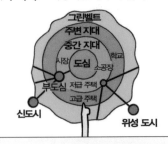

특히 도시의 가장자리는 **개발 제한 구역**을 두어 스프롤*을 방지하고 녹지를 보전해.

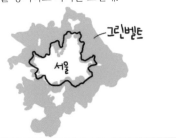

그런데 최근에는 주택난과 사유 재산 침해를 이유로 점점 해제되고 있는 추세지.

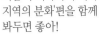

지금까지 한 이론들은 서울 곳곳에도 적용된단다. 지금 '우리나라의 여러 지역과 북한' 챕터의 '서울 지역의 분화'편을 함께 봐두면 좋아!

🙂 인구 공동화 현상*

人口(인구) / 空(빌 공) / 洞(빌 동) / 化(될 화) / 現想(현상) : donut phenomenon

명명백백 more

공(空)과 동(洞)은 모두 '비다'는 뜻으로, 공동(空洞)이란 마땅히 차 있어야 할 것이 텅 비어있는 것을 말해. 그래서 인구공동화란 **가장 발달한 도심에 오히려 인구가 텅 비어있는 것**을 뜻하게 된 거야. 그냥 비었다는 게 아니라 상주인구가 없을 뿐, 낮에는 매우 혼잡하지. 가운데가 뻥 뚫린 것이 도넛 같다 하여 **'도넛 현상'**이라 하기도 해.

이렇게 잘 가르치면 마땅히 꽉차야 하는데 텅빈걸 보니 여기도 '공동화' 현상...?

근데 공동화 현상은 낮에는 꽉 차는데...

🙂 스프롤*

sprawl

명명백백 more

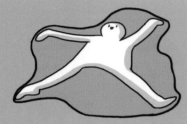

sprawl은 그냥 영어단어로 '팔다리를 쭉쭉 뻗다'는 뜻이야. 스프레이, 스프레드 등에서 볼 수 있듯이 'spr'이 들어간 단어들은 뻗는다는 뜻을 갖고 있지. 이 단어가 도시 개발론에서 쓰이는데 **도시가 쭉쭉 뻗어나가며 무분별하게 팽창**하는 것을 말해. 도시가 급격히 발전하며 지가가 폭등하면 **도시가 무분별하게 확대되지만 도시의 계획이나 정비 사업은 그에 미치지 못해 각종 도시 문제를 야기**하지. 서울 뿐만 아니라 뉴욕, 로스앤젤레스, 홍콩 등 세계 주요의 대도시들이 모두 겪고 있는 문제기도 해.

57 도시 내부 구조 이론

internal structure of city

도시가 발달하면서 도시 내부의 구조는 복잡하게 분화되는 것을 봤지?

이 과정을 더욱 깊이 연구한 여러 이론과 그에 따른 모형들이 있어. 제일 간단한 것 3가지만 알아보자고.

동심원, 선형 다핵심 이론을 공부해보자

▶ **동심원(Concentric zone) 이론** : 미국의 사회학자 버제스는 시카고의 구조 연구를 통해

내가 시카고를 연구해 보니...

E. Burgess
1886~1990

사회 계층 분화에 따른 동심원 구조를 나타낸다고 주장하였어. 지대의 차이가 크기 때문에 소득이 분화의 원인이라고 보았지.

여기 괜찮한 장상급 주택지야 나좀 살거든

젤 돈많고 좋은 점이업무자구!

도심에서 밀려나온 업무시설이나 공장이 밀집해 환경이 안좋은 점이지대야

돈이 부족해서 좀 멀어도 여기서 참아지죠 틀해

점이지대에서 이주해온 노자 거주지 돈이 없다보니 여기...ㅠㅠ

그리고 **중심 업무 지대-점이 지대-노동자 거주지-중·상류 주거지- 통근권**의 순서로 분포하는 것을 발견하였어.

1. 중심업무지구
2. 점이지대 (공장, 슬럼 주거지)
3. 노동자 거주지
4. 중상류층 거주지
5. 통근권

이 동심원 구조를 간단히 중심-중간-외곽의 3지대로 단순화시키기도 하지.

3지대론

▶ **선형(Sector) 이론** : 그러나 미국의 도시 사회학자 호이트는 이를 **선형 구조**로 수정하였어.

버제스씨의 사회계층에 따른 도시분화에는 동의해도 동심원 모양은 반대요!

머시라기!

H.Hoyt (1885~ 1984)

버제스

그가 연구한 바로는 도심에서부터 방사형으로 뻗는 주요 **간선 도로를 따라 부채꼴 모양으로 분화**되는 경향이 강했기 때문이지.

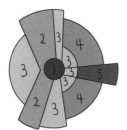

1. 중심업무지구
2. 도매업, 경공업 등
3. 저급주거지
4. 중산층 주거지
5. 고급 주거지

어떤 놈들은 '선형'을 線형으로 알고 있는데, 그게 아니야. '부채 선'자를 쓴다고!

扇 形

부채 **선**   모양 **형**

선풍기   형태

영어 sector도 '부채꼴'이란 뜻이란 말이야.

선상지,기억나지? 그치?응??

아~ 선상지요? 저 잘안아요!

설마

설마

설마

▶ **다핵심(Multi-Nuclei) 이론** : 미국의 지리학자인 해리스와 울만은 버제스와 호이트의 이론을 부정하면서

동심원?선형?? 둘다 아니거든~!

버제스

엉? 머시라?

호이트

E.Ullman (1912~ 1976)

C.Harris (1914~2003)

도시 내의 다양한 기능이 서로 다른 **핵을 이루며 발전**한다는 다핵 구조 이론을 주장하였어.

多 核

많을 **다**   핵심 **핵**

각각의 도시 기능들은 다양한 요건을 요구 하므로

나 인구 밀집지가 필요해!

나 교통좋고 따값싼데!

오~난 공장이싫어

소매업

공장

주택

접근성 제 좋은데 해줘!

멀가있게 까다로와!! 가자 뿌리박아!

엽 외 시

이를 충족하는 지역에 별개의 중심지가 생기고 그 주위에 토지 이용이 배치된다는 것이지.

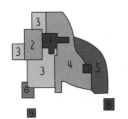

1. 중심업무지구
2. 경공업, 도매업 등
3. 저급 4. 중급 5. 고급
    주 택 지
6. 중공업 지구
7. 부도심
8. 근교 거주지
9. 신공업지구

소도시가 대도시로 성장함에 따라 주로 **동심원 구조**에서 다핵 구조로 고도화되는 양상을 보여. 도시의 발달 과정에서 특히 **중요한 간선 도로가 있을 때**는 선형 이론도 적용될 수 있지.

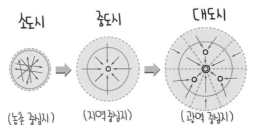

소도시   중도시   대도시

(농촌 중심지)   (지역 중심지)   (광역 중심지)

도시지역
배후지및 권역
◎ 고위 중심지
○ 저위 중심지
→ 공간적 상호작용 (기능적 관계)

서울도 발전 과정에서는 동심원 구조나 선형 구조를 보이기도 했지만 지금은 여러 부도심 및 다양한 기능을 가진 핵이 존재하는,

ㅇㄱㄹㅇㅂㅂㄱ

그래서 쟤들 말이 맞다는거야?

아냐 만국이가 발전과정에서 우리꺼도 맞댔어

고도로 발달된 **다핵심 구조**라고 할 수 있단다.

● 도심 및 부도심
● 지역중심
• 지구중심

너 도시 진짜알아?

· 도시에 가도
· 씨하다
살아요~

꼭 임이이 말을 해야 되요...?

58 대도시권

metropolitan area

이제 도시 내부에서 벗어나 중심 도시와 주변 도시의 관계에 대해 살펴볼까?

이를 이해하기 위해 우선 도시의 확장 원리를 설명할게

여기에서 가장 중요한 것은 역시 교통의 발달이야. 정말이지 인문지리의 반 이상이 교통 이야기인것 같지?

야야 귀에딱지 않았다

자, 서울의 직장인 김만도씨 동네에 어느 날 지하철이 생겼다고 가정해 보자.

어!! 잠실에서 영동포까지 한번에 가네? 우예~

2시간이던 통근 시간이 40분으로 단축되어 이제 많은 시간을 다른 일에 쓸 수 있겠지?

퇴근 후 시내에 있는 영어 학원도 다니고

데이트도 밤에 하고~

지하철 노선이 닿는 곳과 혹은 연계된 주변지역까지 합치면 만도씨가 누릴 수 있는 생활권의 범위는 이전과 비교할 수 없을 정도로 커지겠지.

영등포에서 퇴근하고

강남역에서 영화보고

강변역에서 쇼핑하고

왕십리 병원에 잠깐..

아싸 퇴근~

이제 만도씨는 서울의 지도가 아주 작게 느껴질 거야.

서울? 다 내 구역이쥐~

지하철 노선도

이처럼 **교통의 발달은 생활권의 범위를 폭발적으로 확대**시키기 때문에 도시는 **교통로를 따라 확장**되며 발전하게 돼.

이 노선 가는데로 이사가야지

회사도 지하철역이랑 가까운데도!

저 여기에 가게를 내볼까?

도시의 형성 과정을 차근차근 살펴보면, **도보나 우마차 시대** 때에는 **독립적인 원형**이던 도시가

도심

중심 시가지

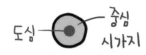

전차와 같은 **초기 교통로의 출현**과 함께 **교통로를 따라 별모양으로 발달**하고

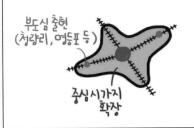

자동차 도로가 도시 곳곳에 놓이면서 **원형으로 더욱 확장**되지.

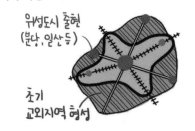

그리고 **도시간 고속 교통로**로 교외의 위성 도시와 연결되면서 **대도시권으로 발달**하게 되는 거야.

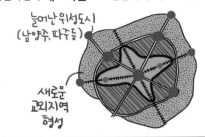

기능적으로도 도시가 **과밀화**되면 이 기능을 분담하기 위해

위성 도시 및 신도시를 건설하게 되는데,

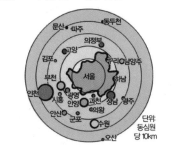

이때 **중심 도시가 주변 도시 및 근교 지역을 흡수하여 하나의 지역 생활권을 형성**하는 것을 대도시권이라 해.

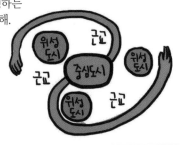

그 구조를 자세히 살펴 보면 다음과 같아.

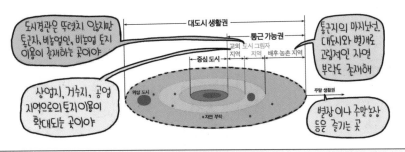

보통은 40~50km이내에, 교통망을 통해 통근이 가능한 곳까지를 대도시권으로 보지.

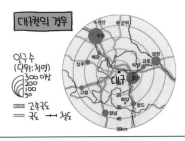

다음 사람들은 서울에 살진 않지만 **대도시와 기능적으로 통합**되어 도시적 생활 양식이 나타나는 **대도시권**에 살고 있는 거야.

대도시권이 형성되면 **중심 도시의 기능을 분산**하면서도 **효율성을 유지**할 수 있고 도시민들의 다양한 욕구를 충족시킬 수 있다는 게 장점이란다~

명명백백 Special 5) 도시의 거대화

교통·통신의 발달과 함께 현대 사회의 대도시들은 걷잡을 수 없이 거대화되어 왔어. 이러한 도시의 거대화를 말하는 용어들은 함께 묶어서 알아 두어야 비교하기 좋아. 물론 명명백백백식 설명이니 암기할 생각일랑 접어두시고~

종주 도시화** 宗主 (종주 : 우두머리) / 都市 (도시)   urban primacy

우리가 가문의 맏이가 되는 집을 종갓집이라고 하듯이 종(宗)은 첫째, 으뜸이란 뜻이야. 여기에 비슷한 뜻인 주(主)가 붙어 **'종주'는 우두머리, boss**란 뜻이 되지. 왜, 예전에 우리나라가 중국에 공물을 바치며 종주국이라 했잖아. 그러니 종주 도시란 **우두머리 도시**네? 정확한 정의로는 **제 1도시 인구가 제 2도시 인구의 두 배가 넘을 때 가장 큰 제 1의 도시를 종주 도시(primate city)**라고 해. 서울은 인구 1000만명 정도로 약 350 만명인 부산 인구의 두 배가 훨씬 넘으므로 종주 도시가 되지. 꼭 숫자를 따지지 않고 그냥 '그 나라에서 인구가 가장 많은 거대 도시'란 의미로 받아들여도 좋아. 종주 도시화란 가장 큰 도시가 종주 도시가 되는 것인 만큼 **최대 도시의 성장 속도가 매우 빠름을 의미해. 도시간 불균형 성장**을 단적으로 보여주는 용어지. 우리나라도 이 현상이 매우 심해 서울은 엄청난 규모의 도시가 되어 버렸지. 세계적으로도 서울은 매우 큰 도시에 속한다고~

연담 도시화** 聯 (잇닿을 연) 연결, 연합, 연방, 관련 / 擔 (멜 담) 부담 / 都市 (도시)   conurbation

연담 도시? 알듯 말듯하지? 연(聯)은 서로 잇닿아 있는 것이고 담(擔)은 메단다는 뜻이니 **잇닿아 멘 도시**란 뜻인데…??? 도시를 새끼줄로 메어 놓았나^^;; 주변 도시들이 중심 도시의 과밀화된 기능을 분산하기 위해서는 중심 도시와 잘 연결된 교통망이 가장 중요한 요건이야. 그래야 통합된 기능을 수행하는 거대한 도시권이 형성될 수 있어. 그런데 이때 **중심 도시와 주변 도시들은 발달된 교통망을 따라 시가지가 연속되어 경계의 구별이 모호**해지기도 하거든. 예를 들어 서울과 인천은 예로부터 교류가 빈번했어. 그리고 이 사이에 교통망이 잘 발달하게 되었고. 그랬더니 부천을 비롯하여 서울과 인천 사이에 있던 촌동네들이 이 교통망에 업혀 점점 발전하기 시작하는 거야. 그리고 어느덧 서울에서 인천까지 가는 길이 **점점 시가지들로 연결**되더라는 거지. 이렇게 되는 현상을 도시들이 잇닿아 연결되어 마치 끈으로 멘 것 같다 하여 '연담 도시화'라고 하는 거란다.

메갈로 폴리스**   megalopolis

메갈로폴리스도 역시 대도시 비슷한 말인 것 같긴 한데…? 일단 인구 100만 이상의 대도시를 영어로 metropolis라고 해. **그리고 이들 사이에 고속 교통로를 건설하면 인접한 metropolis들은 하나의 거대한 도시권으로 묶일 수 있는데, 이를 megalopolis**라 하는 거야. '메가'는 '메가톤급'이란 말에서도 알 수 있듯이 '거대한'이라는 의미잖아. 아니, 그럼 연담 도시랑 뭐 비슷한 거 아니냐고? 정확히는 아냐~ 연담 도시는 크고 작은 도시들이 인접해 발달하면서 시가지가 붙어버리게 된 것이지만 메갈로폴리스는 **시가지와 교외가 번갈아 가면서 나타나고 규모 면에서도 훨씬 큰 도시권역**을 말하거든. 대표적인 메갈로폴리스는 **미국 북동부 지역**인데, 보스턴, 뉴욕, 필라델피아, 볼티모어, 워싱턴 등이 고도의 항공, 철도, 도로 교통 및 통신의 발달로 기능이 거대하게 일체화되면서 개별 도시 주민 의식이 희박해지고 국가적, 세계적 중추가 되었지.

59 도시 문제

urban problem

지금까지는 도시가 점점 커지는 것만 배웠는데.. 도시가 지나치게 과밀화 되면 아무래도 문제가 생기지 않을까?

만국생은 참 별걸 다 걱정해..

우선 전국적으로 보아도 **지역 격차**가 심해지고 국토 이용의 **불균형**으로 인한 문제가 발생하겠지.

도시의 면적은 국토의 8~9% 밖에 안되는데 인구의 80~90%가 도시에 산다니까!

비켜~ / 너부터 이사가

그런데 이게 도시 그 자체에도 좋은 것만은 아니란다.

No

도시의 인구 과밀화가 지나치면 **주택 부족, 슬럼*화, 교통난, 환경오염, 범죄, 실업** 등 각종 문제를 야기하게 돼.

어디서 직장을 구하지 ㅜ / 차 막히는데 쓰레기까지! / 빵빵 / 켁켁! / 내 집은 어디에?? / 다 내놔!

이를 완화하고자, 도시와 농촌을 통합하여 **광역 도시권**을 설정하거나

통합시	
· 인구: 82만 7,700명	
· 면적: 967.58km²	

진천군 / 천안시 / 청주시 / 청원군 / 세종특별자치시 / 보은군

· 인구: 66만 8,000명	· 인구: 15만 9,700명
· 행정 구역: 2구 29동	· 행정 구역: 3읍 10면
· 면적: 153.45km²	· 면적: 814.13km²

지방 도시를 육성하여 균형있는 발전 방안을 마련해야 해.

경부축은 많이 발전했으니 한남과 서해안 축으로 개발합시다 / 그래 그래 / 균형발전·암...

신도시가 도시의 인구 과밀화를 오히려 촉진하는 면도 있어 논란의 여지는 있지만,

신도시 건설은 오히려 지가를 상승시키고, 서울이 팽창하는 결과를 초래합니다

자족 기능을 갖춘 신도시는 도시 인구 과밀화의 대책이 될 수 있지.

SALE / ××은행 / 다고쳐

직장도 있고 시설도 잘 되어있어 굳이 서울 갈 필요없어

도시 내부도 **재개발 사업**을 통해 불량 지구를 재정비할 필요가 있어.

대중교통을 개선하여 도시의 효율성을 높여야지

여기도 깨끗한 아파트가 들어선대

공원 생기니 너~무좋아

고용 및 복지 향상을 꾀하여 실업 및 범죄를 예방하고

- 일자리를 늘려야 건강한 도시가 될 것이오!
- 치안도 강화해야 해요
- 빈곤층을 위한 복지책이 마련되야 해요

환경 오염에 대한 대책들은 당근 마련되어야 하겠지!

쓰레기 분리수거 공해방지시설 의무화 저공해 에너지 사용 수원 보호 하수 감축 및 재활용

 슬럼* slum

명명백백 more

도시의 빈민굴을 말하는 slum의 어원은 slumber(선잠을 자다)야. 빈민들이 뒷골목에서 졸고 있는 곳이라는 뜻으로 만들어진 이름이지. 슬럼은 오히려 가장 발달한 도심 곳곳에서 나타나. 마천루가 밀집된 도심 주변 지역은 오래된 주택이나 건물들이 남아있다보니 주거 여건이 안좋은 도시의 그림자 같은 곳이 생기거든. 여기에 빈민들이 밀집하여 살다 보니 아무래도 도시 범죄의 온상이 되기 쉽지.

여기도 슬럼zz

60 농업 지역

agricultural area

지금까지 도시에 대해 자세히 공부했는데 농촌 지역을 안한다면 농촌이 섭섭하겠지?

Wink~

만국아 윙크좀 하지마 그게 더섭섭해

농촌 지역은 크게 전통 농업 지역과 시설 농업 지역으로 나뉠 수 있어.

전통적 마을을 유지하고 있는 곳이 전통 농업지역, 인공시설 갖춘던 시설농업이야

전통적인 농업 지대는 우리나라 남서부의 드넓은 평야 지대를 떠올리면 돼.

호남평야의 논비율

단위:%
- ■ 90이상
- ■ 80~90
- ■ 70~80
- ■ 60~70
- ■ 60미만

이해를 돕기 위해 사례를 들어 공부해 보자고.

40년을 여기서 벼농사만 지었지..

김만원 (전라북도 김제)

이곳은 논농사를 주로 짓기 때문에

온슬 농사가잔됐음 벼골이라고 불렀겠어

125

저수지나 수로(水路)와 같이 물을 이용할 수 있는 수리 시설이 정비되어 있지.

대부분의 농민은 농사에만 전념하는 전업농인데

그나마 청장년층의 인구 유출로

심각한 노동력 부족과 고령화 문제를 겪고 있어.

반면 시설 농업 지대는 비닐 하우스나 온실 등의 시설을 이용하여 고부가치의 작물을 재배하는 지역이야.

이러한 시설 농업 지역이 증가하는 건, 생활 수준이 향상되고 식생활이 변했기 때문이야.

따라서 주곡 중심에서 상품 작물 중심의 밭농사로 수익을 올리는 지역이 많아졌지.

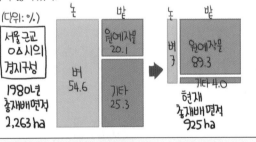

도시 근교에서 이루어지는 근교 농업이 대표인데, 이는 다음 장에서 자세히~

61 근교 농업 지역

우선, '근교'란 도시와 가까운 곳이라는 뜻이야. 그래서 **근교 농업 지역**은 **시장과 가까운** 것이 가장 큰 장점!

近 郊
가까울 근 시골, 교외 교
근거리
근처

교통의 발달은 도시만 변화시키는 것이 아니라 농촌 지역의 생활에도 큰 변화를 가져왔지.

서울과 가까운 한 농가를 통해 근교 농촌의 생활을 살펴볼까?

근교 농업 지역에서는 통근권이 확대 되면서 **겸업 농가**의 비중이 높고

도시의 상권이나 기반 시설을 쉽게 이용하며

도시와 가깝기 때문에 **주거지나 산업지**로 토지 이용이 변화되기도 하지.

인구가 증가하고 **도시적 생활 양식도 확대**되어

반도시 반농촌의 모습을 띠게 된단다.

또한 도시와 농촌 간의 생활권 확대는 농촌 주민뿐 아니라 도시의 주민에게도 의미가 있어. 근교 농촌이 **새로운 여가 공간**으로 관심이 높아지고 있거든.

이곳에서는 시장과 가깝고 교통이 편리한 것을 장점으로

꽃, 과수, 채소, 특용 작물 등을 시설에서 재배하여

가까운 대도시로 내다팔아 농가 수익을 꾀하는데

이처럼 **도시와 가까운 곳에서 토지를 집약적으로 이용하여**

땅값이 얼만데...

시설비는 좀 들어도 1년내내 농사짓을 시설이 필요해

다양한 상품 작물을 재배하는 게 근교 농업 지역이야.

이 모든 변화가 다 **교통의 발달** 덕분이라고~!

근교 농업

지리 주관식 답안지
이름: 오몽

1. 교통의 빝딸
2. 교통의 반닭
3. 교통어 밭딸
4. 교통의 발달
5. 교통의 밣딸

만국생이 중요하댔으니 하나는 걸리겠지 ..?

62 원교 농업 지역

반면 **'원교'**는 말 그대로는 **도시에서 먼 곳**이라는 뜻이지.

농촌   도시

遠 郊

멀 **원** 시골, 교외 **교**

원격
원정

그런데 이건 단지 도시와의 거리 문제만은 아니야.

일반적인 곡물을 재배한다면 '근교', '원교' 농업이라고 부르지 않아

'근교'와 '원교'는 원예 농업 지역을 도시와의 거리에 따라 구분한 거지.

모두 고부가가치의 상품작물을 재배하고 있다고!

원래 고부가 가치의 원예 작물들은 신선도가 중요하기 때문에 주로 근교 농촌에서 재배되지만

점심시간 전에 도착해야지. 안그럼 시들어 버린다고

만근네 상추

교통이 발달함에 따라 도시와 먼 농촌 지역에서도 재배할 수 있게 된거지.

이 동네에도 드디어 고속도로가 뚫렸어~

서울 110km

그래서 과거 전통 농업 지역이었던 곳도 **교통로를 따라 원교 농업을 실시**하기도 해.

야, 만근아, 여기 고속도로 뚫려서 나도 너 하는거 심어볼란다.

이곳은 상대적으로 지가가 싸기 때문에 기후, 토질, 지형 등이 잘 맞는 곳을 선택할 수 있어서

음.. 그러면 영지버섯 하기엔 저 남산골이 좋겠군

노지 재배*를 통해 시설비를 절약할 수도 있다고.

만근아, 여기 비닐하우스 안해도 잘 큰다

응응 축축했지?

지가가 저렴해서 근교 농업에 비해 경영 규모가 크며 조방적 농업이 이루어지는 것이 특징이야.

뭐, 1000평이라고?! 쫌스럽긴. 여기 8000평이여!

여름이 서늘한 고위 평탄면 지역에서 이루어지는 고랭지 농업이나

날씨가 서늘해야 잘 자라는 작물이 제격이야.

겨울에 온난한 남해안 일대에서 상품 작물을 가꾸는 것이 대표적인 원교 농업이라 할 수 있지.

날씨가 따뜻해서 늦가을까지도 난대성 작물이 잘 자라~

성님, 그 서울사는 막내 늦은 모현인대요? 그 성님답아 입술 두꺼운..

만국이? 갸가 서서서 학원을 크게 허자녀. 엄청잘나간댜

나헌티 용돈도 꼬박꼬박 부치고

주저리

그거 뿐이간디?

갸가 어려서부터 착혀빠지고

똑똑혔자녀

주절주절

아부지...

주저리

노지재배* 露 (드러낼 노) 노출, 탄로, 노골적 / 地 (땅 지) / 栽培 (재배) : open field culture

명명백백 more

땅에 드러내놓고 키운다는 뜻이지? 그냥 **아무 시설 없이 땅에 키우는 거지 뭐.** ^^;; 반대말은 시설 재배가 되겠지? 사실 외래 품종이나 고도로 계량된 원예 작물 같은 것은 노지 재배에 부적합한 것이 많아. **기후나 토질 등의 환경이 잘 맞아야** 하거든. 이를 적합한(適) 땅(地)에 적합한(適) 작물(作)을 맞추어 재배한다는 뜻으로 **적지적작(適地適作)**이라고 해. 딱 맞는 곳을 찾기만 한다면야? 시설비가 절약되어 땡큐지.

역시 노지재배~

63 여가 공간

leisure space

도시와 촌락은 이제 잘 알겠지? 이번에는 여가 공간에 대해 알아보도록 하자.

과거에는 우리나라가 경제발전을 위해 직장에 모든 것을 헌신하는 분위기가 많았어.

하루에 기본 16시간 근무해

하지만 우리나라가 많이 발전하면서 사람들도 점점 쉼과 여유를 즐길 줄 아는 분위기가 조성됐지.

예전엔 토요일에도 학교에 나와야 했다는 거 알고 있니? 주 5일제가 본격적으로 시작된 것도 사실 얼마 되지 않아.

이러한 분위기 속에서 촌락과 도시에는 각각 여가를 위해 서로 다른 경관들이 나타났어.

아무래도 **촌락**은 자연 환경이 뛰어나기 때문에 그 지역의 **자연적 특성을 기초로 하는 여가 공간**이 많이 나타나지.

또한 요즘에는 보여주는 것에서 그치지 않고 여가를 즐기는 소비자로 하여금 직접 **체험**해 볼 수 있는 프로그램을 많이 선보이고 있어.

예를 들어 절에 가면 직접 묵으면서 수련 체험을 해볼 수도 있고

도자기로 유명한 여주나 이천에서 만들기 체험을 하는 것을 떠올려 보면 쉽게 이해가 될거야.

반대로 **도시**의 여가 공간은 **인위적인 모습**을 보이는 경우가 많은데 도시 주변의 놀이 동산 같은 곳이 이에 속하지.

이뿐만이 아니야. 요즘에는 아예 '느림의 미학'을 실천하는 '**슬로시티**'들도 생겨나고 있어.

슬로시티는 '유유자적한 도시, 풍요로운 마을'이란 뜻으로 이탈리아어와 영어가 함께 쓰인 말이지.

1999년 이탈리아의 몇몇 시장들이 모여서 시작되었고 현재까지 수백개의 도시들이 슬로시티 인증을 받았단다.

우리나라는 아시아 최초로 담양, 완도, 신안 등 11곳이 지정되어 있으니 알아두길 바래.

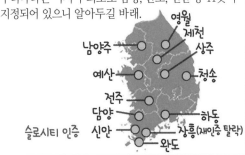

64

지역 개발

자, 이제 우리나라의 개발에 관한 이야기로 넘어가 볼까? 과연 어떻게 이 국토를 이용해야 더좋은 대한민국을 만들 수 있는 걸까?

경제 성장을 꾀해야 하는 한편, 지역 균형을 유지하면서 복지도 확대해야 하고 환경과도 조화를 이루어야 하니 참 ^^;;

분명 지역 개발은 국가의 성장과 국민 복지의 운명이 걸려 있는 매우 중요한 문제야.

지역 개발의 방법에는 거점 개발 방식과 균형 개발 방식이 있어.

거점 개발 방식	균형 개발 방식
위로부터 하향식 개발	아래로부터 상향식 개발
효율성	형평성

우선 거점은 발판이 되는 지점이라는 뜻이지?

據 點

발판 거   점 점

근거   지점

거점 개발 방식이란 **주요 지역에 집중적으로 투자**하고 이를 발판으로 삼아

주변 지역으로 개발 효과가 파급되도록 하는 것이지.

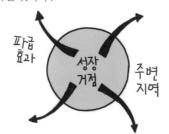

정부가 주도하여 한정된 **자원을 효율적으로 활용**하고 **고도의 성장**을 추구하는 방법이라 주로 **개발 도상국**에서 채택해.

이 방식은 거점의 파급 효과가 주변 지역에 확산되어 함께 발전해야 하는데,

현실적으로는 인구와 자본 등이 거점으로만 흘러들어가는 경우가 많아. 이러한 거점 개발 방식의 부작용을 **역류 효과**라고 하고

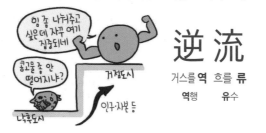

逆 流

거스를 역 흐를 류

역행   유수

개발의 결과로 **지역 불균형**이 매우 커지게 되지.

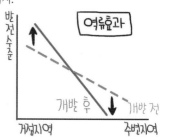

반면 **균형 개발 방식**은 **지방 정부와 지역 주민이** 주체가 되어

지역의 특성에 맞는 개발을 이루어 주민의 복지를 향상하고자 하는 방법이야.

형평성을 중시하기 때문에 **낙후 지역에 우선적으로 투자**하여 지역간의 **불균형**을 해소하고자 하지.

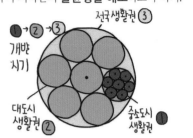

그러나 개발 여력 자체가 부족한 국가에서는 실효를 거두기 힘들어 주로 **선진국**에서 채택하는 방법이란다.

이 방식은 때로 **지역 이기주의**에 휩쓸리거나

자원이 중복 투자되어 **효율성이 저하**되는 단점도 있어.

65
제1,2,3차 국토 종합 개발 계획

우리나라의 국토 개발 계획은 정말 하기 싫은 부분이지? ^^;;

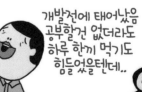

그럴수록 큰 흐름을 중심으로 공부해야 하는데, 가장 중요한 건 우리나라도 **거점 개발 방식에서 균형 개발 방식의 형태로** 변해왔다는 거야.

저것만 알면 돼! 하고 싶지만 이렇게 끝내기엔 살짝 섭섭한 감이 있으니..

제1차(1972~1981) 개발에서는 무엇보다 산업화와 경제 성장이 중요했기 때문에,

거점 개발 방식을 택해 **수도권과 남동 임해 지역에** 집중 투자했어.

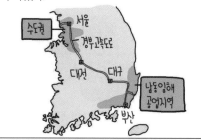

그러나 1차 개발 때부터 그린벨트를 설정하고 국립 공원을 지정하기도 했어.

산업 기반을 구축하고 사회 간접 자본*을 확충하는 데는 성공했지만

역류 효과*로 지역 격차가 확대되고 자원 고갈과 환경오염 등의 문제를 낳았지.

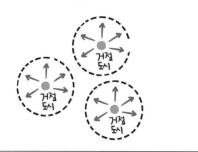

그래서 **2차**(1982~1991) 때는 보다 균형 있는 성장을 이루고자 **광역 개발 방식**을 택하게 돼.

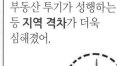

전국을 4개의 광역권과 특정 지역으로 나누었지.

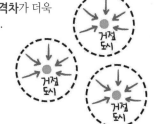

각각의 지역 내에서는 균형 개발을 꾀했지.

그런데 광역권 내에서도 거점 도시만 성장하고 부동산 투기가 성행하는 등 **지역 격차**가 더욱 심해졌어.

물론 국민의 생활 환경이 정비되고 국가의 기반을 더 다지게 된 성과는 무시할 수 없지만 말이야.

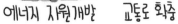

그래서 **3차** 계획(1992~1999)때는 지역의 균형과 통일의 대비를 목표로 **균형 개발 계획**을 세웠어.

삶의 질에 대한 국민의 수요가 한층 높아졌기 때문에,

신산업 지역을 조성하고 통합적 고속 교통망도 구축하였으며 국민 복지나 환경에 대한 투자도 늘렸단다.

이처럼 우리나라는 국토 개발 계획을 통해 경제 성장을 이루고 삶의 터전을 구축해 왔어.

하지만 1,2,3차에 걸쳐도 국토 불균형이나 환경 파괴 등은 해결되지 못한 문제점으로 평가받고 있단다.

사회 간접 자본*   social overhead capital (SOC)   명명백백 more

말 그대로 풀이하면 **사회에서 간접적으로 필요로 하는 자본**이 되겠지. 여기서 자본이란 돈 그 자체보다는 돈을 투자해 만든 유형의 시설물의 의미해. 사람들이 **삶을 영위하고 경제 활동을 하기 위해서는 도로나 항만, 상하수도 등의 시설이 필요**하지. 비록 기계처럼 생산에 직접 필요한 것은 아니지만, 국가의 원활한 **생산 활동을 간접적으로 지원하기 위해 꼭 필요**하다고. 하지만 건설비 등 투자 비용이 너무 많이 들어 정부에서 주도적으로 투자해. 최근에는 민간 자본으로 건설하는 것도 꽤 있지만 말이야.

66

제4차 국토 종합 계획

무엇보다 1,2,3차에서 끊임 없이 제기되어 온 문제점을 극복하려고 했어.

그래서 '개발'이란 단어가 없어졌을 만큼

개발 일변도에서 탈피하고 20년을 기간으로 하여 장기적으로 구상하였고.

개발의 목표도 [더불어 잘 사는 **균형 국토**/ 자연과 어우러진 **녹색 국토**/ 지구촌으로 열린 **개방 국토**/ 민족이 화합하는 **통일 국토**]로 다양한 과제를 고루 담고 있어.

4차 개발에서는 그 의지가 개발축에 잘 담겨 있는데, **전 국토가 균형을 이루면서 동북아의 중심지로 세계와 소통하는 개방적이고 통합적인 국토축**을 그리고 있지.

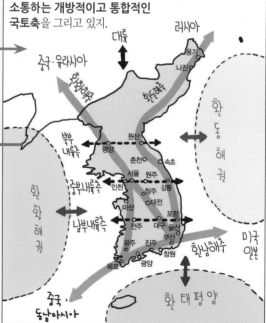

기존의 개발축이 국내적 시야에 한정되어 있고 지역 격차의 흐름을 크게 벗어나지 못하고 있는 것에 비해 역파이(π)축의 구조에서는 **개방성**과 **균형성**이 크게 개선되었어.

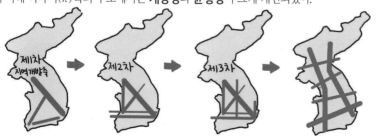

그리고 2006년에는 주변 정세의 변화와 지역화의 흐름에 따라 4차 개발 계획을 수정했지.

주 5일 근무나 중국의 성장, 자유무역협정, 초고속 정보화 등 변화가 많았으니까

"약동하는 통합 국토"의 실현을 기조로 기본 목표에 살기 좋은 **복지 국토**를 추가하였고

기조 "약동하는 통합국토"의 실현 → 기본목표
- 상생하는 균형국토
- 경쟁력 있는 개방국토
- 살기 좋은 복지국토
- 지속가능한 녹색국토
- 번영하는 통일국토

아, 됐고. 그니까 땅값은 어디가 오른다고 보면되냐? ₩₩

기본 역파이축은 유지하되, **7대 광역권과 제주도가 포함되는 다핵 구조**로 개편하였어.

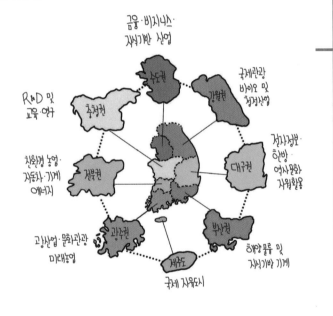

- 금융·비지니스·지식기반 산업
- 수도권
- 국제관광 바이오 및 첨단산업
- 강원권
- R&D 및 교육·연구
- 충청권
- 태백권
- 전자정보·한방·역사문화 자원활용
- 대구권
- 친환경 농업·자동차·기계 에너지
- 전북권
- 호남권
- 광주권
- 부산권
- 제주도
- 국제자유도시
- 고부가산업·문화관광 미래농업
- 해양물류 및 지식기반 기계

그런데 원래 20년을 바라보고 수립했던 4차 계획도 국내외의 달라진 여건의 변화와 새롭게 등장한 국가 발전 전략을 반영하기 위해

대통령님아. 녹색 성장 동력이 더욱 중요해지고 바뀐 광역 경제권 전략 반영해서 국토 종합 계획을 좀 수정해얄듯..

국토 종합 계획? 그게 머임?

걍 순심이 누나한테 해달라해

2010년 다시 한번 수정돼. 2006년의 수정에 이은 재수정 계획이지.

아니 그걸 왜 순심이 누나가 합니까? 국토 교통부에서 해야죠!!

국토 교통부? 그런데가 있냐?

순심이 누나 솜씨 좋은데...

기본적인 틀은 4차 계획의 기조를 유지하면서 세부적인 내용들을 여건의 변화와 새시대적 비전에 맞추어 수정한 거야.

비전 | 대한민국의 새로운 도약을 위한 "글로벌 녹색 국토"

목표
- 경쟁력 있는 통합 국토
- 지속 가능한 친환경 국토
- 품격있는 매력 국토
- 세계로 향한 열린 국토

추진 전략
- 국토경쟁력 제고를 위한 지역특화 및 광역적 협력 강화
- 자연친화적이고 안전한 국토공간 조성
- 쾌적하고 문화적인 도시·주거환경 조성
- 녹색교통·국토정보 통합네트워크 구축
- 세계로 열린 신성장 해양국토기반 구축
- 초국경적 국토경영기반 구축

특히 호남 광역권을 하나로 융합 하였고 남북 교류 접경 벨트를 주요 축으로 추가하면서 다음과 같은 로드맵을 완성하였어.

무엇보다 환경과 조화되는 **지속 가능한 개발**과 국민이 참여하는 **상향식 개발**은 4차 계획의 가장 중요한 특징!

67 개발과 갈등

우리는 지역 개발이 지역간이나 지역과 조직간의 갈등을 초래하는 경우를 흔히 볼 수 있어.

어떤 지역의 개발이 다른 지역에 해를 끼치는 경우에는 **지역간 갈등**이 발생하지.

예를 들어 대구가 위천 산업 단지를 조성하려 하자 낙동강 오염을 우려한 경남, 부산 주민들이 이를 반대했지.

금강에 용담댐을 건설하려고 하자 하류 지역인 충청도에서 용수 부족과 수질 오염을 걱정해 반대한 사례도 있어.

이러한 현상은 국제적으로도 발생할 수 있겠지.

강을 공유하고 있는 나라들 사이에 수질 오염이나

수원 확보 문제로 다툼이 일게 되거든.

우리나라의 황사처럼 대기 오염 물질이 국경을 넘어 이동하는 것도 지역 개발이 국제적 갈등을 유발하는 사례겠지.

국내의 갈등이야 이를 조정할 기관이라도 있지,

국제적 갈등은 더욱 풀기 어려운 문제야.

선진국과 개발도상국의 경제적 격차로 인해

선진국이 개도국에게 공해 산업을 유치하게 하거나

개도국 입장에선 한참 개발을 해야할 때 환경 규제를 받는 불공평한 문제 등도 있어.

138

이때는 대화와 타협은 물론이고

현실적으로 UN이나 환경 협정과 같은, 조정이 가능한 기관이나 제도적 장치가 필요하단다.

68 입지와 갈등

갈등은 4대강과 같이 큰 개발과 관련되어서도 발생하지만 지역에 작은 기반 시설이 입지할 때도 자주 발생하곤 해.

기반 시설에 대한 정부, 지자체, 시민 단체, 지역 주민 등의 입장이 다르기 때문이지.

그리고 사실 직접적인 이해 관계가 발생하면 현실적으로 타협이 어려워지지.

지역 발전에 이바지할 수 있는 시설들은 **서로 유치**하기 위해 집단 행동을 벌이는데

이를 PIMFY라 하고

반대로 기피 시설이 지역 사회에 건설되는 것은 조직적으로 **반대 운동**을 벌이는데

이를 NIMBY라 해.

심하면 일체의 협상이나 대화를 거부하고 혐오 시설은 무조건 반대하는 모습을 보이는데, 이는 **BANANA**라하지.

그러나 이러한 갈등을 무조건 지역 이기주의라고 치부할 수는 없어.

재산권이나 쾌적하고 안전한 곳에 살 권리 등은 지역 주민들의 정당한 권리이기도 하니까.

69 지속 가능한 개발

sustainable development

삶의 질을 향상시키기 위해 개발을 해 왔지만 이는 곧 환경의 파괴이기도 했지. 그러다 보니 개발에 회의적인 의견이 늘어나 갈등을 빚게 되었어.

댐 건설,

습지의 매립,

포장 면적의 증가,

하천 복개* 등등, 개발이 곧 환경 파괴가 된 사례는 많잖아?

그럼 어쩌라고? 개발을 안할 수도 없고 말이야.

답은 바로 '지속 가능한 개발(ESSD)'이야!

우리의 개발은 미래 세대의 가능성을 손상하지 않는 범위 내에서 일어나야 하지 않겠어?

개발의 범위와 방법이 생태계가 수용할 수 있는 것이 되어야 한다고!

이는 절대 빈곤을 해소하고 국민의 사회적 안목에 여유를 키우는 것도 함께 필요해.

지속 가능한 개발의 사례로는 친환경 댐이나 유기농법 실시, 생태 도시 건설, 재생 산업 및 재생 에너지 개발 등이 있겠지.

친환경 댐 건설 유기농법 실시 습지의 생태공원 조성 재생 에너지 개발

여기에는 전 지구적 공감대가 형성되어 있어. 리우 회의에서 채택된 **의제 21**에도 잘 나타나 있고

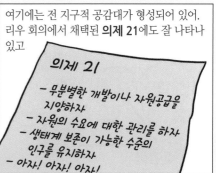

UN지속개발 위원회를 두어 이를 감시하고 있지. 자연지리 환경편에서도 잘 설명되어 있어.

복개*

覆 (덮을 복) / 蓋 (덮을 개) : covering

명명백백 more

'덮다'는 의미의 한자가 두번 쓰였으니 복개(覆蓋)는 덮는 다는 것이겠지? 하천에 구조물을 씌워서 그 위를 사용할 수 있도록 하는 것을 말해. 서울의 중심부를 지나던 청계천도 복개 공사를 통해 도로로 사용하여 개발의 상징물이 되었으나 2005년 이를 복원하여 환경을 살리고자 하는 노력을 실천했어.

70

바람직한 지역 개발

너무 당연한 이야기이지만 지역 갈등을 극복하기 위해서는 **대화**와 **타협**이 필요해.

이를 통해 **공공의 이익**과 **지역민들의 이익**이 조화되는 지점을 찾아야지.

입지 선정 과정이 **투명**해야 하는 것은 기본! 지역 주민의 **참여**를 적극 유도하고

홍보 활동을 강화하여 이해 부족에 따른 갈등은 막아야겠지.

특히 최근엔 민선 자치 시대라 지방 자치 단체들이 지역의 이익을 극대화하려는 경향이 강해.

그러나 국익을 위해서 지방 정부간이나 중앙 정부와 **협력**하려는 태도가 필요하지.

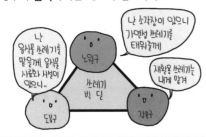

또한 지역 개발의 방법 자체가 서로 win-win하는 방향으로 가도록 유도하는 것이 좋겠지.

상호 보완적 지역 개발이거나

친환경적이거나

지역 문화 등을 이용한 개발은 갈등을 유발할 여지가 별로 없을 거야.

앞에서 배웠던 4차 종합 계획도 이와 같은 방향으로 추진되는 거란다.

bonus

총계

준설	5.70억㎥
보	16개
생태하천	537km
제방보강	377km
강변저수지	4개
홍수조절지	2개
신규댐	3개
자전거도로	1206km

4대강 개발은 계획부터 지금까지 항상 많은 논란이 있었어. 최대 규모의 예산이 투입되고 국민 생활에 많은 영향을 미치기 때문이야. 하지만 그러면서도 정확히 어떤 사업이었는지, 어떤 장단점이 있는지는 정확히 모르지? 이 심바님이 정리해 줄게.

- **사업 목적:** 가뭄 대비 등 수자원 관리, 홍수 예방, 환경 개선, 농지 확보, 일자리 창출, 관광지 증가, 무공해 신에너지 개발 등
- **사업 방법:** 제방 보강, 보 및 댐 설치, 하천 바닥 준설, 친수 공간(공원, 체육 시설, 수상 레저) 설비 등
- **공사 비용:** 22조원 (정부) / 25~35조원 (야당, 민간 단체)
- **반대 여론:** 4대강 지역의 주기적인 홍수 발생 미미, 인위적 물길 훼손, 위락 관광 시설 증가로 환경 파괴, 보 설치로 인한 수질 악화 우려, 예산 낭비, 일용 건설직 증가는 실업의 미봉책

71 바람직한 국가 건설

우리의 삶인 국토를 어떻게 이용하는가에 따라 우리의 삶도 달라지기 마련이야.

특히 우리 나라는 면적이 좁은데다 산지가 많고 성장 중심의 개발로 지역간 불균형이 심했으며

오랫동안 분단 상황이 지속되어 국토를 효율적으로 활용하는데 장애가 되었지.

이러한 문제들의 개선이 복지 국가 건설의 전제 조건이 될 만큼 중요한 사안이기 때문에

정부는 지역간 격차를 해소하기 위한 정책을 펴왔던 거고

국토종합개발	지역격차해소방안
2차	광역개발 → 광역권 개발
3차	권역개발 → 지방도시육성
4차	균형발전 → 경제권역 육성

통일에 대비하기 위한 개방형 국토축을 마련했으며

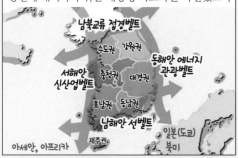

궁극적으로 환경 친화적이고 지속 가능한 방식으로 국토를 건설하는 데 중점을 두고 있지.

Environmentally
Sound &
Sustainable
Development

환경적으로 건전하고 지속가능한 개발

사랑하는 나의 조국!
대한민국이여 영원하라!!
콧물좀 닦고 사랑하면 안될까?

딩동댕 동_ 동댕 딩 딩동댕 동... !
도-옹-

— 1교시 끝 —

나에게
아침은
쥐약이야
...

여자들은
잠도 안 자는 줄
알았어.

아이유도
침흘리고 잘까..??? ㅋㅋ

04

인구

자, 인구의 통계에 나오는 용어들이야. 물론 이렇게 정확히 알지 않아도 흐름을 파악하는데는 문제가 없지만 통계는 정확성이 생명. 제대로 알아둬서 나쁠게 뭐 있겠어?

출생률** — birth rate

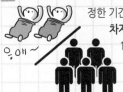

정한 기간에 출생한 사람의 수가 인구에 대하여 **차지하는 비율**을 말하는데, 보통은 인구 1,000명에 대한 출생아 수를 구해서 나타내. 1999년에 13명이었던 출생률은 최근 9명으로 줄어들었어.

출산율** — fertility rate

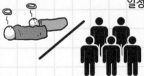

가임 연령기(15-49세)의 여자 1명당 출생아 수로 나타내. 최근 우리나라의 출산율은 1.21명으로 세계 237개 국가 중에 219위를 차지했어. 출생률과 비슷한 개념이지만 출생률은 탄생(태아)의 입장에서, 출산률은 출산(산모)의 입장에서 본 것이지.

사망률** — death rate

일정한 기간에 사망한 사람의 수가 인구에 대하여 차지하는 비율로, 보통은 인구 1,000명에 대한 연간 사망자 수를 나타내. 최근 우리나라의 사망률은 5명 정도야.

합계출산율** — total fertility rate

한 여자가 평생 동안 평균 낳는 자녀의 수를 말해. 선진국에서 현재의 인구를 유지하려면 합계출산율이 대체로 2.1명이 되어야 하는데 최근 우리나라는 1.15명으로 낮은 편이라 향후 인구 감소가 우려돼.

인구 부양력** — carrying capacity / population-supporting capacity

그 나라의 사용 가능한 자원이 그 나라의 인구를 지지할 **수 있는 힘**을 말해. 특히 식량 자원의 경우, 생산성이 좋아지면 그만큼 많은 농산물이 생산되어 인구를 먹여 살릴 수 있는 능력도 높아지지. 따라서 굶어 죽는 사람도 줄어들게 되어 전반적으로 사망률이 감소해.

부양비** — dependency ratio

경제 활동으로 다른 연령층을 먹여 살릴 능력이 있는 **청·장년층이 얼마나 많은 유·소년층과 노년층을 부양해야하는지**, 즉 부양 부담이 얼마나 되는지를 비율로 나타낸 지표야. 총 부양비는 유·소년층 부양비(=(유·소년층 인구수/ 청·장년층 인구수)x100)와 노년층 부양비(=(노년층 인구수/ 청·장년층 인구수)x100)를 더해서 구해.

고령화 지수** — aged-child ratio

출생아는 줄어드는 반면 평균 수명이 늘어나면서 **노년층의 비율이 높아지는 현상을 나타내는** 지표가 고령화 지수야. 그래서 유·소년층 인구수 대비 노년층 인구수의 비율로 구해. (노년층 인구수/유·소년층 인구수) X100!

중위 연령** 中 (가운데 중) / 位 (위치 위) — median age

어느 지역의 인구를 나이 순으로 일렬로 세웠을 때 **가장 가운데 있는 사람의 나이를** 말해. 어떤 국가의 중위 연령이 36세이면, 그 이상인 사람이 반, 그이하인 사람이 반이라 인구 구조를 표현하는 값으로 인구 통계에서 자주 쓰여. 평균 연령보다 고령화 정도를 더 잘 나타내는 특징이 있단다. 현재 우리나라의 중위 연령은 36세이며 매우 빠르게 증가하고 있어.

72 인구 증감

population growth

어느 지역의 인구는 항상 고정된 것이 아니라 변하기 마련이야.

때론 많아지기도, 때론 적어지기도 하겠지. 증감 말이야.

增 減

더할**증** 덜**감**

증가/**증**대 감소/**감**량

자연적 증감은 사람이 **얼마나 태어나고 죽느냐에 따라** 인구가 변하는 거야.

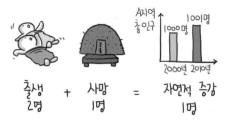

또는 그 지역으로 사람들이 얼마나 들어오고 나갔는지에 따라 인구가 달라지기도 하겠지?

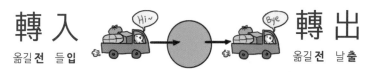

이렇게 **전입과 전출에 따른 변화**를 **사회적 증감**이라고 해.

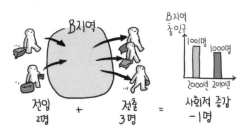

결론적으로 인구의 변화는 **자연적 증감과 사회적 증감의 합**이겠지. 너무 당연한 얘기 ^^;;

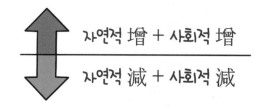

73 인구 성장 모형

types of population growth

이 중 자연적 증감, 즉 출생률과 사망률은 국가의 경제 발전 정도에 따라 전형적인 변화 단계를 보이기 때문에, 이를 모형으로 만들어 볼 수 있어.

▶ **고위 정체기** : 근대 이전 사회나 **저개발 국가**의 경우 사망률과 출생률이 모두 높게 나타나.

농업 중심의 사회에서 자녀는 곧 노동력을 의미하기 때문에 자녀를 많이 낳는 경향이 있어.

하지만 낮은 노동 생산성에 따른 낮은 인구 부양력, 전염병, 흉년으로 인한 기근 등으로 인해

사망률도 높아서 전반적으로 인구 수는 적은 편이야.

이 시기는 **출생률, 사망률**이 모두 높은 수준, 즉 **다산다사**의 상태에서

多産
많을 **다** 출산할 **산**

多死
많을 **다** 죽을 **사**

큰 증감 없이 멈춰있기 때문에 **고위 정체기**라고 불러.

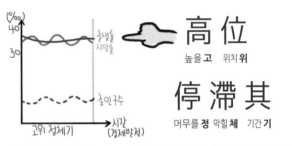

高位
높을 **고** 위치 **위**

停滯其
머무를 **정** 막힐 **체** 기간 **기**

▶ **초기 팽창기** : 경제가 발전하면 인구 부양력이 증대될 뿐만 아니라

위생 상태가 나아지고 의학이 발달하면서 사망률이 감소하겠지?

고위 정체기의 **높은 출생률**이 이어져 오면서 **사망률이 감소**하면,

다산감사의 상태에서 인구는 폭발적으로 늘어날 거야.

多産
많을 **다** 출산할 **산**

減死
줄어들 **감** 죽을 **사**

이렇게 **산업화 초반**에 인구가 **팽창**하는 시기를 **초기 팽창기**라고 해.

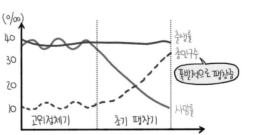

148

▶ **후기 팽창기** : 경제가 더욱 발전하면 여성의 사회 진출이 늘어나고 많은 자녀를 낳을 수 없게 돼.

또한 피임법이 널리 보급되고

국가에서도 가족 계획 정책을 펴면서 출산율이 크게 감소해.

도시화와 핵가족화가 한창 보편화되는 때이기도 하지.

그래서 이때는 이미 **사망률이 매우 낮아진** 상태에서 **출생률이 감소**하는 감산소사의 상태로,

減 産
줄어들 감 출산할 산

少 死
적을 소 죽을 사

인구가 팽창하기는 하지만 인구 증가율은 둔화되는데 이 시기를 **후기 팽창기**라고 하지.

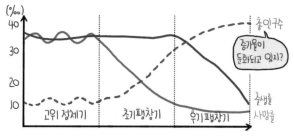

▶ **저위 정체기** : 경제가 고도로 발달한 국가에서는 여성의 경제 활동률이 매우 높고 결혼 연령도 늦어져 출산율이 매우 낮아.

그러면 출생률과 사망률이 모두 낮은 **소산소사의 상태**에서

少 産
적을 소 출산할 산

少 死
적을 소 죽을 사

인구의 수가 일정하게 유지되는데 이를 **저위 정체기**라고 해.

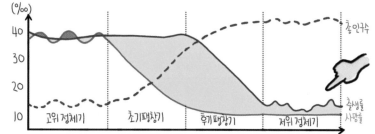

低 位
낮을 저 위치 위

停 滯 其
머무를 정 막힐 체 기간 기

149

주의해! 총 인구수는 많지만 증감은 없는 정체기지? 그래프에서 총인구수와 인구 증감률을 헷갈리지 마.

이때는 의학의 발달로 평균 수명도 크게 늘어 인구 고령화 현상이 나타난단다.

65세 이상 노인이 전체인구의 7%가 넘으면 고령화 사회(aging society)로 정의 한다야. 나도 그 중에 하나

이걸 어떻게 설명하지..?
놀라지 않게...
어른이 되면...
사랑이 결실을 맺어...
안겨 ✓
"박철

야!! 애들이 너보다 훨씬 더 잘알어!! 쯧쯧...

74 우리나라의 인구 성장

population growth

우리나라는 앞에서 살펴본 인구 성장 모형이 전체적으로는 들어맞지만 역사적 사건들 때문에 다소 다른 점도 있어.

어떤 뿐이 일치하고 어떤 부분이 특수한지 비교해보는 게 뽀인트!

20세기 초까지 전통 농업국이었던 우리나라는 전형적인 **다산다사**로, 인구 700만명 정도에서 정체되어 있었어.

이렇게 많이 낳아도 기근,전쟁,질병 등으로 죽는 애가 많아서 얼마 안남아..
나도 내가 먼저
19년째 임신중

개화기에는 서양 의학 및 위생 기술이 도입되고 농업 생산성이 향상되면서

여기가 죽을 병도 고친다는구만
그랴?
제중원

사망률이 크게 감소해. 그래, **초기 팽창기**에 접어든 거지.

(‰)
50
40
30
20
10
0
출생률
사망률
인구증가율
1930   1940

그러다 1945~50년 사이 인구 증가율이 급격히 높아지는데, 어? 출생률과 사망률은 별 변화가 없네?

(‰)
50
40
30
20
10
인구증가율
출생률
사망률
1930   1940   1950

해방과 함께 해외 동포들이 귀국하고 북한 주민들이 월남했기 때문이야. 즉, **사회적 증감이 원인!**

새로운 정부를 만들어야지
난 공산주의보다 자본주의가 좋아
이제 고향에서 살꺼야

50년대 초에는 6·25 전쟁으로 **사망률이 급격히 증가**하고 인구 증가율은 급감했다가

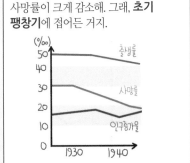

주의! 아무리 인구증가율이 급감하더라도 (－)가 되지 않는한 (X축 아래로 내려가지 않는 한)인구는 감소하지 않아! 6.25 전쟁 때도 인구는 계속 증가 했다구~

(‰)
50
40
30
20
10
해외동포 귀국
출생률
6·25전쟁 (1950~53년)
인구증가율
사망률
1950   1960

빠르게 회복되는 것을 볼 수 있는데, 전쟁 직후 **출산 붐(baby boom)**이 일면서 출생률이 급증했기 때문이야.

그러다 60년대 이후 경제가 발달하면서 사망률, 출생률이 모두 줄어들어 이 시기를 후기 팽창기라 할 수 있어.

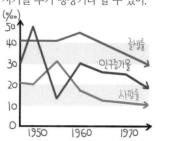

90년대 이후에는 출생률과 사망률이 모두 낮은 수준에서 유지되고 있으니 저위 정체기가 시작된 거고 2000년대 이후에는 저출산과 고령화 현상이 가속화되고 있지.

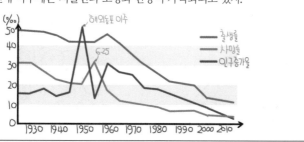

시대별 총 인구의 변화 그래프를 통해서도 지금까지의 변화를 정리해 볼 수 있겠지?

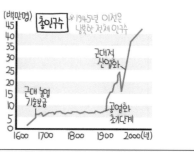

특히 표어의 변화를 보면 시대에 따른 인구 변화가 잘 드러나는데, 이와 함께 **남아 선호 사상**이 심한 우리나라의 특수한 상황도 엿볼 수 있단다.

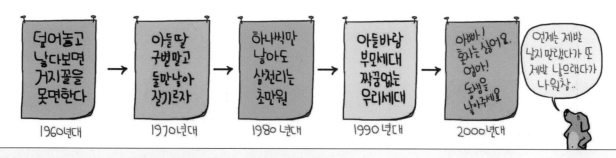

75 인구 피라미드

어느 지역의 인구 특징을 알면 그 지역을 이해하는 데 큰 도움이 되겠지?

population pyramid

인구 구조는 어느 지역 인구의 구성을 연령별, 성별, 지역별, 산업별로 구분해 나타낸 것을 말해.

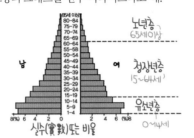

[인구꼬사]
성성의껏 답하시오.
1. 성별 ☑남 ☐여
2. 연령 ☐10대 ☐20대
  ☑30대 ☐40대
3. 지역 ☑서비스업
  ☐제조업
  ☐농업

특히 성별과 연령별로 인구 구조를 나타낸 요런 모양의 그래프를 인구 피라미드라고 해.

노년층
65세이상

청장년층
15~64세

남   여

유소년층
0~14세

8% 6 4 2 0   0 2 4 6 (%)8

실수(實數)또는 비율

우선 출생과 사망, 즉 자연적 증감에 따라 나타나는 인구 피라미드의 모습부터 공부해 볼까?

사망률이 높아지면 비중이 낮아짐

출생률이 높아지면 비중이 높아짐

남   여

8% 6 4 2 0   0 2 4 6 (%)8

먼저 **피라미드형** 인구 피라미드는 개발 도상국처럼 **출생률과 사망률이 높은 국가**에서 볼 수 있어.

(‰)
40
30

출생률 사망률

총인구수

고위 정체기

시간 (경제발전)

피라미드를 잘 보면 유·소년층의 비중이 크고 노년층은 작아.

65
50
남 여
20
15
0

피라미드형

그만큼 유·소년층에 대한 부양 부담이 크지.

맘마아아~
O앙~
애들아!
나도 일을 좀 해야겠다
까까-
배고파!

국가의 **경제 수준이 발달**하면 출생률과 사망률이 전반적으로 감소한댔지?

(‰)
40
30
20
10

총인구수
출생률
사망률

고위정체기   초기 팽창기

그래서 피라미드에서도 유·소년층의 비중은 감소/ 노년층 비중은 커지는 **현상**이 나타나. 이를 **종형** 인구 피라미드라고 해.

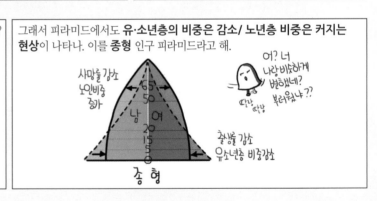

사망률 감소
노인비중 증가

남 여

65
50
20
15
0

출생률 감소
유소년층 비중감소

종형

어? 너 나랑 비슷하게 변했네? 부러웠나??
딴딴
부럽

경제가 고도로 발달한 일부 **선진국**에서는 출생률이 현저히 떨어지면서 **유·소년층의 비중이 급격히 감소**하기 때문에

(‰)
40
30
20
10

총인구수
출생률
사망률

고위 정체기   초기팽창기   후기 팽창기

인구 피라미드의 아랫 부분이 오목하게 되는데, 이를 **방추형** 인구 피라미드라고 불러.

65
50
남 여
20
15
0

방추형

방추는 예전에 물레질에 쓰던 실추인데 가운데가 볼록하고 위아래가 가는 모양이거든.

紡 錘
실을 뽑을 **방**   저울 **추**
방직   시계추

종형과 방추형에서는 인구가 고령화되기 때문에 반대로 노년층에 대한 부양 부담이 증가하겠지.

사회적 증감, 즉 인구 이동에 의해서도 지역별로 특징적인 인구 피라미드의 모습을 찾아볼 수 있어.

by 자연적 증감   by 사회적 증감
⇒ 피라미드형 △   ⇒ 별형 ⬠,
방추형 ◇, 종형 △   표주박형 ♋

일자리가 많아서 한창 일할 나이의 연령대가 유입되는 **대도시나 공업 지역**은

청·장년층 인구의 비중이 높은 별형 인구 피라미드가 나타나.

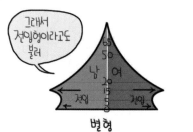

동시에 **농어촌 지역**은 청·장년층 인구가 빠져 나가니

노년층 인구 비중이 높은 **표주박형** 인구 피라미드가 나타나지.

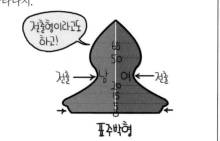

76

우리나라의 인구 구조

population structure

이번엔 앞에서 배운 인구 구조가 우리나라에서는 어떻게 나타나는지 살펴보자. 지역별 특징도 있다면 그것도 공부해 보고!

우리나라의 인구 피라미드도 경제가 발전함에 따라 1960년 **피라미드형이었던 것이** 종형을 지나 최근에는 극심한 저출산으로 방추형에 가까와지고 있어. 현재는 유·소년층 비율이 낮고 노년층의 비율은 높아 노령화 사회에 접어들었어.

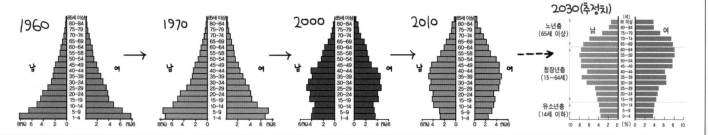

성비(性比)에 대해서도 살펴보자면,

원래 자연 상태의 성비(103~107)도 남자가 높은데다

유·소년층은 남아 선호 사상과 선별적 산아 제한 때문에 **남자** 아이의 비율이 높지만

첫째성비	108.5	106.4
둘째성비	117.1	105.8
셋째이상 성비	193.3	110.9
	(1990년)	(2010년)

반면, 사회활동이 많은 남성보다 **여성**의 평균 수명이 길기 때문에 노년 층의 성비는 낮아.

전체적으로 다음과 같은 연령별 불균형을 보이지.

다만 최근에는 셋째아 이상도 자연상태에 가까워지면서 남아 선호 사상은 거의 사라진 것으로 보고있어.

그런데 성비 불균형은 산업 특징에 의해서도 생기지. **중화학 공업이나 광공업 지역, 군사 지역에는**

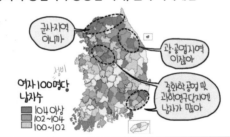

성비가 100을 넘는 **남초(男超)** 현상이 나타나고

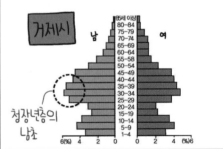

반면, **경공업이나 관광, 서비스업** 등 여성 노동력이 많이 필요한 지역이나 **해안·도서 지역**은 여초(女超) 현상이 나타나지.

그러나 산업 특징에 의한 성비 불균형은 산업 환경이 변하면서 함께 달라지기 때문에 절대적 개념으로 외워서는 안돼. 신중하게 자료를 분석하라고.

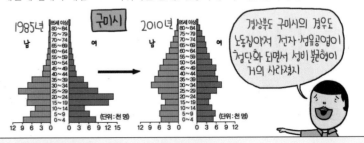

한편, **농어촌** 지역에서는 여성이 도시로 이주하면서

늙은 부모님계신 고향땅을 떠나신 못하지..
가슴아 ~!!
심심시골을 떠나 화려한 도시에서 살꺼얌
BUS 서울행
오늘부터 내 이름은 제시카~

결혼 적령기대에서 **남초** 현상이 나타나. 물론 고령층에서는 여초지만.

할머니 세상에!
청각 많네~

영주시	남			여	

80세 이상
75~79
70~74
65~69
60~64
55~59
50~54
45~49
40~44
35~39
30~34
25~29
20~24
15~19
10~14
5~9
0~4

6(%) 4 2 0 2 4 (%)6

마지막으로 각 산업에 종사하는 인구 비중으로 산업별 인구 구조를 파악하기도 하는데, 이는 경제 발전 정도를 잘 나타내는 지표야.

이 부분은 산업 챕터의 '서비스 산업의 발달편'에 자세히 설명되어 있으니 들춰 보도록~

3분줄께 요이~ 땅!

우리나라도 현재 **3차 > 2차 > 1차** 산업 순의 비중으로 **선진국형**의 구조를 보인다고 했지?

	1차	2차	3차 (%)
1963	63.0	8.7	28.3
1970	50.4	14.3	35.3
1980	34.0	22.5	43.5
1990	17.9	27.6	54.5
2000	10.8	20.2	69.0
2010	6.6	17	76.4
2016	5.2	17.4	77.5

우리 학원맘이야.. 여자맘고 물좋은 제주도로 이사갈까? 외로운 제주녀의 그가 될테야
샤방샤방

걍 멋지다 물러신 합수다
상대방 생각도 해야지

77 인구 분포

population distribution

살기 좋은 곳에는 사람들이 모여들겠지?

일자리 많고 편의시설 많은 쪽으로 헤쳐모옛!

즉, 지역간에는 인구 분포의 차이가 생기게 마련이고, 이를 나타내는 지표가 인구 밀도야.

인구밀도
2명/km² < 10명/km²

1km 1km
1km 1km

密 度
빽빽할 밀 횟수 도
밀집 정도
치밀

인구 분포에 영향을 미치는 요인은 다음과 같이 자연적 요인과 사회·경제적 요인으로 나눠 볼 수 있어.

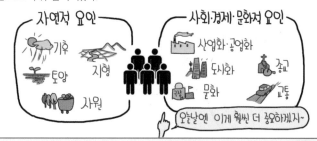

자연적 요인: 기후, 지형, 토양, 자원

사회·경제·문화적 요인: 산업화·공업화, 도시화, 종교, 문화, 교통

오늘날엔 이게 훨씬 더 중요하겠지~

아무래도 농업 중심의 전통 사회에서는 **자연적 조건**이 중요했겠지.

그래서 1960년대 이전에는 **남서부 지역의 인구 밀도가 높고 북부나 동부 산간 지역이** 낮았단다.

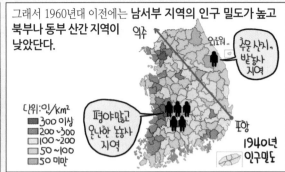

그러나 **산업화** 이후로는 2차, 3차 산업이 발달한 대도시 지역으로 모여 들지.

그래서 **수도권 및 남동 임해 지역, 대도시** 등의 인구 밀도가 매우 높아진거고.

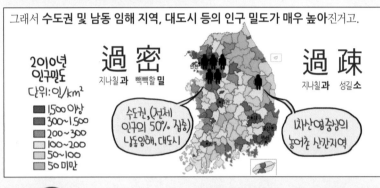

78

인구 이동

population movement

앞장에서 살펴보았듯이 시기마다 인구 분포가 달라진다는 것은 인구가 계속 이동하기 때문이야.

사람들을 어떤 지역에서 밀어내는 것은 일자리 부족을 비롯한 열악한 환경 때문일텐데, 이를 **배출 요인**이라고 해.

반대로 일자리가 많거나 생활 여건이 잘 갖추어져 사람들을 끌어들이는 요인을 **흡입 요인**이라고 하지.

시대별 인구 이동에 대해 더 자세히 살펴볼까?

아무래도 토지가 기반인 전통 사회에서는 인구 이동이 드물었을 거야.

조선 초에 북방의 경비를 강화하기 위해 남부 지역의 주민들을 이주시킨 일처럼 자발적인 이동은 아니었지.

이렇게 정치적인 이유 등 비자발적으로 이동하는 것을 **강제적 이동**이라고 불러.

본격적으로 국내 및 국외 이동이 활발해진 건 **일제 시대**부터야.

역사적 아픔이 많았던 이동기도 하지.

광복 후에는 **해외의 동포**들이 귀국하고 **북한 동포**들이 고향을 찾아 월남하기도 했고,

그러다 6.25 전쟁이 발발하면서 많은 **피난민**들이 남부 지역으로 대거 이동하기도 했단다.

1960년대 이후 산업화, 도시화가 진행되면서 농촌을 떠나 도시로 향하는 **이촌향도 현상**이 뚜렷하게 나타났어.

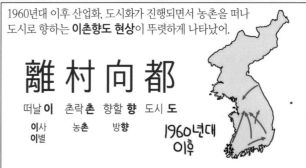

또한 더 나은 삶이나 기회를 찾아 해외로 **이민**을 가는 사람들의 숫자도 꾸준히 늘어,

세계 각국에는 우리 교민이 많이 살고 있어.

산업화가 종착기에 접어들고 농촌에서도 더 이상 배출될 인구가 없어진 1990년대 이후에는

도시간 이동 또는 대도시에서 **교외지역으로** 떠나는 인구의 비중이 높아 졌단다.

1990년대 이후

수도권 인구 비중만 보더라도 서울은 줄어들고 경기도는 늘어나고 있잖아?

(%)

	1960	1970	1980	1990	2000	2010	2016
수도권	20.8	28.3	35.5	42.8	46.3	49.1	49.5
서울	9.8	17.6	22.3	24.4	21.4	23.3	24.4
경기	9.4	8.7	10.3	14.2	19.5	20.3	19.4
인천	1.6	2.0	2.9	4.2	5.4	5.4	5.8

마지막으로 최근에는 외국인 입국자들이 크게 늘어나고 있어. 다음 장에서 다룰게! 고고!

카자흐스탄
우즈베키스탄
이란
파키스탄
네팔
몽골
중국
대한민국
방글라데시
미얀마
외국인 노동력 주요 입국지가
스리랑카
태국
베트남
인도네시아
필리핀

79

외국인 유입과 다문화 사회

multi-cultural society

2000년에 우리나라에 거주하는 외국인 수가 50만명 정도였어. 그런데 2016년 이후에 200만명이 넘었지.

27만 / 48만 / 74만 / 142만 / 174만 / 200만 (2016.6.30)

95 00 05 10 15

아무래도 지리적으로 가깝고 인구가 많은 중국, 특히 한국계 중국인 조선족 비율이 높아.

기타(13.8%)
우즈베키스탄, 캄보디아, 인도네시아, 일본, 몽골, 대만 (12.3%)
필리핀(2.7%)
태국(4.6%)
베트남(7.2%)
미국(7.8%)
총 200만
중국 (50.6%)
조선족 (35.5%)
2016년 6.30

이렇게 급속도로 외국인이 유입되는 이유는 뭘까?

KOREA

우선 경제 발전 과정에서 우리나라의 화폐 가치와 인건비가 높아졌고

그동엔 일 안해!
헉! 집 한채 값인데?!

학력 수준도 높아지면서 3D업종을 기피하게 되고 외국인 근로자의 필요성이 증가하게 되었기 때문이야.

대학 졸업했는데 힘든 일하기 좀 그래..

물론 외국인 근로자의 유입은 인력난을 해소하고 경제 성장을 가져온 긍정적 효과도 있지만

이분들 아니었음 공장문 옛날에 닫았어

그 중 많은 사람들이 불법 체류자 신분으로서 사회 문제의 피해자가 되기도 하는데 적절한 법적 보호조차 받지 못하는 경우가 많지.

노동착취
임금체불
범죄노출
우리는 까까 사람 입니다!
약속된 월급을 주세요!
사회편견

최근에는 글로벌 시대에 맞춰 고임금, 전문직 근로자의 유입이 증가하는 특징도 기억해.

두번째 요인은 국제 결혼이 증가했기 때문이야.

그럼 만국이도 장가갈 수 있는감?

물론 국제결혼이야 세계화 시대에 따라 자연스럽게 증가하기도 하지만

사랑 노 국경 원트 매리 만국?? ????

우리나라는 특히 촌락 지역의 성비 불균형 문제로 인해

오호~ 선택하신 분과 결혼 가능하십니다~

촌락 지역은 국제결혼의 비율이 높아.

하지만 주의해! 비율이 높다는 거지, 수 자체는 도시가 많아

그리고 우리나라의 위상이 높아짐에 따라 오히려 외국인 유학생이 유입되었단다.

국제 관계학 과학 엔지니어링 디자인

그래서 각각의 유형별로 거주지 분포를 달리 보이지.

노동자 → 공업지역, 대도시
국제결혼 → 대도시, 촌락(비율↑)
유학생 → 대학 주변

이렇게 **다문화사회**가 형성되고 있는만큼 함께 어울려 살 수 있는 다양한 프로그램과 사회적 제도, 편견없는 성숙한 시민 의식 등이 필요할 거야.

사와디캅~   장가 가는가?

이 장면 왠지 낯설지가 않아... 👉

80 인구 문제와 대책

population problem

지금 우리나라의 인구 문제 중 가장 심각한 부분은 **저출산 현상**이야.

우리나라 출생아 수 추이

100만6700
43만8000

100만 80만 60만 40만 20만
1970년 1980 1990 2000 2015

가임 여성 1인이 평생 낳는 자녀 수를 의미하는 합계 출산율은 2.1 정도가 되어야 한 사회의 인구가 유지되는데, 이 숫자가 매우 낮은 상태로 장기간 지속되고 있지. 정부의 다양한 노력에도 불구하고 말이야.

연도별 신생아수

합계 출산율

연도	신생아수	합계 출산율
1970	100만	4.53
1975	87만	3.47
1980	86만	2.83
1985	66만	1.67
1990	65만	1.59
1995	72만	1.65
2000	63만	1.47
2005(년)	43만	1.08
2010	47만	1.39
2015(년)	43만	1.24

이는 세계적으로도 가장 심각한 수준이야.

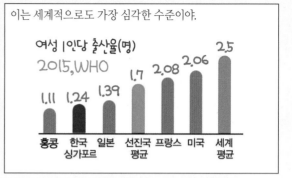

여성 1인당 출산율(명)
2015, WHO

홍콩	한국 싱가포르	일본	선진국 평균	프랑스	미국	세계 평균
1.11	1.24	1.39	1.7	2.08	2.06	2.5

저출산의 원인과 해결책은 그리 간단하지가 않아. 여러 요인이 복합된 사회적 난제지. 많은 선진국들이 겪고 있는 문제기도 하고.

우선 여성의 교육 수준과 경제 활동 참여율이 높아지면서 결혼 및 출산에 대한 가치관이 변하고 혼인 연령이 크게 높아졌잖아.

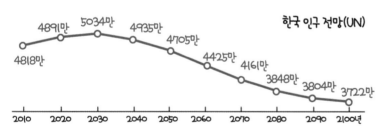

결혼이 뭐 중요해? 나이 벌써 MBA 따러 유학가

나 이하다 30대 중반에 결혼할게야

난 결혼해도 아이는 낳지 않겠어

특히 우리나라의 과도한 교육비와 최근의 취업난 등은 출산율을 높이는 것을 더욱 힘들게 하고 있지.

취업이 하늘의 별따기인데.. 출산이 뭔소리

애하나 사교육비로 월급이 다 들어가.. 둘은 언감생심

이로 인해 인구수 자체가 감소하여 시장이 작아지고 국력이 약해지는 것도 문제지만

한국 인구 전망(UN)

2010	2020	2030	2040	2050	2060	2070	2080	2090	2100년
4818만	4891만	5034만	4935만	4705만	4425만	4161만	3848만	3804만	3722만

평균 수명까지 증가되면서 인구가 **고령화**되는 것은 더 큰 문제야.

총 인구(천 명)

노인 인구 비율

년	총 인구(천명)	노인인구수	노인 인구 비율
1980	38,124	1,456	3.8
1990	42,896	2,195	5.1
1999	46,671	3,224	6.9
2000	47,008	3,395	7.2
2009	48,747	5,193	10.7
2010	48,875	5,357	11
2019	49,340	7,075	14.3
2026(년)	49,039	10,218	20.8

생산 인구는 줄고 그들의 부양부담은 크게 늘면서 국가 경쟁력이 추락하게 된다고.

연령별 생산가능인구 추이

(천명)

● 50~64세
● 25~49세
● 15~24세

년	2000	2005	2010	2020	2060	2050

이는 그야말로 미래 세대의 존립이 걸린 문제로 어떤 어려움이 있더라도 반드시 극복해 나가야만 해. 이 문제를 풀어가는 것이 결국 살기좋은 대한민국을 만드는 길이 될 거야.

마음 놓고 아이를 맡길 수 있는 보육시설이 갖춰진다면..

출산 및 육아를 지원하는 다양한 제도가 갖춰진다면..

일과 가정이 양립하는 문화적 의식이 더욱 성숙하다면..

아이들이 행복할 수 있는 공교육이 갖춰지고 밝고 공정한 사회가 된다면..

낳

아

줄

게

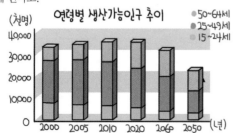

동시에 이는 노인 문제이기도 하기 때문에 고령자를 위한 대책도 필요하지. **복지 시설을 확충**하는 것뿐만 아니라, **노인의 사회 참여**를 높임으로써 건강한 삶을 살도록 돕는 것도 좋은 해결책이야.

또한 앞에서 여러가지 인구 이동을 살펴 보았지만 가장 두드러진 움직임은 뭐니뭐니해도 **이촌 향도 현상**이었잖아?

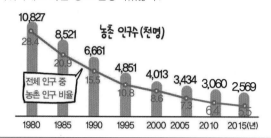

그래서 도시의 인구는 과밀화되고 농어촌의 인구가 감소하면서 **인구 불균형** 문제가 발생하게 돼.

특히 청장년층의 노동 인구가 빠져나가면서 농어촌의 **고령화**는 도시보다 심각하지.

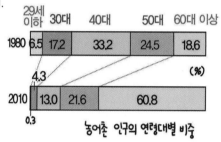

다음 고령화 분포도에서도 고령 인구의 지역적 편재가 심함을 알 수 있어.

대책으로는 **지방 도시 육성, 도시 재정비, 영농의 과학화 및 기계화**로 부족한 노동력 극복 등이 있겠지.

마지막으로 성비의 불균형 문제를 들 수 있어.

다행히 남아선호 사상에 의한 남초는 점점 사라지고 있지만

지역적 **성비의 불균형**은 여전히 심각해. **농촌의 지역 발전**을 통하여 해결하도록 해야겠지.

161

산업

81 자원

resources

인간은 삶을 영위하기 위해 주변의 다양한 산물을 이용하지.

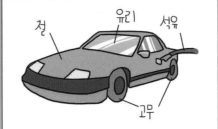

철 / 유리 / 석유 / 고무

이렇게 **우리의 삶을 풍요롭게 해주는 모든 것을** '자원'이라고 해.

資 源

재물 **자**　근원 **원**

물자　원천
자산　발원

어차피 인간은 자원을 이용해 삶을 영위하게 되니, 자원의 분포나 특징을 알아두면 우리의 삶이 더욱 풍요로워지겠지?

내 삶은 한숨 푹 자고나면 풍요로워질듯…ㄹㄹ

자원을 넓게 보면 **천연 자원** 뿐만 아니라 이를 개발한 **가공물, 시설물, 인간의 기술, 문화, 제도, 풍속 등**과

제도 / 기술 / 풍속 / 문화

우리 인간 자신을 이르는 **인적 자원**까지 포함해.

보통 회사에서 인력과 관련한 업무를 총괄하는 인사팀을 HR, Human Resources라고 하지.

김만국 상사 HR팀

하지만 좁은 의미에서의 '자원'이란 광물 자원이나 화석 연료와 같은 천연 자원을 떠올리게 되겠지.

'자원'하면…?

GAS

또 천연 자원은 인간이 사용함에 따라 점차 고갈되는 **비재생 자원(광물 자원)**과

불에 태우니 사라졌어

석탄·석유 천연가스 화석연료

현재 사용량에 관계없이 무한하게 공급되는 **재생 자원(순환 자원)**으로 크게 나눌 수 있어.

수력 / 태양력 / 풍력

그리고 그 사이에 **사용량과 투자 정도에 따라 재생 수준이 달라지는** 자원이 있단다.

재생 불가능 자원 (사용함에 따라 고갈)		재생수준이 사용량과 투자정도에 따라 달라짐		재생가능 자원 (사용량과 무관)	
화석연료	비금속 광물	금속 광물	대기·물	태양력·조력 수력·풍력	

재생 불가능 ← → 무한대 재생가능

재생 가능 차원에서 본 자원의 분류

예를 들어 철광석은 채굴양이 많으면 고갈 될 수도 있지만, 재활용 기술이 발달하는 경우 고갈 속도를 늦출 수 있지.

그러니 재활용품 분리수거 잘하라구~

금속 재생 시스템

164

82 자원의 특성

changeability/ finitude/ maldistribution of reseources

일반적으로 말하는 '자원'은 크게 세 가지의 중요한 특징을 가져. 하나씩 쉽게 설명해 줄게.

가변성
유한성
편재성

---

1. 가변성: 생각해보면 자원은 옛날부터 지금까지 같은 쓸모를 갖지는 않았잖아?

석유만해도 19세기 후반부터 내연 기관의 연료로 사용되면서 자원으로서 주목을 받게 되었지.

이렇게 자원을 이용할 수 있게끔 하는 기술의 발전을 통해서 자원은 가치가 높아지고 그 범위도 넓어져.

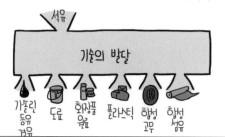

현재의 중요한 광물 자원들 대부분은 과거엔 그 가치를 알지 못했었어.

같은 관점에서 보면 지금 우리에게 쓸모없어 보이는 것들이 미래에는 중요한 자원이 될 수도 있겠지?

그런데 기술은 있지만 개발에 따른 경제적 이익이 없으면 자원으로서는 의미가 없어.

즉, 자원이라고 하면 **기술적으로 개발이 가능하면서 경제적 이용 가치가 있는 것**만이 유의미하단다.

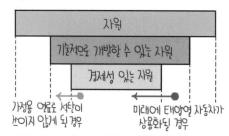

한편 개발이 가능해도 문화적 배경에 따라 자원으로서의 가치가 달라지기도 해.

이렇게 **자원의 의미는 기술 수준, 경제성 (채산성), 문화 등에 따라 바뀔 수 있는데,**

이를 자원의 '**가변성**'(changeability)' 이라고 한단다.

可 變 性

가히 **가**　변할 **변**　성질 **성**

가능	**변화**	**성격**
허가	변동	성향

---

2. 유한성: 그런데 아쉽게도 일반적으로 우리에게 중요한 많은 자원은 비재생 자원인데다

매장량이 한정되어 있어서 언젠간 고갈되게 돼.

이러한 자원의 특성이 '**유한성**'(finitude)이야.

有 限 性

있을 **유**　끝 **한**　성질 **성**

유효	**한도**	**성격**
유죄	한정	성향

자원의 유한성을 쉽게 알려주는 지표가 '**가채연수**'야. 이는 **채굴할 수 있는 연수**란 뜻으로,

可 採 年 數

가히 **가**　캘 **채**　해 **년**　헤아릴 **수**

가능	**채취**	**작년**	**수치**
허가	채집	연령	수량

이는 현재의 생산 수준으로 채굴하고 현재의 속도로 사용했을 때 고갈 시기까지 남아있는 연수를 의미 하지.

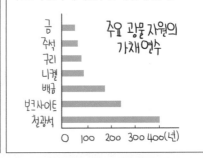

주요 자원의 가채연수는 다음과 같아.

주요 광물 자원의 가채연수

금
주석
구리
니켈
백금
보크사이트
철광석

0　100　200　300 400(년)

하지만 현재의 매장량을 기준으로 하기 때문에 새로운 매장지가 발견되면 더 늘어날 수도 있어.

자원의 재순환 기술이 발달하거나 소비량이 줄어도 가채 연수가 길어지겠지.

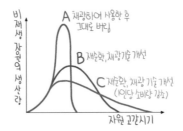

반면 현재보다 빠른 속도로 자원을 소비하면 가채 연수는 더욱 짧아질 테고.

3. 편재성: 마지막으로 많은 자원이 지구에 고르게 분포하지 않고

특정 지역에 편중되어 분포하는 경향이 있는데,

이를 자원의 '편재성'(maldistribution)이라고 해.

偏在性

치우칠 **편** 있을 **재** 성질 **성**

편향	존재	성격
편중	재학	성향

따라서 특정 자원이 부족한 지역은 풍부한 지역으로부터 수입하여 쓸 수 밖에 없는데, 특히 석유의 편재성이 심해서 세계적 이동량이 많아.

이런 경우 생산국이 **자원의 생산량과 가격에 영향력을 발휘하여 국가(민족)의 이익을 도모하기도 하는데,**

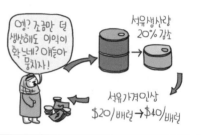

이러한 행태를 **자원민족주의**라고 해.

가장 대표적인 예가 석유 수출국 기구 (OPEC)*를 통한 석유의 무기화란다.

😊 **석유 수출국 기구(OPEC)*** **O**rganization of **P**etroleum **E**xporting **C**ountries

명명백백 more

1890년대 초에 중동 지역에서 발견된 석유들은 주로 선진국의 기업에 의해 운영되고 통제되었어. 초기 유전을 개발하기에 중동 국가들은 기술과 자본이 부족했거든. 그래서 한동안 석유 가격은 낮게 유지되었어. 하지만 점차 **중동의 국가들은 석유 자원을 국유화**했어. 그리고 석유 수출국 기구라는 것을 만들어 **석유 생산량과 가격을 조절하여 국제적인 지위와 이권을 향상**시켰지. 현재 회원국으로는 아프리카의 알제리·앙골라·나이지리아·리비아, 라틴아메리카의 베네수엘라, 에콰도르, 중동의 이란·이라크·쿠웨이트·사우디아라비아·카타르·아랍에미리트, 아시아의 인도네시아 등 13개국이야. 이 국가들의 정책이나 이들이 연루된 국제적 사건에 의해 석유의 가격은 매우 큰 폭으로 변화한단다.

83

동력 자원

energy resources

사람이 밥을 먹어야 힘이 나고 일도 할 수 있듯이, 무언가를 움직이게 하려면 힘이 필요하겠지.

말 그대로 **무언가를 움직이게끔 하는 힘을 지닌 자원**, 이것을 동력 자원이라고 해.

動 力

움직일 **동**　힘 **력**

활**동**　세**력**
운**동**　압**력**

자원 중에서도 그 자체가 재화의 재료가 되기 보다는 에너지를 만들어 내기 때문에 **에너지 자원**이라고도 하지.

동력자원

과거에 주로 나무와 같은 땔감이나 숯 등이 주요 동력 자원이었다면 현대에는 석탄, 석유, 천연 가스, 우라늄 등을 꼽을 수 있어.

이 자원들을 이용해 직접 동력기관을 돌리거나 전기를 얻지

 천연가스　 서탄

 우라늄　 석유

동력 자원이 없다면 현대 사회는 그 순간 마비될거야.

마비? 그거 땡기는데요? 학교도 안가겠네!

천국을 보았다...

그런데 말야, 너희들이 자원 공부하는 걸 보면 말야, 마치 주문을 외우는 좀비들 같아. -.,-;;

무연탄역청아브라타카비라 뉘뉘뤼탕소리 강원 상처 마수리 ·····

지리공부하다 지쳐쑴 거 아니야? 귀신얘기 들어반어?

물론 기본적인 내용은 암기해야겠지만 이때, 자원에 대한 기본적인 상식이 있어야 해.

그래야 암기도 더 잘된다구!

이 소중한 에너지 자원들을 하나씩 자세히 살펴 보도록 하자.

84

동력 자원1 -
석탄

coal

석탄부터 시작해 볼까?

석탄수업을 위해 옷까지 갖춰입었다~

코스프레는 즐거워~ ㅋ

안전일

석탄을 굳이 정의하자면 **지질 시대에 주로 육상식물이나 호수식물이 퇴적된 후 압력을 받아 형성된 흑색의 가연성(可燃性) 암석**이야.

어원은 모두 숯에서 유래했어. 영어 coal도 그렇고,

Coal
↑
Col
(charcoal 숯, 목탄)

한자도 숯처럼 생겼는데 암석처럼 단단하고 땅 속에 있어 석탄이라 하지.

石 炭

돌 석　　숯 탄

탄소/탄화

일단 딱 봐도 숯하고 비슷하게 생겼잖아? 하지만 인공적으로 목재를 급속히 가열해 만든 것이 숯이라면, 석탄은 목재가 땅속에서 공기와 차단된 채 아주 오랜 시간 지열에 의해 천천히 탄화되면서 생성된 거야.

석탄　　　vs　　　숯(목탄)

석탄은 탄화도에 따라 무연탄, 역청탄, 갈탄으로 나뉘어.

고정탄소비율

무연탄　87.5% 이상

석탄 ｛ 역청탄　50~87.5%

갈탄　　50% 미만

탄화도란 쉽게 식물이 땅 속에 묻혔다가 석탄화된 정도인데, 이는 고정 탄소의 비율로 나타내.

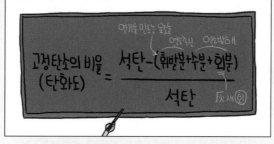

$$\text{고정탄소의 비율(탄화도)} = \frac{\text{석탄} - (\text{휘발분} + \text{수분} + \text{회분})}{\text{석탄}}$$

▶ 이 탄화도가 높은 석탄은 휘발 성분이나 수분이 적어 냄새나 연기가 적게 되지. 그래서 **무연탄**이라고 하는 거야.

無 煙 炭

없을 무　연기 연　숯 탄

무색　　　연기
무취　　　흡연

예전에 주로 연탄으로 만들어 썼지.

무연성 때문에 가정용 연료로 유용했던 거야. 그래서 연탄 가스 중독 사고도 많았고.

냄새도 안나고 아픔에서 몰랐어

연탄 가스

남한에 매장된 석탄은 대부분 무연탄이며 태백산 일대에 90%이상 집중되어 있어.

우리나라의 무연탄 분포

육성층인 **고생대 평안계 지층**에 매장되어 있으나

고생대 후기에는 지향사가 융기되어 향가 되면서 육지 생물이 퇴적 됐다고 그랬지? 그게 무연탄이 된거야

나 타고난 사이인가봐.. 뭐든지 쉽게 타버려..

지향사　　무연탄 매장지

석탄의 채산성이 낮아지면서 현재는 극히 일부에서만 생산되어

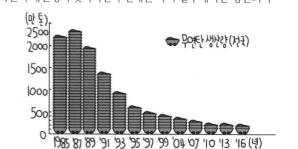

무연탄 생산량(전국)

(만 톤)
2500
2000
1500
1000
500

1985 '87 '89 '91 '93 '95 '97 '99 '04 '07 '10 '13 '16 (년)

저소득층의 연탄이나 온실용 정도로만 쓰이고 있어.

탄광 산업과 지여변화는 뒤에서 자세히 다룰거야

머리에 안들어가 계속 듣고있는 중

무연탄이 있으면 연기가 나는 **유연탄**도 있겠지?

無 煙 炭
없을 **무**　연기 **연**　숯 **탄**

무색　연기
무취　흡연

휘발성 물질을 많이 함유하고 있기 때문인데, **역청탄**과 **갈탄**이 해당돼.

유연탄 (有煙炭) { 여청탄 갈탄 … }
탄화도 ↓

▶ 우리나라에서 소비되는 유연탄의 대부분은 역청탄이야. 이것을 가공할 때 검고 끈끈한 물질인 역청(아스팔트)이 나온다고 하여

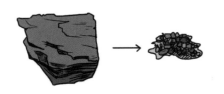

역청탄이라고 해.

瀝 青 炭
역청 = 아스팔트　숯 **탄**

탈 때 매연이 나오지만 휘발 성분이 많아 잘 연소되기 때문에 **발전용**으로 좋고

허뜨검 화력발전소

그래서 화력발전소 에서 쓰는 석탄은 대뿐 역청탄이야

특히 역청탄을 가공하면 코크스라는 물질을 얻는데, 이것은 **제철 공업**에서 매우 중요한 원료란다.

내가 철광석에서 철을 분리해내거든

코크스 (cokes)

최근까지도 석탄의 사용량이 많은 건 이러한 용도의 역청탄 때문이야.

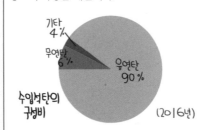

기타 4%
무연탄 6%
유연탄 90%

수입석탄의 구성비
(2016년)

철강 산업이 발달한데다가 매장량이 없는 우리나라는 현재 세계 2위의 역청탄 수입국일 정도로 많은 양을 수입하지.

유연탄 수입현황 (단위:1천톤)

2004년	2009	2016
72,103	92,952	119,322

인도네시아, 호주 등에서 수입하며, 해외현지개발에도 열을 올리고 있지

▶ 마지막으로 **갈탄**은 말 그대로 갈색 석탄으로

褐 炭
갈색 **갈**　숯 **탄**

생성 시기가 짧아서 갈색을 띠는 것이며 나무의 나이테나 줄기의 조직을 눈으로 볼 수 있을 정도야.

주로 북한에 위치한 **신생대 지층**에 매장되어 있어. 젊은 지층인 만큼 석탄화가 덜된, 갈탄이 나오는 거야.

신생대 3기지층
● 갈탄
두만지괴
길주·명천지괴

탄화도가 낮아 석탄으로서는 저급하지만,

휘발분과 수분이 많아 최근 **석탄의 액화 공업의 원료**로 관심을 받고 있어.

85

동력 자원2 —

석유

petroleum

▶ **석유**는 암석이 있어야 할 땅 속에 기름이 있다해서 붙여진 이름이야.

石 油

돌 석 기름 유

영어도 라틴어로 정확히 '석유'라는 뜻이야.

Petr oleum

rock oil

정확히 표현하자면 **지하에서 천연적으로 생산되는 액체 탄화수소.** 이 한낱 검은 물 덩어리에 지나지 않던 것이

두 차례의 세계 대전을 거치면서 세계에서 가장 중요한 자원이 되었어.

석유는 열량이 높고 불순물이 적어 거의 **완전히 연소**되는데다가

액체이기 때문에 개발에서부터 사용에 이르기까지 **취급**이 편해.

석유 (액체)

석탄 (고체)

또한 수많은 **화학 공업의 원료나 연료**로도 이용되지. 우리 주변의 재화 중 석유를 이용한 것들은 상상을 초월하게 많아.

석유는 신생대 제3기 플랑크톤 같은 부유 생물의 유해가 퇴적되어 오랫동안 열과 압력을 받아 생성되었다고 해.

그리고 이게 한곳에 모여서 유전(油田)이 되려면 **신생대 제3기 층에서도 배사 구조**가 유리해.

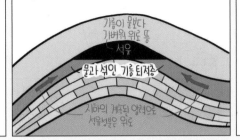

이 조건을 모두 충족해야 하기 때문에 **편재성**이 매우 심한 자원이지.

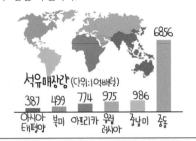

석유매장량 (단위:1억배럴)

아시아 태평양	북미	아프리카	유럽 러시아	중남미	중동
387	499	774	975	986	6856

우리나라도 신생대 제3기층이 있긴 하지만 배사 구조가 미약해 석유가 산출되지 않아.

황·남해 및 동해의 대륙붕에서도 석유 탐사를 하고 있지만 성공 단계는 아니고.

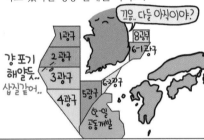

60~70년대까지는 대부분을 페르시아만 연안국에서 수입했지만 두 차례 석유 파동(oil shock)이후 **수입국을 동남아와 남미 국가들로까지 다변화**했어. 그리고 **해외 유전 개발**에 적극 참여하여 석유의 안정적 공급을 위해 노력하고 있지.

86

동력 자원4─
천연가스

natural gas

▶ **천연 가스.** 천연적으로 지하에서 발생하는 가스 중에서

탄화수소를 주성분으로 하는 가연성 가스만을 말해.

可 煙 炭

가능할 **가**　탈 **연**　성질 **성**
　가능　　연소

열효율이 높은데다 화석 연료 중 오염 배출이 가장 적어 **청정 연료**로 각광 받고 있어.

다만 수송과 저장의 편의를 위해 **액화**하여 (LNG) 사용한단다.

우리나라는 일본 다음으로 천연 가스를 많이 수입하는 국가로,

대부분 동남아나 중동에서 수입하고 있어.

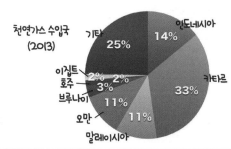

천연가스 수입국 (2013)

- 기타 25%
- 인도네시아 14%
- 카타르 33%
- 말레이시아 11%
- 오만 11%
- 브루나이 3%
- 호주 2%
- 이집트 2%

특히 대부분의 국가에서 다른 동력 자원에 비해 그 **비중이 증가**하는 속도가 매우 빨라.

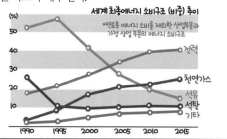

세계 최종에너지 소비구조 (비중) 추이
*연료용 에너지 소비를 제외한 사업부문과 가정 사업 부문의 에너지 소비구조

전력 / 천연가스 / 석유 / 석탄 / 기타

환경 문제가 중요한 만큼 앞으로도 사용 비중이 더욱 커질 전망이지.

각 에너지 자원이 세계의 소비량에서 차지하는 비중(%)
각 에너지 단위를 석유 기준으로 환산

	기타	천연가스	석탄	석유
2010년		24	30	34
2030년		26	27	28

석유보다는 덜하지만 편재성이 있어서 러시아에서는 이를 무기화하기도 하지.

천연가스 매장량 약 150조㎥
- 유럽 45
- 중동 52.5
- 러시아 56.7
- 북미 7.3
- 아프리카 11.2
- 아시아 오세아니아 10.3
- 남미 6.9

우리나라도 2004년 울산 앞 바다에서 천연 가스층이 발견된 후 일정량 **생산**되기도 해.

오~1해? 나 여기! 천연가스 나왔어!!

1광구 / 2광구 / 3광구 / 4광구 / 5광구 한・일 공동개발 / 6-1 광구 / 6-2광구

참, 요새 '셰일 가스(shale gas)'에 대한 관심이 매우 크지?

가스도 셰일을 다하네..
너를 셰일하고 싶다...

보통 천연 가스는 셰일층에서 생성된 뒤 위쪽으로 이동해 주로 원유와 함께 고여 있는 것이지만,

원유 비수반 가스 (수직시추) / 원유 수반 가스
덮개 암석층 / oil
사암층 / 셰일층

가스가 투과하지 못하는 암석층에 막혀 이동하지 못한 채, 갇혀있는 가스가 있다는 것을 이미 1980년대 알았어.

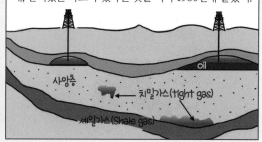

oil / 사암층 / 치밀가스(tight gas) / 셰일가스(shale gas)

그러나 더 깊은 곳까지 파야하고 암석층까지 뚫어야 해서 시추할 기술이 없다가 최근 가능해 진 거야.

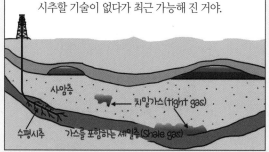

사암층 / 치밀가스(tight gas) / 수평시추 / 가스를 포함하는 셰일층(Shale gas)

전 지구가 60년은 쓸 수 있는 양이라고 하니 그야말로 고갈되어가는 화석연료의 희망이라고 할 수 있는 거지.

야, 근데 '화석 연료'라는 게 도대체 뭐냐?

동식물이 땅에 묻혀 돌처럼 굳어진게 화석(化石) 이잖아! 이렇게 유해가 화석화되는 과정에서 석탄, 석유, 천연가스 처럼 에너지로 사용할 수 있는 연료가 된 것이 **화석연료!**

化 될화...
石 돌석...

87

동력 자원의 소비 구조

energy resources

우리나라의 동력 자원 소비량은 산업화가 시작된 1960년대 이래 꾸준히 증가했어.

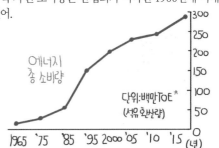

특히 경제 규모가 급격히 늘어난 1980~90년대에는 그 증가 속도가 매우 빠르지.

시대별 동력 자원의 비중을 살펴보면, 60년대 이전까지는 나무를 때서 에너지를 얻었어.

이를 한자어로 **신탄(땔감)**이라 하는데, 전체 에너지 소비의 80%이상을 차지했지.

薪 炭

나무할 **신**   숯 **탄**

그러다 1960년대에는 **석탄**이 주요 에너지원으로 등장했지.

1970년대에는 삼림 보호 정책과 연료 전환 정책으로 신탄의 소비량이 급격히 줄어들었고

공업 발전으로 많은 동력 자원이 소비되면서 고급 에너지인 **석유**의 비중이 크게 늘어나게 돼.

1980년대에도 꾸준한 경제 성장으로 석유의 비중은 더 늘어났을 뿐만 아니라

석탄도 공업용 원료로 쓰이는 역청탄의 때문에 8,90년대를 지나며 그 비중이 크게 커졌지.

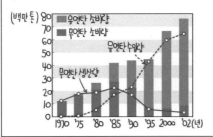

한편 늘어나는 전력 수용을 위해 1977년 고리에 **원자력** 발전소가 들어선 이래 원자력의 비중은 전체적으로 증가해 왔어.

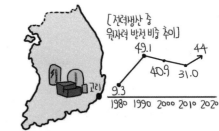

1986년이후 우리나라에 도입된 **천연 가스**도 발전용, 가정용으로 널리 이용되면서 비중도 점점 늘고 있어.

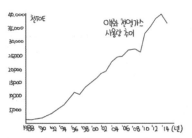

동력 자원의 소비 구조 변화를 한방에 정리하면 다음과 같아.

시탄중심 (50's) ➞
석탄중심 (60's) ➞
석유중심 (70's 이후) ➞
원자력 증가 (80's 이후) ➞
천연가스 증가 (90's 이후) ➞

다음 표에서도 확인할 수 있지?

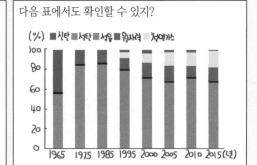

88

전력1 –

수력 발전

hydroelectric power

전기 에너지는 화력이나 원자력 같은 동력 자원을 통해서도 얻을 수 있지만 **떨어지는 물의 낙차**만을 이용해서도 얻을 수 있어. 수력은 재생 자원이면서도 오래 전부터 전력을 생산해 왔지.

전기생산 —
수력 — 물의 낙차를 이용 — 재생 자원
화력 — 석유, 석탄 등 연소
원자력 — 우라늄의 핵분열 이용
} 동력자원 소비

기본적으로 수력 발전은 **유량이 풍부**하고 **낙차가 큰 하천**이 유리해. 당연하지. 어떤 폭포가 더 세겠니? ^^

이렇게 어떠한 하천의 **낙차와 수량을 계산**하여 발전(發電) 가능한 정도를 나타낸 것을 **포장 수력**이라고 해. 감싸서 감추고 있는 수력이란 뜻이지.

包 藏 水力

감쌀 **포**　감출 **장**　**수력**

내**포**　매**장**
포함　저**장**

한반도에서 포장 수력이 큰 곳은 원래 북부 지방이기 때문에 일제 시대 때부터 여러 수력 발전소가 압록강, 청천강, 장진강 등의 중상류 지역에 세워졌어.

남한에는 한강, 낙동강, 금강 등의 중상류 지역에 풍부한 수량을 바탕으로 건설 되었고.

그러나 우리나라 지형은 기본적으로 풍부한 유량과 큰 낙차라는 요건을 동시에 충족하기 힘들어.

대하천이 흐르는 서쪽은 경사가 완만한 반면, 경사가 급한 동쪽에는 유량이 많은 하천이 없거든.

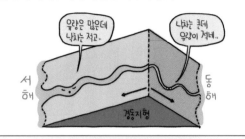

그래서 각 지역의 단점을 보완하고 장점을 활용하는 다양한 방식의 수력 발전소가 건설되었어.

발전 방식 - 이용조건

댐식 - 낙차(기본)
유역변경식 - 둘로서저지형
양수식 - 밤의 잉여전력
수로식 - 곡류천의 유로 직선화
저낙차식 - 낙차는 작으나 큰 수압

우리는 more에서 자세히~

수력 발전은 지형적 조건을 활용하기 때문에 **운영비가 저렴**하다는 장점이 있지만

야, 우리 전기 만드는데 얼마들지?

물떨어지는데 돈드냐?

발전소 뿐만 아니라 댐을 건설해야 하기 때문에 **초기 건설비와 시간**이 많이 들어.

게다가 발전소가 입지하는 곳은 전력의 주요 소비지와 먼 하천의 중상류 지역이므로

전기를 보내는 **송전(送電)비**가 많이 들고 송전시 전력이 손실되는 문제가 있어.

거기다 우리나라는 **계절적 유량 변동**이 커서 이용률도 현격히 낮지.

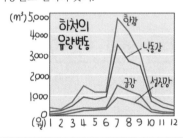

실제 발전량은 사실 전체의 1% 정도로 미미해.

환경적으로도 **오염 물질을 배출하지 않는 장점**이 있는 반면,

수몰 지역이 생기는 문제점과

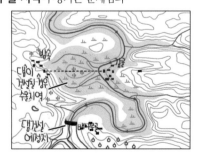

주변 지역에 **안개나 냉해**가 증가하는 등의 **환경 변화**를 초래하기도 해.

댐식 발전*

명명백백 more

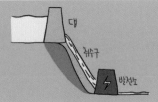

가장 기본적인 수력 발전 방식이야. **낙차가 큰 지역의 상류에 댐을 만들어 물을 가두고 낮은 곳에 발전소를 만들어 전력을 생산**하지. 북한강 상류의 소양강 댐과 남한강 상류의 충주 댐에서 댐식 발전을 하고 있어.

유역 변경식 발전*

流 (흐를 **유**) / 域 (영역 **역**) / 變更 (**변경**) / 式 (법 **식**)

명명백백 more

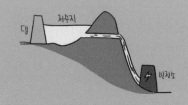

유역 변경식 발전은 한반도가 동고서저 지형이라는 것을 배울 때 이미 했지? 말 그대로 **하천 유역을 변경하여 다른 곳으로 유로를 틀어 발전**을 하는 방식이야. 왜 유로를 변경하냐고? 유량이 풍부한 하천이 흐르는 지역의 경사가 충분히 급하지 않기 때문이겠지. **경사가 급하지 않은 지역에 댐을 만들어 물을 가두고** 산에 도수(導(인도할 도. 유도, 주도) / 水(물 수)) 터널을 뚫어 **경사가 급한 반대쪽 사면으로 물을 흘려 보내** 발전을 하지. 북부지방의 부전강, 장진강, 허천강 발전소와 강릉 발전소가 대표적으로 유역 변경식 발전을 하고 있어. 다만, 강릉 발전소는 고랭지 지역에서 배출되는 비료 성분과 축산 폐기물이 도암 댐으로 흘러 들어 수질 오염 문제가 발생해 현재 발전을 중지한 상태야.

수로식 발전*

水 (물 **수**) / 路 (길 **로**) / 式 (법 **식**)

명명백백 more

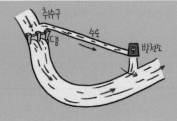

명명백백식으로 풀어보면, 새로운 물 길을 건설하여 발전을 하는 방식이로군. 유역 변경식과 비슷하지만 강의 유역 자체를 뒤바꾸는 건 아니고 본류 근처의 적절한 곳으로 물길을 좀 바꾸는 거야. 태백산맥의 융기 때문에 한강 상류에서 감입 곡류 하천이 나타난다는 것 기억하지? 이렇게 곡류하는 하천의 경우 경사가 급하다 하더라도 낙차 효과를 감소시켜. 그래서 **곡류천 본류 밖의 경사가 급한 지역에 직선의 수로를 건설하여 물 길을 바꿔 발전**을 하지. 우리나라에서는 강원도 화천에서 수로식 발전소를 볼 수 있어.

저낙차식 발전*

低 (낮을 **저**) / 落 (떨어질 **락**) / 差 (차이 **차**) / 式 (법 **식**)

명명백백 more

엥? 낙차가 적은데 발전을 한다? 대신 뭔가가 있겠지. 이건 주로 하류에서 유량이 풍부하여 그 자체의 수압으로 발전을 하는 방식이야. 그래서 댐과 발전소를 각각 만드는 것이 아니라 댐의 하부에 발전기를 설치하지. 북한강과 남한강이 만나는 곳에 위치한 팔당댐이 바로 대표적인 저낙차식 발전을 하는 댐이야.

양수식 발전*

揚 (올릴 **양**) 부양, 찬양 / 水 (물 **수**) / 式 (법 **식**)

명명백백 more

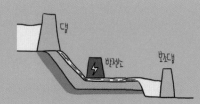

양수는 물을 높은 곳으로 끌어올리는 거군. 어? 그럼 전력이 들텐데? 그렇게 전기써서 올렸다가 또 전기 만들겠다고 떨어뜨리면 뭐하나? 그건 전력이 많이 소비되는 시간대는 낮이라 밤에는 전력이 남기 때문이야. **밤에 잉여 전력을 이용해 하류의 보조 댐에 가둔 물을 상류 댐으로 퍼 올렸다가 전력 소비가 많은 낮에 흘려 보내 발전량을 늘려.** 또 실제로 우리나라의 수력 발전 가운데 양수식 발전이 차지하는 발전량의 비중이 높은 편이야. 대표적으로 양양, 무주, 삼랑진, 산청 지역에서 양수식 발전이 이루어지고 있어. 이러한 양수식 발전은 같은 물을 반복해서 사용하므로 **하천의 유량 변동의 영향을 거의 받지 않고** 항상 발전이 가능해. 계절별 유량 변동이 심한 우리 나라 기후 조건에 적합한 발전 양식이지.

89

전력2–
화력 발전

thermal electric power

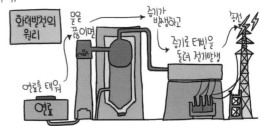

화력 발전. 불을 이용하기 위해서는 결국 뭔가를 태워야 해. **발열량이 매우 높은 연료**가 필요하지.

따라서 화석 연료나 천연 가스를 끊임없이 투입해야 하기 때문에 **운영비**가 많이 들어.

이들은 대부분을 **수입에 의존**하는데다 가격은 계속 상승하고 언젠가 **고갈**되는 문제도 있지.

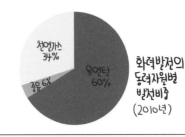

또한 연소 과정에서 필연적으로 이산화탄소와 **대기 오염 물질**을 배출하게 된단다.

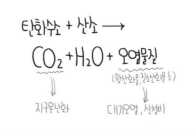

그럼에도 불구하고 화력 발전은 현재 우리나라의 발전량 가운데 **가장 큰 비중**을 차지해.

화력 발전의 원료인 화석 연료는 어느 곳이든 운반이 가능하기 때문에

전력 소비가 많은 대도시나 공업 지역 주변에 입지하는데,

이렇게 소비지와 가깝다 보니 **송전비가 적게** 들어.

게다가 발전 기술이 어렵지 않고 **저렴한 건설비의 발전소**만 지으면 되는 등, 가만보면 참 장점이 많은 연료란다.

90

전력3-
원자력 발전

nuclear power

천연 상태에서 어떤 원소들은 원자의 상태가 너무 불안정하여 스스로 에너지를 내쏨으로 붕괴하고 점점 안정한 상태로 변하는데,

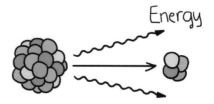

이렇게 에너지를 내뿜는 **방사성 원소** 중

放 射 性
내놓을 **방**　쏠 **사**　성질 **성**
방목/석방

대표적인 것이 **우라늄**이야.

고물의 형태로 존재하는 우라늄

이때 **원자가 내쏘는 방사능을 이용하여 전력을 생산**하는 것이 바로 원자력 발전이지.

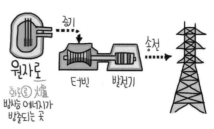

원자로
화로(爐)
방사능 에너지가 발출되는 곳

터빈　발전기
증기
송전

우라늄은 독일의 화학자에 의해 발견되었는데, 당시 새로이 발견된 천왕성의 이름을 따서 명명했단다.

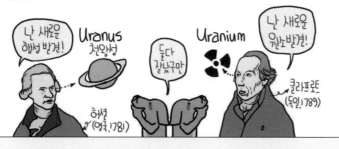

난 새로운 행성 발견!
Uranus 천왕성
둘다 같나구만
Uranium
난 새로운 원소발견!
허셜(영국,1781)
클라프로트 (독일,1789)

비교적 고르게 매장되어 있고 가채연수가 240년 정도일만큼 양도 풍부하며 가격도 싼 편이야.

카자흐스탄 2위 82만톤(17%)
러시아 17만톤(4%)
캐나다 44만톤(9%)
니제르 23만톤(5%)
몽골 6만톤(1%)
우라늄 매장국 (2008)
미국 34만톤(7%)
나이지리아 28만톤(6%)
남아공 34만톤(7%)
호주-1위 114만톤(24%)
브라질 27만톤(6%)

그러나 우리나라에 매장된 우라늄은 소량이며 질도 낮아 전량 **수입**에 의존하지. 원자력을 대체할 마땅한 방안도 없어 수입량도 점점 증가하고 있고.

아니 양도 많고 고르게 분포한다면서 그것조차도 없냐?
대신 훌륭한 인적 자원이 많잖아 이 만국님처럼~

비록 원석은 수입하지만 우리나라의 발전 기술은 세계적 수준이야. 발전소와 기술을 함께 수출하는 것을 의미하는 원전(原電) 수출에도 두각을 보이고 있다고.

1. 미국
2. 프랑스
3. 일본
4. 러시아
5. 독일
6. 한국

세계 5위 수준의 원전 강국!! 오~ 마이 코리아!

원자력 발전소는 핵분열의 연쇄 반응을 조절하기 위해 다량의 물이 필요해. 그래서 **물을 얻기 쉽고,**

치~익
오호~ 바다에 지으니 냉각수 걱정 끝!
우쒸 나니가 수온을 높여서 환경이 나빠졌어

전력 수요가 많은 해안가의 공업 지역 주변에 원자력 발전소가 분포한단다. 원자력 발전의 분포와 발전량(31.5%)을 화력(64.9%) 및 수력 및 기타 (6.3%)와 비교해 보렴.

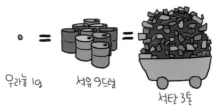

발전 시설 용량 (2015)
(천 kW)

● 화력 발전소
● 수력 발전소
● 원자력 발전소

원자력의 가장 큰 장점은 적은 자원으로도 많은 에너지를 만들 수 있다는 거야. 그러니 **운영비가 적게 들고 발전 단가도 저렴**하겠지.

우라늄 1g = 석유 9드럼 = 석탄 3톤

같은 양의 에너지를 내는데 필요한 자원

게다가 관리만 잘 한다면 이산화탄소와 같은 **환경 오염물질의 배출이 거의 없는** 장점이 있단다.

발전원별 이산화탄소 배출량 (단위: g-CO2eq/kWh)

석탄	석유	LNG	원자력
991	782	549	10
태양광	바이오	수력	풍력
57	70	8	14

하지만 **발전소의 건설에 많은 기술과 비용**이 들어가는 것은 단점이야.

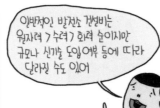

일반적인 발전소 건설비는 원자력 > 수력 > 화력 순이지만 규모나 신기술 도입여부 등에 따라 달라질 수도 있어

또한 필연적으로 **방사성 폐기물**이 발생하고, 최악의 경우 방사능 유출의 위험이 있는지라

1년쓴 우라늄은 2/3이상 붕괴되고 1/3이상은 연료가치가 없어서 폐기처분돼

지역 주민들이 원자력 발전소가 들어서는 걸 기피하기 때문에 **입지 선정**에 항상 어려움을 겪어.

결사반대
내눈에 돌이 들어가도 안돼!
NO 원자력

특히 1977년 1호기 원전였던 고리, 월성 발전소 등은 노후화에 대한 불안 요인들로 안전하게 폐쇄, 해체하는 방안이 추진중이야.

처음 설계 수명 30년도 지났고 근처에서 자꾸 지진도 발생해. 때되면 가야지.. 쿨럭

원자력 발전소는 무엇보다 안전! 방사능이 새지 않도록 지반이 튼튼한 곳에 발전소를 짓고 폐기물 관리를 철저히 해야 해.

일반건물
원자력 발전소
그 어디보다 내진설계가 중요해
타지반
암반   진동

명명백백 Special 7) 발전 설비 용량? 발전량? 발전 단가?

발전 설비 용량? 발전량? 둘의 차이가 무엇인지 헷갈리지 않니? 헷갈리는 건 그냥 못넘어가지. 그러라고 Special이 있는 것 아니겠어?

발전 설비 용량은 발전 설비가 **최대로 생산할 수 있는 전력량**을 말하는 반면, **발전량**은 발전 설비가 **실제로 만들어 낸 전력량**을 말해. 발전 설비를 그릇에 비유했을 때, 그릇에 최대로 담을 수 있는 물의 양을 발전 설비 용량이라고 한다면, 현재 담겨 있는 물의 양은 발전량이라고 할 수 있어. 둘은 일치하지 않는 경우가 많은데 이는 전력 수요나 원료의 가격에 따라 탄력적으로 전력을 생산하기 때문이야. 한편, **발전 단가(單價)란 전력을 생산하는데 드는 총비용을 전력량으로 나눈 값**으로, 단위는 원/kwh을 쓰고, 총비용은 건설비와 연료비를 포함한 운영비 등을 합한 값이야.

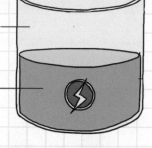

발전설비용량

발전량

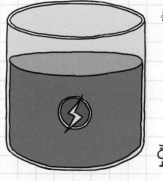

화력

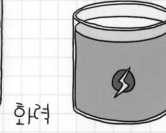

원자력

수력

화력 발전은 발전 설비 용량이나 발전량 모두 가장 많아. 발전소의 입지나 건설의 제약이 적기 때문이야. 화력 발전 가운데 석탄을 이용하는 발전 설비 용량과 발전량이 가장 많은데 대부분 유연탄을 태워. 천연가스의 발전 설비 용량과 발전량 또한 많은 편이고, 상대적으로 석유는 가격이 비싸 비중은 매우 적어. 이렇게 화석 연료가 끊임없이 소모되기 때문에 발전 단가는 높단다.

원자력 발전은 **발전 설비 용량의 비중에 비해 발전량의 비중이 큰데** 이는 그만큼 발전 설비를 **실제로 가동한 비율이 높다**는 것을 의미해. 원자력 발전은 평균적으로 95% 이상의 가동률을 보이는데 그 이유는 특성상 한번 가동하면 멈추기 어렵고 연료비가 적게 들기 때문이야. 그 덕분에 발전 단가도 가장 낮아.

수력 발전은 **발전 설비 용량도 적지만 특히 발전량이 적어.** 우리나라는 자연적 조건 때문에 **수력 발전소의 규모가 작을** 뿐만 아니라 계절적 유량 변동이 커. 그러다 보니 주어진 발전 설비 용량보다 발전을 하지 못하는 때가 많아서 **가동률도 매우 낮은데,** 평균적으로 11% 밖에 안돼. 그래서 수력 발전의 경우 운영비가 적게 들지만 발전량이 워낙 적기 때문에 발전 단가는 오히려 높은 편이야.

그럼, 최근의 발전 설비 용량, 발전량, 발전단가의 순위를 매겨볼까?

발전 설비 용량 : 화력(64.3%)〉원자력(24.6%)〉수력(7.6%)〉기타(3.5%)

발전량 : 화력(64.9%)〉원자력(31.5%)〉수력(1.1%)〉기타(3.6%)

발전 단가 : 화력〉수력〉원자력

91

신·재생 에너지

renewable energy

재생 에너지. 말그대로 계속 되살아 나는 에너지,

再生
다시 재 살 생
재현 생산

고갈되지 않고 계속해서 얻을 수 있는, 그야말로 꿈과 같은 **에너지**지.

= renewable

비재생자원은 매장량에 한계가 있기 때문에 세계 각국은 신·재생 에너지 개발에 노력을 기울이고 있어.

석유의 가채연수가 40년이래매?

후덜덜.. 어서 대비해야 겠는걸

거기다 환경 오염을 거의 유발하지 않아 더욱 환영 받고 있지.

탄소 제로, 에너지 제로
그린에너지 만이 살 길이다
저탄소 녹색성장

아직은 초기 건설비가 많이 들고 에너지 효율이 떨어지지만

에너지 효율의 상대적 비교

(x축: 카테고리 내에 화학적으로 다른 종류의 에너지원이 있음을 의미)

신·재생 에너지의 발전 비중은 계속 늘고 있고, 그래야만 해.

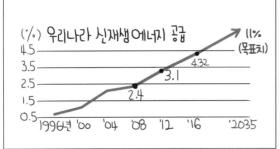

(%) 우리나라 신재생 에너지 공급
11% (목표치)
4.5
3.5 — 4.32
2.5 — 3.1
1.5 — 2.4
0.5
1996년 '00 '04 '08 '12 '16 '2035

그러나 아직도 우리나라는 실용화율이 낮고 기술 수준도 미흡하다고 평가받고 있어.

신, 재생 에너지 의존비중 (미국 CIA, 2015)

구분	한국	OECD 평균	덴마크
의존율(%)	1.9%	12%	43.1%
	미국	독일	스페인
	7.4%	41.2%	30%
	일본	프랑스	포르투갈
	3.8%	11.2%	29.4%

이를 **고효율화, 실용화**하는 기술 개발이 시급하단다.

그럼 이제부터 신재생에너지엔 어떤 것들이 있나 야물딱지게 알아보자~

▶ **태양열(광) 발전 : 태양열을** 이용해 가정용 냉난방을 해결하거나

태양열을 받아들이는 시설
지붕부
태양열을 저장하는시설
축열부
온수 난방

태양전지를 이용해 **태양광을 흡수**하여 전력을 생산하는 거야.

태양에너지를 받아들여
전류를 만드는 시설
전류를 저장하는 시설
태양전지판
축전지

우리나라는 진주-대구-안동 등 남부 지역이 일사량이 많아 유리해.

태양광(열) 자원 적합도
단위: 지표면 1m²당 MJ(메가줄)
4000 4250 4500 4750 5000 5250 5500

▶ **풍력 발전** : 바람의 힘으로 터빈과 연결된 바람개비를 돌려 전력을 생산하는 발전 양식이야.

풍속이 강하고 방향이 일정한 **항상풍**이 부는 지역에 입지하는 것이 유리하므로,

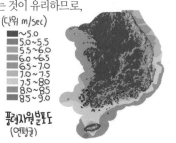

해안이나 섬, 고원 지역 등에 풍력 발전기가 많이 설치되어 있어.

풍력 발전 기술은 단순한 편이기 때문에 발전 단가가 저렴해진다면 발전 비중이 높아질 가능성이 커.

아직은 발전 비용에 비해 발전량이 적어서 발전단가가 비싼 편이지만, 미래엔..

$$발전단가 = \frac{발전비용}{발전량}$$

▶ **(소)수력 발전** : 이것도 당연히 재생 에너지야. 물의 낙차를 이용하잖아. 앞에서 한거지?

수력발전은 바로앞에서, 소수력 발전은 자연지리 울릉도편에서 자세히 설명했으니 참죠하고, 에서 패스~

▶ **조력 발전** : 조력(潮力)은 달의 인력에 의한 해수의 상하 운동으로 발생하는 힘이야. 자연지리편 Special '바닷물과 관련된 용어 정리' 편을 참조하렴.

그 힘은 바로 이 밀·썰물의 수위차에서 오는 거란다.

조수 간만의 차

즉 조수간만의 차가 큰 해안에 방조제를 설치해서

요런 둑의 건설 자체가 환경에 안좋을 수있어

방조제

아무리 조력 자체가 재생에너지라지만..

밀물 때 방조제를 막았다가 썰물 때 열고 그 수위차를 이용하여 전력을 생산하는 방식이야.

우리나라에서는 **조차가 큰 경기만 일대** 지역이 조력 발전에 유리해.

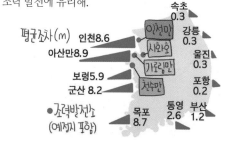

▶ **조류 발전** : 조류는 바닷물의 흐름이랬지? 조류 발전은 빠른 해수의 흐름을 이용해서 발전을 하는 거야.

풍력이 공기의 흐름을 이용한다면, 조류는 바닷물의 흐름을 이용하는 거야~

유속을 이용하여 터빈을 돌리기 때문에 바닷 속이 갑자기 좁아지는 곳처럼 유속이 빠를수록 유리하지.

수면형 터빈

잠수형 터빈

남해안은 섬 사이의 조류 흐름이 특히 빨라서 조류 발전에 적합해.

그중 울돌목에는 이미 시험용 조류 발전소가 가동 중이지.

다만 조력 및 조류 발전은 물 때의 주기가 있어 하루 종일 일정한 양의 전력을 생산할 수 없는 단점이 있어.

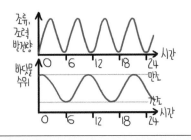

▶ **파력 발전 : 파도의 상하 운동**을 이용, 바다에 떠있는 펌프도 함께 상하 운동을 하면서

바닷물을 터빈 쪽으로 밀어내 전기를 생산하지. 펌프 내부에 터빈이 달려있는 경우도 있고.

우리나라는 **동해나 해안에서 먼 섬** 등, 파도가 센 지역을 중심으로 개발에 노력중이야.

▶ **지열 발전 :** 화산 활동이 활발한 지역에서 **뜨거운 지하수나 증기를 이용**해 전력을 생산하는 방식이야.

한반도는 화산 활동이 활발한 지역이 아니기 때문에 지열 발전이 어렵지만

지각판의 경계에 위치한 필리핀, 아이슬란드, 뉴질랜드 등에서는 이 방식으로 많은 전력을 생산하지.

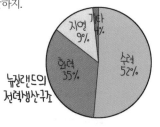

▶ **폐기물 재생 에너지 :** 생활 수준이 향상되고 산업이 발달하면서 매일 대량의 폐기물이 발생하는데

그 중에서 에너지를 포함하고 있는 것들을 **가공·처리 해서 쓸 수 있는 에너지로** 이용하는 거야.

에너지를 얻을 뿐만 아니라 폐기물 양도 크게 줄어 일석이조의 효과가 있지.

우리나라의 신, 재생에너지 가운데 이 폐기물이 차지하는 비중이 가장 크고 앞으로도 그 활용이 증가할 것으로 예상돼.

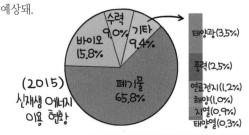

184

▶ **바이오 에너지:** 바이오(bio)에너지는 무엇이 되었든 유기체로부터 얻은 에너지를 말해.

유기물을 에너지원으로 이용할 수 있다면 재생이 가능하며, 물과 온도 조건만 맞으면 지구 어느 곳에서나 얻을 수 있는 등 장점이 많을거야.

식물성 유지를 사용하는 **바이오디젤**이나 녹말 작물을 발효해서 얻는 **바이오 에탄올** 등의 상용화 연구가 세계적으로 한창이지.

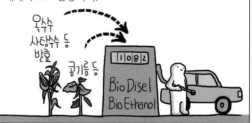

우리나라에서는 음식물 쓰레기, 가축 배설물 등을 이용하는데, 이들이 분해될 때 나오는 **메탄 가스** 등을 모아두었다가 연료로 쓰거나 이를 이용해 전력을 생산해.

▶ **신에너지 :** 이밖에도 **연료 전지**나 **석탄 액화 가스** 등 세계는 신에너지의 개발을 위해 소리없는 전쟁을 하고 있다고!

92 지하 자원

지하 자원은 말 그대로 땅 속에 있는 자원!
금속 광물, 비금속 광물, 에너지 자원 등을 모두 말해.

금속광물 비금속광물 에너지자원

자연에서 산출되는 무기성(無機性, mineral) 의 고체 결정질을 말하는

無 機

없을 **무**   기능 **기**

이때의 '기'는 생물학적 기능을 말해. 생명체적인 측면이 전혀 없다는 거야!

'**광물**'자원과도 같은 의미로 쓰이지.

鑛 物

쇳돌 **광**   물질 **물**

한반도는 오랜 시간동안 형성된 다양한 종류의 지질이 섞여 있어.

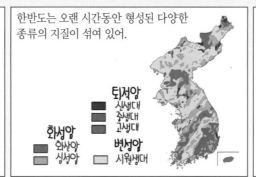

매장되어 있는 지하 자원의 종류가 300여 종이나 되지만,

경제적 가치가 있는 것은 30여 종에 불과하고 그마저도 매장량이 적고 질이 낮아. 있는 것도 거의 다 북한에 매장 되어 있어 산업용 광물 대부분을 **수입**하고 있지.

	북한	한국	수입의존율(%)
금	2000	111	96.2
은	5000	1532	95.0
동	290만	5만6000	100
아연	2110만	56만	100
철	500억	2000만	99.5
니켈	3만6000	0	100
흑연	200만	6만3000	99.4
석회석	1000억	85억	2.1
마그네사이트	40억	0	100
인회석	1015천만	0	100

주요 광물자원 현황
(단위: 톤)

그나마 **무연탄과 석회석, 텅스텐, 고령토** 등의 매장량이 풍부한 편이야.

주요 지하자원의 가채연수

(연)

석탄 청광석 아연 구리 납 텅스텐 석회석

주요한 지하 자원의 쓰임과 분포를 좀더 자세히 살펴볼까?

물받! 뚝 떨어지면 꿰맸을거?

▶ **철광석** : 철을 함유하고 있는 원석(原石)이야. 이걸 가공하여 얻는 철은 **산업의 기본적 원료**지.

뭐하나 철없이 만드는게 있나? 천없는 울 아들 빼고.

주로 **관북, 관서지방**에 매장되어 있고 그 외 지역의 것은 품위가 낮아 경제성이 없어.

무산 회령
신의주
이원
개천
은율 양양
재령 충주
울산
물금

철광석 분포지

우리나라에서는 대부분을 **수입**해야 할 수 밖에.

캐나다 3.9%
남아공 5.1%
연간 철 7,350만톤 (2014년)
브라질 20%
기타 1%
오스트레일리아 70%

▶ **텅스텐 (tungsten)**: 스웨덴어로 '무거운 돌'을 뜻해서 **중석(重石)**이라고도 불러.

tung
무거운
sten
돌

어떤 광물인지 감이 안 오지? 백열 전구의 필라멘트가 바로 텅스텐이야.

텅스텐은 가공성이 좋고 높은 온도에서도 강해 잘 안끊어지거든.

근데 밝기는 니가 더 밝다~ㅡ

매우 단단하기 때문에 철에 텅스텐을 합금하여 **특수강**을 만드는데 활용 되고 있어.

너두 텅스텐 코팅해
한 꺼번에 되?
부럽..

특수강   철강

우리나라에도 많지만 현재는 값싼 중국 제품을 **수입**하는 게 훨씬 경제적이야.

1950, 60년대만 해도 백년, 상동 등의 텅스텐 탄광이 호황이었지

백년
상동
텅스텐 분포지

▶ **석회석** : 우리나라에서 거의 유일하게 풍족한 지하자원이야.

그래서 우리나라도 수출을 좀 하긴 하지만, 석회석은 세계적으로 풍부한 자원인데다 중국이나 아프리카가 싸다보니 그닥 돈이 안돼.

서유나 좀 나지..

가채 연수를 백년이 넘는 것으로 보고 있어.

• 철광석: 주로 관북, 관서 지방에 매장, 대부분 수입
  철강산업의 주원료

• 텅스텐: 특수강 제조에 사용
  남한에 대량 매장 but 싼 중국산 이용

• 석회석: 가채연수가 가장 김
  시멘트 공업의 원료

• 고령토: 도자기·내화벽돌의 원료

분필은 아직 필요 없겠군 앞으로 필기량 10배로!

고생대 조선계 지층에 묻혀있기 때문에 **평안남도와 강원도**에 주로 분포하고 있으며 **시멘트 공업의 원료**라는 것 등은

지향사

평양
영월 삼척
단양
석회암 지역

모두 자연 지리편 카르스트 지형에서 설명한 내용!

완전 베꼈는데..?
그다지 자나
호린 타입..
글치,글치..??
KARST 카르스트 지형

▶ **고령토** : 중국 고령산에서 많이 나는 점토라 '고령토'라 했는데, 예로부터 이걸 가지고 자기를 만들면 품질이 뛰어났대.

오~,내사랑
고령토마냥
잘 빚어지는구만

Oh~ my love~
my darling~

지금은 **도자기**나 **벽돌** 뿐만 아니라 **내화성** 등을 이용한

확~ 할

耐 火
인내할 **내** 불 **화**

내진
감내

다양한 **첨단 신소재**로 각광받고 있지.

인공뼈, 우주선,
자동차, 항공기 등
다양한 곳에 쓰이고
있다고~

우리나라에서는 산청이나 합천 등 **경상남도 서부의 산지** 지역에 많이 묻혀있어.

남

산청
하동 합천

고령토 분포지

93

자원 문제

자원 소비는 산업화, 공업화와 밀접한 관련을 맺고 있어.

동력자원

원료자원

우리나라도 1960년대 이후 본격적인 산업화와 함께 자원 소비량이 급증하게 되었지.

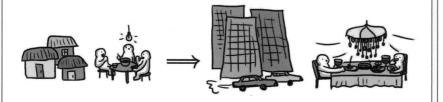

그런데 우리나라는 산업화에 꼭 필요한 자원의 양이 절대적으로 부족해.

신이시여
자원이 부족하여
산업화가 어렵습니다

방법이 다
있느니라..

니가 알아서 해..

꼬레아
망에
안드심?

그래서 주요한 동력 자원인 석유나 역청탄 등은 전량 수입해야 해.

철광석과 같은 광물 자원의 매장량도 매우 빈약한데다 그나마 거의 북한에 있어.

석회석, 고령토 같은 일부 비금속 광물을 제외하고는 지하자원의 부존량*은 거의 의미가 없다고 봐야해.

아니, 2·30년쓰고 없어지면 애들은 어째? 걍 낑겨두고 수입하는 게 낫겠군.

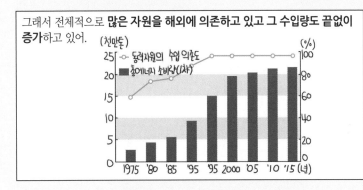

그래서 전체적으로 **많은 자원을 해외에 의존하고 있고** 그 수입량도 끝없이 **증가**하고 있어.

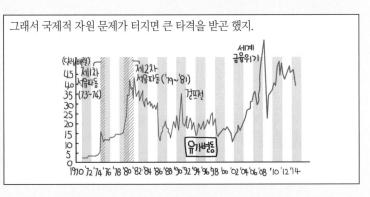

그래서 국제적 자원 문제가 터지면 큰 타격을 받곤 했지.

뿐만 아니라 경지가 부족하고 인구 밀도가 높아 쌀을 제외한 **식량 자원의 해외 의존도**도 해마다 높은 편이야.

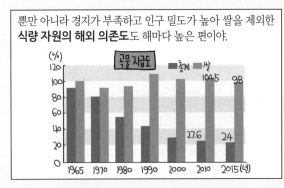

물의 경우도 알고 보면 소비량은 늘어나지만 공급량은 모자라

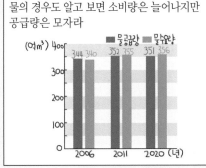

머잖아 **부족 현상**이 심각할 것으로 예상되는 자원이야.

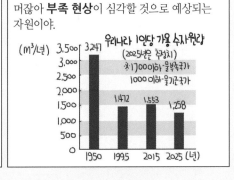

이러한 종합적인 자원 부족 문제의 해결 방안으로는 **자원 보유국과의 관계 증진**이나

수입국 다변화를 통한 자원 확보의 안정성 강화,

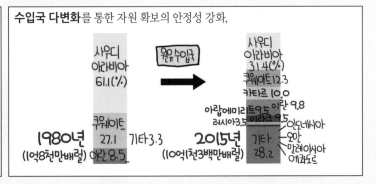

해외 자원 개발,

해외 석유 개발 사업
- 생산사업
- 개발사업
- 탐사사업

자원 절약,

그리고 재생 가능하고 오염 없는 **대체 자원의 개발**과

자원의 재활용 등을 들 수 있어.

🙂 부존량*
賦 (매길 **부**) 천부 / 存 (있을 **존**) 존재 / 量 (헤아릴 **양**) : reserves

명명백백 more

(값을) 매길만한 존재량이란 뜻으로, 단순 매장량이 아니야. 전체 자원의 매장량 가운데 **현재 시점에서 매장량이 확인되어 합법적으로 채굴할 수 있고 경제성이 커서 실제로 이용될 수 있는 자원의 양**을 말해.

---

bonus 심바의 보너스 시사 읽기* — 한국인, 이대로는 안돼!

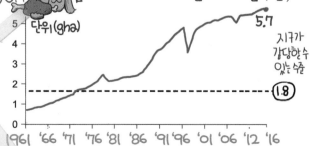

혹시 살면서 '모든 사람들이 나처럼 이렇게 쓰레기를 버린다면 지구가 남아 날까?' 라는 생각을 해본 적 없니? **생태 발자국**은 1996년 캐나다 경제 학자인 마티스 웨커네이걸과 윌리엄 리스가 개발한 개념으로 **한 사람이 살아가는 데 드는 모든 자원을 생산하는데 든 비용과 쓰레기를 처리하는 비용을 합하여 땅의 면적** (발자국 크기)으로 나타낸 거야. 선진국의 생태발자국이 압도적으로 크지. 우리나라의 1인당 생태발자국은 2016년 5.76gha로 세계 20위 수준인데 그만큼 지구에 몹쓸짓을 하고 있다는 뜻이야. 세계 사람들이 모두 우리나라 사람처럼 산다고 가정하면 지구가 3.3개가 필요하다고 하더군. 지구가 감당할 수 있는 수준은 1.8gha 정도라고!

94 자원과 공업

resources & industry

자원과 공업은 뗄 수 없는 관계야. 지하 자원은 핵심적인 원료가 되고 동력 자원은 공장을 가동시키니까.

따라서 현대 **공업의 발달**은 지하 자원과 동력 자원의 활용 기술을 그 토대로 하고 있어.

지금까지 보았듯이, 우리나라는 자원이 부족한 데도 눈부신 공업화를 이룬 건 참 대단해~!

시멘트, 철강, 정유 공업은 가장 중요한 기간 산업으로 꼽혀. 이는 각각 **석회석, 철광석, 원유**를 원료로 사용하지.

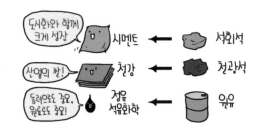

따라서 일차적으로는 각 자원을 얻기 쉬운 지역에 공장이 입지하므로 **시멘트**는 **석회석 산지**에,

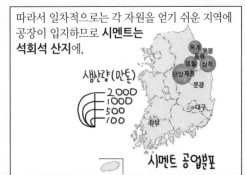

철강과 정유 공업은 원료 수입항이면서 이들을 이용한 공업들이 밀집한 **해안 지역**에 입지해 있지.

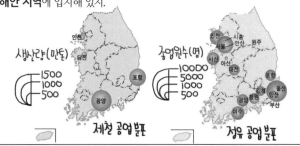

우리나라의 각 공업 지역은 뒤에서 다시 보게 될거야!

95 자원 개발과 지역 변화

change of resources and industrial regions

국가는 자원을 개발하여 국부를 창출하는데, **자원의 개발은 곧 해당 지역의 변화**를 가져오게 마련이야.

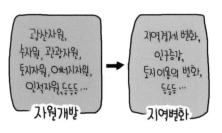

자원의 가치가 지역의 부침과 직결된 예로 석탄 산지를 들 수 있어.

우리나라 산업화 초기에 무연탄은 환영받는 자원이었어.

태백산맥의 탄전 지대는 일자리가 생기니 인구도 늘고 각종 상업, 서비스업이 성장했으며

산업 철도가 부설되어 교통 조건도 개선되었지. 도시가 활기를 띠게 된 거야.

하지만 1980년대 말부터 채굴 조건이 악화되었을 뿐만 아니라

광부들의 임금이 높아져 채산성이 떨어졌어.

게다가 석유나 천연가스에 대한 수요가 증가한 반면 석탄 수요는 감소했지.

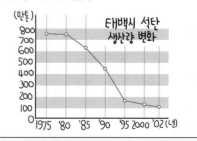

이에 정부는 1987년부터 경제성 있는 탄광만을 육성하는 **석탄 산업 합리화 정책**을 폈어.

이후 오랫동안 **인구가 감소**하고 **지역 경제가 침체**되자 이를 타개하고자

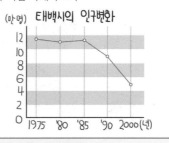

주민들은 **관광 자원과 위락 산업을 개발**하였고 최근 점점 활기를 되찾고 있지.

96 공업의 발달사

history of industry

공업. 자원과 기술을 투입하여 보다 가치가 높은 제품을 생산하는 활동이야.

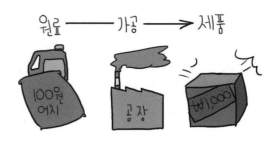

공업의 발달로 우리는 유례없는 물질적 풍요를 누리고 살잖아?

하지만 **근대 이전**의 전통 공업은 집에서 손수 물건을 만드는 **가내수공업** 형태였어.

특정 지역에 원료가 풍부한 경우 지방 특산물로 유명세를 떨치기도 했지.

근대적 형태의 공업은 일제 강점기에 시작되었는데 초기에는 **소비재 중심의 경공업**이,

후기에는 **병참 기지화 정책**으로 군수 물자와 비료를 생산하는 **중화학 공업**이 발달되었지.

해방과 6.25 전쟁 후 남한은 산업 시설과 자본이 모두 빈약했지만 상대적으로 노동력이 풍부했기 때문에

섬유, 신발, 밀가루, 설탕 등 **노동 집약적 경공업**이 발달했어.

70년대에는 정부가 **중화학 공업 육성** 정책과 수출 지향 정책을 펴면서

남동 임해 공업 지역을 집중적으로 육성했고

80년대 이후에는 국내 임금이 상승 하면서 **노동 집약적인 경공업은 쇠퇴**하거나

해외로 공장을 이전하기도 했어. 이러한 현상을 산업공동화라고 해.

반면에 우수한 인적 자본을 활용한 기술 집약적인 **첨단 산업**이 꾸준히 발달했지.

첨단 산업은 우수한 인력을 얻기 위해 대도시나 근처 쾌적한 중소도시에 입지하는 것이 특징이야.

파주LG전자
선호
이천SK전자
수원S전자
대전 대덕연구단지

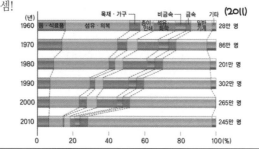

마지막으로 지금까지 했던 업종별 공업의 구조의 변천사를 그래프로 확인하셈!

(년) | 목재·가구 | 비금속 금속 | 기타 (2011)
1960 — 28만 명
1970 — 86만 명
1980 — 201만 명
1990 — 302만 명
2000 — 265만 명
2010 — 245만 명

음·식료품 섬유·의복 종이인쇄 석유화학 일반기계

0 20 40 60 80 100(%)

봐, 점점 비금속, 금속, 석유 화학, 일반 기계 등의 자본, 기술 집약적 중화학 공업의 비중이 매우 높지?

공업의 분류* industry classification

명명백백 more

기준	분류	주요 제품
생산물 종류	경공업	식료품, 섬유, 인쇄, 출판
	중공업	철강, 비철 금속, 기계
	화학공업	석유 화학, 제지, 펄프
	첨단 공업	반도체, 정밀전자, 바이오
제품용도	생산재 공업	철강, 비철 금속, 화학, 기계
	소비재 공업	가전, 식료품, 의복, 잡화
입지유형	원료 지향 공업	시멘트, 요업, 철강, 비철 금속
	시장 지향 공업	청량 음료, 인쇄, 출판, 의복
	적환지 지향 공업	철강, 정유, 석유 화학, 제당
	노동 지향 공업	조립, 신발, 봉제, 완구
	입지자유형 공업	반도체, IT, 바이오

경공업: 輕 (가벼울 **경**) 경박, 경시 / 工業 : light industry
경공업은 일상생활에서 소비하고 무게가 가벼운 소비재를 생산하는 공업을 말해. 섬유 공업, 식품 공업, 가구 공업 등 대체로 자본투자가 적고 노동집약적인 업종들이 속해.

중화학공업: 重(무거울**중**) 중요, 중시 / 化學工業 : heavy and chemical industry
중화학 공업은 부피에 비해 무게가 무거운 제품을 생산하는 제철, 조선, 기계, 자동차 공업이나 석유화학 공업을 말해. 경공업에 비해 공장을 건설하는데 많은 투자자본이 들고 고도의 기술을 필요로 하기 때문에 자본, 기술 집약적 공업들이 포함돼.

첨단 공업: 尖 (뾰족할 **첨**) 첨예 / 端 (끝 **단**) 말단 / 工業 : high-tech industry
첨단 공업은 고도의 기술과 정보를 활용하여 부가가치가 높은 제품을 만들어내는 산업이야. 다른 공업에 비해 투입하는 원료 대비 생산물의 가치가 매우 높지.

생산재공업: 生産(생산) / 財 (재화 **재**) 재물 / 工業 : production goods industry
생산재란 생산 과정에서 필요한 재(財)야. 생산 활동의 최종 목적이 결국 소비에 있긴 하지만 실제로는 이를 위한 원료나 반제품을 가공하는 단계도 필요하거든. 최종 소비재가 아닌 중간 생산물이나 자본재, 설비 등을 모두 포함하는 개념이지.

소비재공업: 消費(소비) / 財 (재화 **재**) 재물 / 工業 : consumption goods industry
이건 우리가 일상 생활에서 직접 소비하고 있는 재화를 생산하는 공업을 말하겠지?

97
우리나라 공업의 특징

industrial characteristics

이번엔 우리나라 공업의 특징을 5가지 정도로 정리해 볼게.

경제 발달 초기 우리 나라는 자본도, 기술도, 구매력 있는 시장도 없었어.

1953 국민소득 67달러
(120개 국가중 119위)

노답..

그래서 첫째로 정부 주도의 수출형 공업이 발달했지.

그런데 뭘 만들려고 해도 부존 자원 조차 없었잖아?

그러니 원료를 수입하고 부가가치를 높이는 가공을 한 후 수출할 수 밖에 없겠지. 그래서 둘째로 우리나라는 **가공형 공업**이 발달했어.

加工

더할 **가** 기교, 솜씨 **공**

부가   공예
첨가   공업

셋째, 같은 이유로 원료 수입과 제품 수출에 유리한 **임해 지역**에 공업이 발달했단다.

臨海

내려다볼 **임** 바다 **해**

배산**임**수

넷째, **수도권과 남동 연안**에 전체 공업의 75% 이상이 분포할 정도로 **편중**되어 있어.

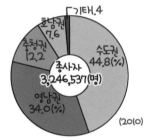

이는 정부가 개발을 주도하면서 성장 거점에 집중 투자했기 때문이지.

다섯째, 역시 효율성을 위해 소수의 **대기업을 육성하여**

다수의 중소기업에 비해 소수의 대기업이 경제 전체를 좌우하는 것도 특징이야.

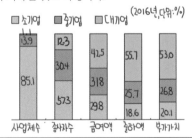

이를 **공업 구조의 이중성**, 혹은 **공업의 이중 구조**라고 하지.

과거 정부 주도형, 대기업, 가공업 중심적 구조는 점점 창조적 첨단 산업과 상생, 균형 발전을 위한 구조로 바꾸기 위해 노력하고 있단다.

98 주요 공업 지역

industrial regions

잠깐, 우리나라의 공업 지역을 살펴보기 전에 공업 입지 유형을 꼭 복습하도록 해. 거기서 배운 내용을 그대로 우리나라에 적용해 보는 시간이니!

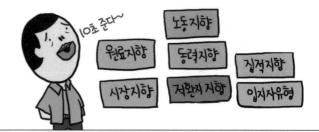

▶ ① **수도권 공업 지역** : 아무래도 중요 입지 요인들을 고루 갖춘 수도권은 **최대의 공업 지역**이야.

특히 반도체나 IT 등의 **첨단 산업**은 계속 수도권에 집중되고 있지.

그러나 경공업이나 중화학 공업도 모두 함께 발달한 우리나라 최대의 종합 공업지역이야.

▶ ② **남동 임해 공업 지역** : 정부가 육성하여 **최대의 중화학 공업 지역**으로 성장한 이곳은

유리한 수출입 조건 등, 장점을 많이 갖고 있어. 제2의 공업 지역이지.

제철, 기계, 자동차, 조선 등 그야말로 중공업 분야에서는 세계적 규모를 자랑하는 넘사벽....

이었으나 최근 조선과 제철을 중심으로 중국 기업의 추월과 세계 경기 침체 등으로 어려움을 겪으면서 큰 타격을 받는 지역이기도 해.

▶ ③ **충청 공업 지역** : 수도권에서 가까운 이곳은 여러 육상 교통이 만나 교통이 편리하고

수도권에서 분산된 첨단 공업들이 들어섰어. 대덕 연구 단지가 대표적이지.

▶ ④ **영남 내륙 공업 지역** : 낙동강 중상류의 경상도 내륙 지방을 말하는데, 일제 때 가장 먼저 방직 공장이 들어설 정도로 공업의 **전통**이 깊지.

嶺 南 內 陸

고개 **령** 남녘 **남** 안 **내** 뭍 **륙**

조령/죽령 이남 내부 육지

그런만큼 숙련된 노동력이 풍부해서 **노동 집약적 섬유 공업과 전자 공업**이 발달했어.

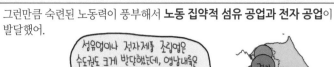

섬유업이나 전자제품 조립업은 수도권도 크게 발달했는데, 영남내륙은 종사자 수에 비해 생산액이 떨어져 상대적으로 영세하다고 분석할 수 있지

	사업체수(개)	종사자수(명)	출하액(백만원)
경기	2,237	35,155	4,412,416
경북	858	16,367	3,268,360
대구	1,418	22,139	2,692,685
서울	1,271	11,121	2,060,434
부산	497	8,839	1,351,413
경남	314	7,304	1,152,138

섬유업의 지역별 비중

하지만 임금 상승과 값싼 해외 제품으로 어려움을 겪으며, 새로운 부가 가치 창출을 위해 노력하고 있지.

밀라노 프로젝트

디자인이 좋아야지!

노동집약 저가 상품으로는 경쟁이 안돼!

우리도 명품을 만들자!

섬유도 첨단산업과 친환경이 대세야!

이제같이

▶ ⑤ **호남 공업 지역** : 전라도인 이곳은 상대적으로 발달이 부진한 공업 지역이었어.

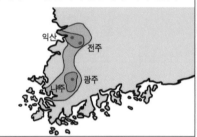

익산
전주
광주
나주

하지만 **중국과의 근접성, 넓은 평야, 황해안 개발붐 및 균형 발전 정책** 등을 바탕으로 성장에 박차를 가하고 있어.

베이징
다롄
평양
정저우
칭다오 광주
난징
상하이
서울

환황해권

특히 장항~군산 일대는 제2의 임해 공업 지역으로 발전이 기대되지.

▶ ⑥ **태백산 공업 지역** : 지리적 고립성에도 불구하고

속초
강릉
동해
삼척
원주
제천
충주
단양
태백
문경

태백산맥에 막혀 교통이 불편한데다. 대도시랑 거리도 멀지

풍부한 **지하 자원**을 바탕으로 원료 지향 공업을 중심으로 발전했으며

피구 덩어리
시멘트

석회석, 석탄 등이 풍부해 시멘트 및 화학공업 등이 발달했어

산업철도나 **고속도로**가 건설되면서 소비지와의 교통도 많이 편리해진 곳이야.

강원도 지역의 주요교통망

자, 이제 지도로 각 공업 지역 총정리!

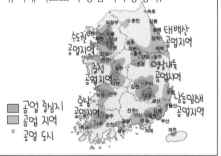

수도권 공업지역
태백산 공업지역
영남 내륙 공업지역
호남 공업지역
낙동임해 공업지역

공업 중심지
공업 지역
공업 도시

휴대폰 요금 명세서

사용자 : 심바

총요금 : ₩0×○○△원

이달껀 넝성해! 니가내! -만국

이 노동집약적 섬유산업에 종사해서 저 돈을 메꿀수 있을까...

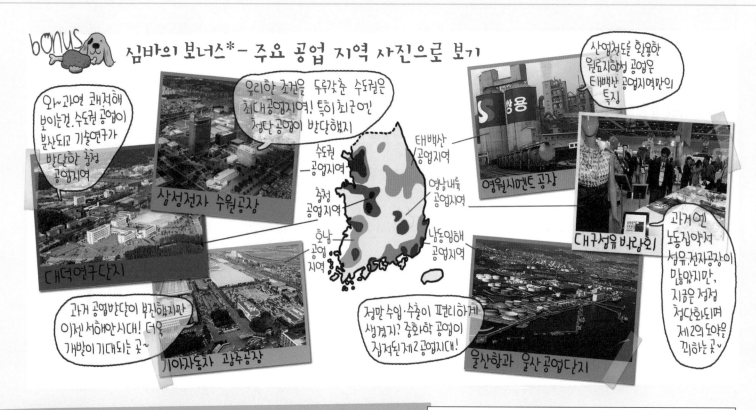

심바의 보너스* - 주요 공업 지역 사진으로 보기

와~과연 괘적해 보이는걸. 수도권 공업이 분산되고 기술연구가 발달한 충청 공업지역

유리한 조건을 두루갖춘 수도권은 최대공업지역! 특히 최근엔 첨단공업이 발달했지

산업철도를 활용한 원료지향성 공업은 태백산 공업지역만의 특징

삼성전자 수원공장

대덕연구단지

수도권 공업지역
충청 공업지역
호남 공업지역
태백산 공업지역
영남내륙 공업지역
남동임해 공업지역

영월시멘트 공장

대구섬유박람회

과거엔 노동집약적 섬유,전자공장이 많았지만, 지금은 점점 첨단화되며 제2의 도약을 꾀하는 곳~

과거 공업발달이 부진했지만 이젠 서해안시대! 더욱 개발이 기대되는 곳~

기아자동차 광주공장

정말 수입·수출이 편리하게 생겼지? 중화학 공업이 집적된 제2 공업지대!

울산항과 울산 공업단지

99 공업 지역의 변화

changes of industrial regions

공업 지역은 시대에 따라 변하기 마련이야.

소시도 한물갈 날이 올거야... 지금 맘껏 봐둬야지

지금 현재 잘나가는 공업지역이라고 펑펑 가는 것 아니라고

만국샘.. 소시도 걸그룹계의 시조새에요..

우선, 집적 지향형 공업 입지에서도 살펴보았듯이 여러가지 **집적 이익**을 위해 관련 공장들이 모여든다고 했잖아?

원료의 공동구입

용수 동력확보

시장관리, 정보교환

기반시설 이용

세제 및 정책상 혜택

그런데 **수도권이나 남동 임해 지역의 공장들이 외곽이나 아예 다른 공업 지역으로 옮기는 현상**이 나타나고 있어.

수도권 공업시설의 외곽화
 음식료품
 섬유·의복
목재·가구
인쇄·출판
석유화학
금속
일반기계
기타

1980년대
2000년대

집적이 과도해지면서 집적 불이익이 발생하기도 하거든.

환경오염

지가상승

교통난

기반시설의 부족

용수난

또한 **교통이 발달**하면서 운송비의 비중이 감소하고 **공업 입지의 범위가 확대**되기도 하였지.

기술 발달에 따라 산업의 구조가 변하는 것이나 이에 따른 **국가 정책의 변화**도 공업 입지를 변화시키는 중요한 요인이 된단다.

1960년대	1970년대	1980년대 이후
경공업 육성	중화학 공업 육성	첨단 산업 육성
• 대도시 인구(노동력)多	• 남동임해지역 수출입 편리	• 수도권 다시 각광 연구시설, 고급인력 • 황해안 개발 균형발전

마지막으로 **다국적 기업**이 출현하면서 공업입지는 그야말로 세계로 확대되고 있어.

100 공업 발달의 문제점

이제 우리나라 공업 발달에 따른 문제점을 세 가지 정도로 정리해 볼까?

공업의 발달사나 공업의 특징과 연결시켜보면 그리 새로운 내용은 아닐세

첫째, 정부 주도식 발전은 수도권과 남동 연안에 집중 투자하면서 **지역간 불균형**을 초래했어.

이는 집적 불이익과 국토 및 자원 이용의 불균형을 초래해 장기적으로는 효율성이 저하될 수 있지.

상대적 낙후 지역으로 공업 시설들을 **분산**하면서 **균형 발전**을 도모해야 한다고.

둘째로 앞에서 말했던 **공업의 이중 구조** 역시 문제점이야.

대기업 대비 중소기업 시간당 임금 수준
(대기업 임금을 100으로 가정)

1995	2000	2010	2014
79.4	70.2	63.7	59.2

대기업과 중소기업은 상호 보완적 관계가 유지되어야 장기적으로 볼 때 국가 경제가 안정적으로 발전하거든. 제도적 지원에 대한 노력을 게을리 해서는 안된다고.

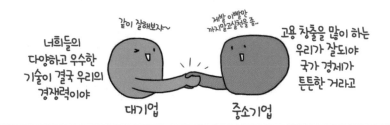

셋째, 급하게 이루어진 공업화는 **에너지 소비의 급증**과 각종 **환경 오염** 문제를 가져오게 되었어.

오염 방지 시설을 늘리고 **자원을 절약**하는 것도 방법이지만, 산업 구조 자체를 **친환경적**으로 변화시키고 **고부가가치의 첨단 산업**으로 바꾸는 것이 필요 하지.

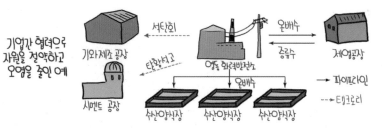

넷째, 임금이 상승하고 **3D 업종**을 기피하면서 **노동력이 부족**하게 되었어.

그래서 최근에 해외로 공장을 옮기거나 저임금 외국인 노동자들을 고용하는 경우가 많아졌지.

이들과 한국 사회 간의 마찰을 줄이는 **제도적, 의식적 성숙**이 필요한 시기야.

서비스 산업의 발달

인간의 생산 활동, 즉 산업(産業)은 1차, 2차, 3차로 그 종류를 나눌 수 있어.

서비스(3차)산업을 더 자세히 말하자면 **재화를 공급하거나 편의를 제공하는 산업**이야.

최근 이를 지식 집약적인 4차나 인간의 욕망을 충족시켜주는 5차 산업 등으로 더 세분화 하기도 해.

서비스를 받는 대상에 따라 상업, 운수업, 숙박·요식업 등의 소비자 서비스업과

기업을 지원하는 금융, 보험, 회계, 광고 등의 생산자 서비스업으로 구분 하기도 하지.

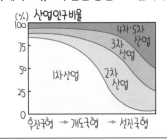

경제 발달에 따라 각 산업비중은 달라져! 보통 **1차에서 2차, 3차 산업 중심으로** 옮겨가.

우선 1차 산업, 특히 농업이 중심인 사회를 공업화 이전 단계에 있다는 의미로 **전(前)공업화 사회**라고 해.

기계를 통한 대량 생산이 보편화된 2차 산업 중심의 사회를 **공업화 사회**라고 하고

2차는 줄어들고 3차 산업의 비중이 증가하는 단계를 **탈(脫)공업화 사회 (후기 산업 사회)**라고 하지.

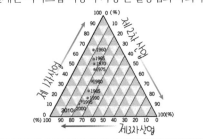

우리나라는 1960년대 이후 공업화 사회에 진입, 현재는 서비스업 비중이 가장 큰 탈공업화 사회야.

서비스업 중에서도 노동 집약적 산업은 감소하고 정보통신, 금융, 의료, 교육 등 **지식 기반 산업이 증가하는** 추세지.

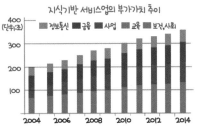

탈공업화 사회의 특징을 정리해 보면, **부가가치가 높은 다품종 소량 생산 체제**이고

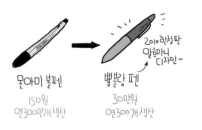

지식과 정보에 기반한 산업이 발달한다는 거야!

특히 통신의 발달로 원활하고 신속하게 정보가 유통되면서 시공간적 제약이 크게 감소하지만

정보 유출, 사생활 침해, 지역간 계층간 정보 격차 등의 문제점을 보이기도 하지.

102
운송비

transportation cost

교통은 마치 혈관처럼 한 나라의 경제가 유지되고 성장하는데 기본이 되는 시설이야.

하지만 공짜가 어딨어? 무언가를 운반하면서 생산 활동을 하는 기업에게 운송비는 만만치 않은 요소라고.

운송비는 운송 수단이 달리는 동안 드는 비용과 달리지 않는 동안의 비용의 합이겠지?

운송 수단이 달리지 않는 동안, **출발하는 지점(기점)과 도착 지점(종점)에서 들어가는 비용**을 **기종점 비용**이라고 해.

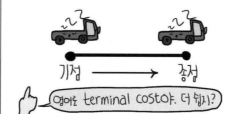

起 終 點
일어날 **기**　마칠 **종**　점 **점**

기점 / **기**원　**종**결 / **종**점　지**점**

주차비, 선적비*, 하역비*, 터미널 운영비, 보험료 등으로 주행 거리와 상관없이 언제나 일정하게 드는 비용이지.

반면 **주행 (거리) 비용**은 말 그대로 **달리며 드는 비용**이야.

走 行
달릴 **주**　다닐 **행**

질**주**　행**동**
경**주**　여**행**

기사 운임, 차비, 연료비 등으로 이동 거리가 늘어나면서 함께 증가하겠지.

- 멀리가면 돈도 더 받아야지
- 대전 갈때 2만원 드는데 부산까지 4만원 드네
- 운송수단 사용 비용도 멀리 갈수록 물론 더들지

기사운임 · 연료비 · 선박비,차비

주행 비용은 거리가 멀어질수록 늘어나긴 하지만 일정 구간씩 끊어 봤을 때 **단위 거리당 증가분이 감소해.**

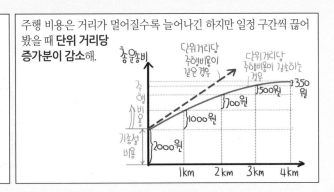

현실적으로 연료비, 운임 등이 수학적으로 정확히 비례해서 증가하지는 않거든.

- 두 배 더 간다고 운임을 두 배 더 받을 수야 있나.
- 아단 쭉 붙고나면 기름을 훨씬 더 먹어

그래서 단위 거리당 주행 비용으로 나누어 보면 점점 감소하는 셈이지.

단위거리당 주행비용 (단위:원)
- 단위거리당 주행비용이 같은 경우
- 1000
- 단위거리당 주행비용이 감소하는 경우
- 850
- 733
- 637.5
- 1km 2km 3km 4km

하지만 단위 거리당 주행 비용이 감소하지 않고 거의 같은 경우에도

- 거리만큼 기름을 먹는다고. 20km엔 1만원이고, 40km면 2만원~
- 수학에 소질있구나

GAS 40000원

운송비 전체를 생각하면 단위 거리당 비용은 감소하게 되어있어.

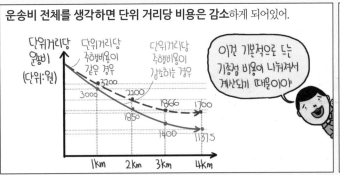

단위거리당 운송비 (단위:원)
- 단위거리당 주행비용이 같은 경우
- 단위거리당 주행비용이 감소하는 경우
- 3200
- 3000
- 2200
- 1866
- 1700
- 1850
- 1400
- 1137.5
- 1km 2km 3km 4km

이건 기본적으로 늘 기종점 비용에 나눠져서 계산되기 때문이야.

이를 **운송비 체감의 법칙**이라고 해.

遞 減

차례를 따름,가를 **체** 덜 **감**

체계 **감**소
우**체**국

- 아~'체감온도'할 때 체감 들어봤어요
- 운송비를 느낀다는 뜻인가?
- '체감온도'의'체감'은 體感이야!

이건 절대 운송비 감소가 아니야. 운송비가 늘어나는 비율이 줄어든다는 것이지. 총 운송 비용이 줄어드는 게 아니라고!

일본 500만원, 미국 800만원에 만납니다~

또한 주행 비용 체감과 운송비 체감을 헷갈려선 안돼.

Attention Please~!

그리고 교통 수단에 따라 기종점 비용과 주행 비용, 주행 비용의 체감 정도가 모두 다르다는 것도 매우 중요해.

- 서울역
- 시외버스 터미널
- 김포공항
- 그것 잘 비교해야 목적지까지 최소비용으로 운반할 수 있다고
- 인천항

우선 **기종점 비용은 항공 〉 선박 〉 철도 〉 도로** 순이야. 아무래도 이 순서대로 시설을 설비하고 유지하는 비용이 많이 들지 않겠어?

공항 〉 항만 〉 철도역 〉 자동차 터미널

반면에 **장거리로 갈수록 단위 거리당 주행 비용은 도로 〉 철도 〉 선박** 순이고.

도로교통 〉 철도교통 〉 선박

즉, 선박이나 철도는 장거리를 운행할 때 단위 거리당 운송비가 크게 줄어 효율성이 높지.

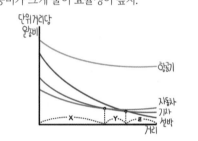

결론적으로 **단거리-도로, 중거리-철도, 장거리-선박**이 제일 효율적이야.

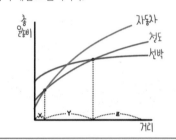

그렇다면 기종점 비용도, 주행 비용도 모두 비싼 **항공**은 어느 구간에서든 총운송비가 제일 비싼데

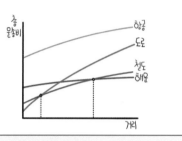

이를 이용하는 경우가 있는 건 왜일까?

운송 수단을 선택할 때 운송 시간이나 운송하는 화물의 특징도 중요하잖아.

단거리는 자동차가 빠르지만, **중·장거리에서는 항공기가 가장 빠르거든.**

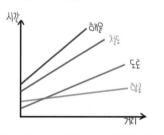

🙂 **선적비*** 　船(배 **선**)/積(쌓을 **적**)/費(비용 **비**): shipping charge

하역비* 　荷(멜, 짊어질 **하**)/役(부릴 **역**)/費(비용 **비**) : loading and uploading charge

말 그대로 배에 쌓는 비용이야. 제품을 내보내기 위해 배에 싣는데 드는 비용을 말하지.

직역하면 짐을 짊어지도록 부리는 비용이지? **짐을 싣고 내리고 옮기는 등, 짐의 이동과 관련된 모든 노역에 대한 비용을 하역비라고 해.** 선박에 관해 이야기 할때는 보통 **짐을 싣는 비용을 선적비, 짐을 내리는 비용을 하역비**로 구분해 쓰기도 하지.

103 교통 수단별 특징

각 교통 수단별 발달 과정과 특징을 좀 보자면,

우리 나라의 근대 교통이 일제에 의해 시작된 것은 사실이야.

▶ **도로 교통** : 일제는 신작로라고 하는 근대적 도로를 건설하였는데

新 作 路
새로울 **신** 만들 **작** 길 **로**

일제의 수탈에 유리하도록 항구나 철도역까지 연결하는 보조적인 수단이었다가

산업화되던 1960년대 **고속 국도**가 놓이면서 본격적으로 발전했어.

도로 교통은 **기종점 비용이 저렴**하며 **기동성**이 좋아 재빠르게 이동할 수 있고

機 動 性
기계 **기** 움직일 **동** 성질 **성**

목적지 문 앞까지 바로 연결할 수 있어 편하지. 이를 **문전 연결성**이 좋다고 해.

門 前 連結性
문 **문** 앞 **전** **연결** 성질 **성**

게다가 철도에 비해 지형의 제약을 적게 받아 전국 방방곡곡을 연결할 수 있어.

단거리 소량 수송에 유리하다 보니 국토가 좁은 우리나라에서는 국내 여객(여행하는 승객)과 화물 수송 분담률에서 **압도적인 비중**을 차지 하고 있어.

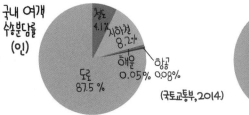

국내 여객
수송분담률
(인)

철도 4.1%
지하철 8.2%
해운 0.05%
항공 0.08%
도로 87.5 %

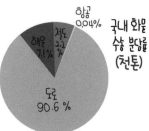

국내 화물
수송 분담률
(천톤)

항공 0.04%
철도 2.2%
해운 7.1%
도로 90.6 %

(국토교통부, 2014)

204

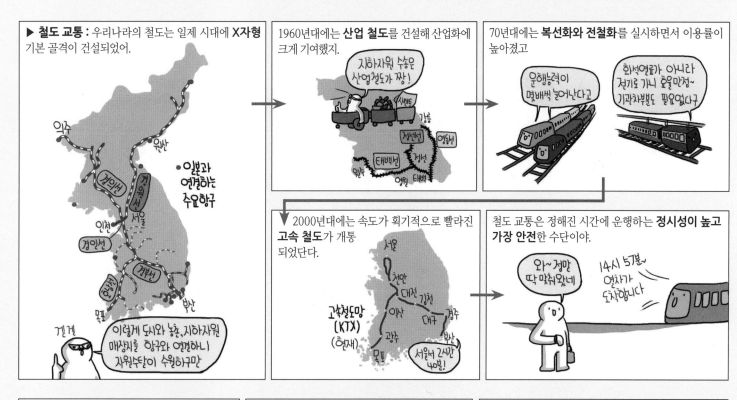

▶ **철도 교통** : 우리나라의 철도는 일제 시대에 **X자형** 기본 골격이 건설되었어.

1960년대에는 **산업 철도**를 건설해 산업화에 크게 기여했지.

70년대에는 **복선화와 전철화**를 실시하면서 이용률이 높아졌고

2000년대에는 속도가 획기적으로 빨라진 **고속 철도**가 개통되었단다.

철도 교통은 정해진 시간에 운행하는 **정시성이 높고 가장 안전**한 수단이야.

여기서 정시성이란 한자 풀이 그대로 **시간을 잘 지킨다**라는 뜻이고.

定 時 性

일정한 **정** 때 **시** 성질 **성**

정각

또한 철도 교통은 무거운 **화물**을 **대량**으로 실어 나르는데 유리하고 **중, 장거리 운송비가 저렴**하지.

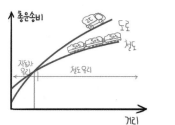

최근 국가별 탄소 배출에 대한 국제적 규제가 강화되고 있는데 철도는 비교적 친환경적인 교통 수단이기도 해.

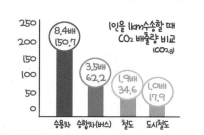

하지만 도로 교통에 비해 **지형의 제약**이 크고 **기동성이 떨어진다** 는 단점이 있지.

또한 고속도로가 전국을 거미줄처럼 연결하고 해상 화물 수송 증가로 철도의 운송 비중이 점점 줄었어. 다른 교통 수단과 함께 그 비중의 변화를 비교하도록.

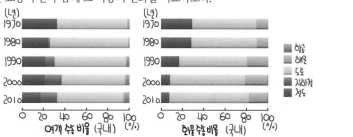

반면, 70년대 중반 처음 개통한 **지하철**은 이후 주요 광역시에 놓이면서 출퇴근 **교통난을 해소**해 주고 있지.

▶ **수운 및 해운 교통** : 하천을 이용하는 수운 (水運)은 근대 이전부터 화물 운반에 요긴했어.

특히 배로 지방의 특산물과 쌀을 실어 세금으로 납부했는데,

이를 조운제도라고 했지.

漕 運
배로실어나를**조** 옮길**운**

하지만 **육상 교통**이 발달하면서 내륙 수운은 급격히 **쇠퇴**했고 이에 따라 신흥 육상 교통의 요지 들이 발달하게 돼.

반면, **해상 교통**은 강화도 조약 이후 인천, 부산, 원산의 항구가 **개항**되면서 오히려 더욱 발달했고

해외 무역량이 증가하면서, **국제 화물 수송** 분담률의 대부분을 차지하고 있어.

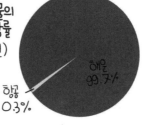

선박은 속도는 느리지만 **대량의 화물을 장거리 수송**하는 비용이 저렴하거든.

▶ **항공 교통** : 항공은 다른 교통수단에 비해 **기상 제약**을 많이 받고 **운송비**가 비싸지만

장거리 운행시 시간이 획기적으로 짧아서 **장거리 이동**에 적합해.

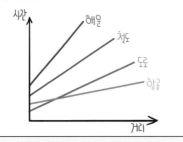

항공 교통은 국제적인 교류가 증가 하고 생활 수준이 향상되면서 함께 발달했는데

고가의 화물 수송이나

무엇보다도 여객의 장거리 이동에 이용되고 있어.

104 통신의 발달

통신. 군이 정의하자면 정보를 유통시키는 것이야.

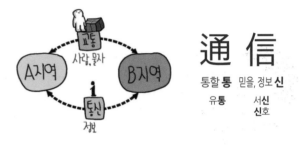

通 信

통할 **통** 믿을, 정보 **신**

유통   서신
       신호

과거에는 봉화에 햇불을 올려 국가의 긴급 사태를 알렸던 **봉수제**나

烽 燧 制

봉화 **봉** 햇불 **수** 법도 **제**

기상 악화에 따른 봉수제의 불완전성을 보완하기 위하여 항상 열어놓고 운영했던(다스렸던) 비상 연락소인 **파발**,

擺 撥

열 **파** 다스릴 **발**

공적인 업무를 신속하게 전달하기 위해 마련한 **역원제** 등이 대표적인 통신 제도였어.

그러다 1885년 서울에 **우정국**(지금의 우체국)이 들어서면서 근대적 통신이 시작됐지.

70년대부터 유선전화가 빠르게 보급되었지만 90년대 무선 전화가 보급된 뒤 곧 유선 전화를 추월하였어.

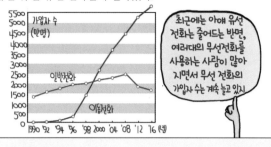

초고속 인터넷망을 통해 대량의 정보를 신속하게 교류할 수 있게 되었고

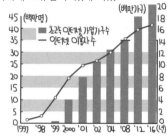

특히 2007년 미국 애플사에서 발표한 뒤로 널리 보급된 스마트폰은 여러 형태의 통신 서비스를 융합하며

시대의 변화를 이끌고 있지. 스마트폰 이전의 삶을 상상하기조차 힘들 정도야.

통신이 발달하면서 도심에 집중했던 기능이 외곽, 다른 도시, 해외까지 분산될 수 있고

생산 공장이 지방으로 이전되거나 재택 근무가 가능해지는 등 시공간의 제약이 줄어들고 공간의 분업화가 일어나지.

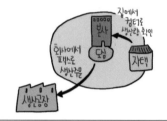

생산자와 소비자를 직접 연결하는 플랫폼으로 무점포 유통이 활성화되었고

다양한 가치가 공유되는 '공유 경제'가 곳곳에서 실현되면서 산업 생태계가 크게 바뀌고 있어.

하지만 눈부신 통신의 발달은 이면에 여러가지 문제점을 발생 시키기도 해.

정보에 접근할 수 있는 능력이나 여건을 가진 자와 그렇지 못한 자 사이에 경제적, 사회적 격차가 심해지는데 이를 정보 격차(digital divide)라고 하지.

다행히 기술적인 격차는 정부와 관련 기관의 노력으로 점점 줄어들고 있긴 하지만.

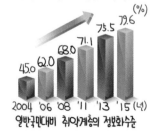

또한 개인 정보가 유출되어 범죄에 활용되거나 사생활이 침해 받는 일도 많아졌고

익명성을 악용해 다른 이에게 피해를 주는 사례도 늘어나고 있어.

인터넷 **중독**으로 정상적인 사회 생활을 하지 못하는가 하면

스마트폰이 인간 관계를 더욱 단절시키기도 하지.

또한 정보 통신 혁명으로 달라지는 산업 구조는 대량 실업 사태 등을 낳기도 하는데, 더욱 큰 문제는 이러한 변화의 속도가 너무나도 빠르다는 것!

105 관광 산업

tourism

'굴뚝 없는 공장'이라고도 불리는 관광 산업은 **고부가가치의 미래 산업**이야.

하지만 경치좋은 곳만 있다고 저절로 관광 산업이 되는 것이 아니지.

어떤 형태의 관광 자원이든 잘 **보존**하고 **개발**해야

여행객으로부터 수익을 창출하고 지역 경제를 발전시킬 수 있다고

관광 산업은 운수, 숙박, 금융, 통신 등 각종 서비스업이 함께 발달하기 때문에 **고용 효과와 경제적 가치**가 매우 커.

제품을 수출하진 않지만, 외화를 벌기 때문에 관광 산업을 '보이지 않는 무역'이라고 하지.

최근 중국의 발전과 한류 열풍은 관광 수지 개선에 좋은 기회가 되고 있지!

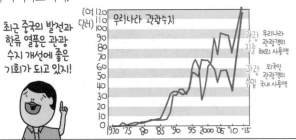

이처럼 잘 개발된 관광 산업은 투입하는 자본에 비해 더 많은 부가 가치를 창출해.

경제적 측면 뿐만 아니라 지역을 널리 알려 **지역 문화 발전**에 기여하기도 하지.

사람들의 소득 수준이 향상되고 항공 및 고속 철도, 고속 도로 등이 크게 발달하면서

관광 산업은 점점 성장하게 되어 있어.

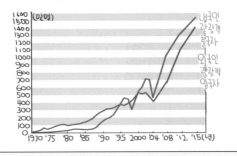

세계 각국이 치열한 관광객 유치전을 벌이고 있는 만큼,

우리나라도 관광 자원을 잘 보존, 개발해야겠지? 이에 지금은 제4차 국토 종합 계획에 따라 전국을 **광역권**으로 나누면서 각 광역권의 관광 산업 육성 계획을 설정했어.

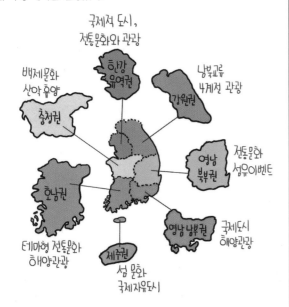

특히 관광 자원이 우수한 곳을 중심으로 **특정 관광권**과 **관광 벨트**를 별도로 지정하여 정부 차원의 지원을 하고 있지.

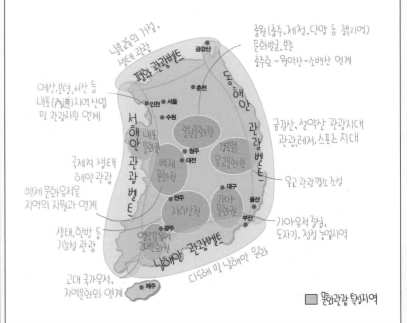

심바의 보너스* - 우리나라 관광지들

내포(內浦)는 안쪽항이란 뜻. 서해를 품는 충청도 가야산 일대로 불교와 천주교가 전파된 곳이지

때묻지 않은 지역 그·대·로 !!

중원(中原)은 삼국이 모두 품었던 요지였어. 이후 고려와 조선문화에도 중요한 지역이고~ 충주·단양·제천 일대야

캬~ 언제 함 가볼런지~

금강산

DMZ ①

정뜰문화재단지 ⑤

가야산 내포문화 발원탑 ⑥

해수욕하고 여기서 이슬먹고 회먹고! 당날은 리조트에서 골프..??

아~ 백제의 의자왕이고 싶다

속초항 ②

유교문화의 향이 고스라히 전해지네

공주·부여 백제대전 ⑦

안동하회마을 ⑧

영산강 일대는 고분을 비롯한 고유격의 산실!

경관도 아름답지만 한방·생태기능을 특화시켰대

김해 일대에는 가야의 유적이 쉽쉬고 있어. 특히 가야 도자기는 알아주지

나주복암리고분 ⑪

지리산 약초마을 ⑨

김해분청도자기 축제 ⑩

어이, 비키니누나 밤에 심심하면 전화줘 이야...

제주도는 섬전체가 관광지! 이게 내 실물 사진이당~ 내가봐도 잘생기심♡

과연 다도해야 씨島海~

다도해 해상국립공원 ④

심바.2010.5.1

제주도 협재해수욕장

부산해운대 ③

211

우리나라 각 지역과 북한의 생활

이번 챕터에서는 우리나라의 각 지역에 대해 공부해 볼텐데, 여긴 정말 새로운 내용이 없어. 지금까지 배운 내용의 정리라고 생각한다면 된다고~

뭐니뭐니해도 우리의 수도 서울!을 중심으로 한 수도권부터 해야겠지?

首 都

머리 **수**　도시 **도**

수장　도읍
수뇌부
수석

수도권은 행정 구역상 **서울과 이를 둘러싼 경기도, 인천 광역시등을** 아우르는 **지역**이야.

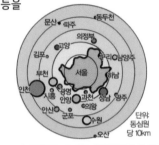

행정 구역처럼 정확히 자를 수 있는 건 아니지만 보통 서울을 중심으로 반경 70km 정도의 범위야.

지리적으로 **통근, 통학, 상권** 등이 서울과 기능적으로 밀접한 연관을 갖는 **생활권**을 의미해. '대도시권'편에서 했던 얘기지? 그때 출연했던 애들 기억나?

서울은 처음 조선 시대 도읍으로 정해진 이래 점점 그 면적이 넓어졌는데

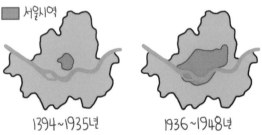

특히 1960년대 **산업화**와 더불어 서울로 많은 인구가 유입되면서 **급격히 팽창**했어.

하지만 시간이 지날수록 주택과 토지 수요가 증가하면서 **지가가 상승**하고

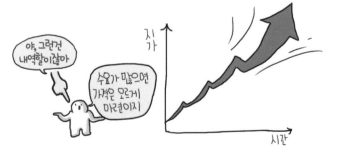

이에 서울에 집중된 기능을 분산하기 위해 **외곽 지역에 산업 및 주거 단지가 조성**되기 시작하였고

인구 과밀로 **주택, 교통, 환경 문제 등이 발생**하게 되었지.

위성 도시 및 신도시의 건설은 점점 증가하여 '수도권'이라는 **거대한 대도시권**을 형성하게 되었단다.

이는 물론 이들을 연결하는 전철과 도로망이 끊임없이 발전했기 때문에 가능한 것이었지.

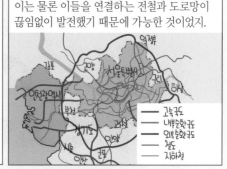

최근에는 지방 곳곳과 서울을 잇는 고속 철도(KTX)가 개통되면서 수도권에 대한 집중이 더욱 심화되고 있지.

여전히 수도권으로 유입되는 인구가 많아 과밀화 문제는 해소되지 않고 있지만

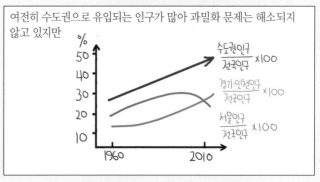

서울은 인구가 주변 지역으로 유출되어 **탈도시화 현상**이 나타나고 있어.

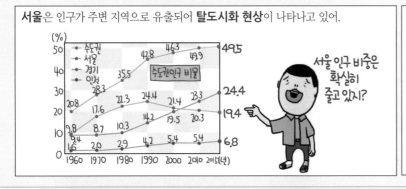

하지만 유출된 인구 대부분이 서울로 통근하면서, 출퇴근 시간의 정체가 심해.

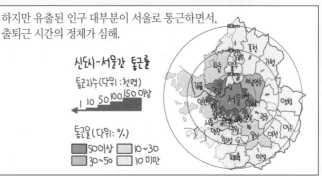

107

수도권의 산업

이번엔 수도권의 산업에 대해 알아 보자. 물론 앞의 공업이나 산업 부분에서 이미 한 얘기라고~

산업이나 공업 쪽도 많은 학생들이 싫어하는데..

어른이 되면 자기를 소개할 때 흔히 직업부터 묻게 되잖아. 이 직업이란 게 도시로 치면 산업이 되겠지. 쉽게 말해, 뭐해 먹고 사냐는 거야.

참교육 이념을 바탕으로 창의 융합 교육을 실현하는 지식기반 고부가가치의 교육 사업을 운영중..

저.. 하시는 일이..?

학원한다는 말을 참 길게도 하네..

수도권은 공업의 발달 조건을 두루 갖추고 있어서 **우리나라의 최대 공업 지역**이랬지?

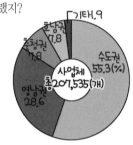

사업체 총207,535(개)

수도권 55.3(%)
영남권 28.6
중청권 7.8
충남권 7.8
기타 .9

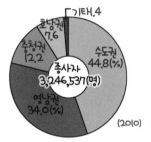

종사자 3,246,537(명)

수도권 44.8(%)
영남권 34.0(%)
중청권 12.2
충남권 7.6
기타 .4

(2010)

우선 수도인만큼 **교통의 중심!** 주요 교통로는 서울에서 방사형*으로 뻗어나가지.

게다가 주요 항구와 공항이 입지해 있어 대외 교류와 무역에도 유리해.

전국민의 절반이 수도권에 살고 있으니

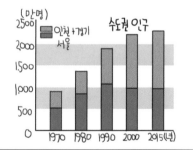

당연히 **노동력도** 풍부하고 **소비 시장도** 넓지.

이러한 조건 덕분에 일제 강점기부터 **노동 집약적 경공업(영등포)과 군수 공업(인천)**이 발달했어.

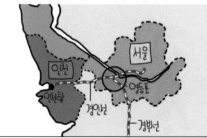

1960년대에는 **수출 산업 단지**가 조성되면서 더욱 성장하였는데

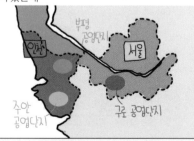

1980년대 이후에는 서울 및 인천에 집중되었던 공업이 **수도권 전역으로 확산**되었어. 부천, 성남, 안양, 안산 등의 **신흥 공업 도시가** 성장했지.

수도권 공업시설의 외과화

음식료품
섬유·의복
목재·가구
인쇄·출판
석유화학
금속
일반기계
기타

1980년대

2000년대

이에 따라 2000년대까지 서울의 공업 비중은 계속 감소한 반면 경기도 일대의 비중은 증가했어.

1985년
서울 13.2
인천 4.8
경기 13.6
기타 68.4

1999년
서울 10.6
인천 7.8
경기 26.7
기타 54.9

(%)

구성면에서도 차이를 보이는데, 서울에 비해 인천과 경기도는 중화학 공업의 비중이 높았단다.

수도권 공업의 업종별 변화

(%)
100

경공업
중화학 공업

서울 46.6 / 50.4
인천·경기 65 / 35
1991

서울 43.6 / 56.4
인천·경기 69.1 / 30.9
1995

서울 43.4 / 56.6
인천·경기 71.4 / 28.6
1999 (년)

서울이 출판, 의류 등 소비자와 잦은 접촉이 필요한 경공업이 발달했기 때문이지.

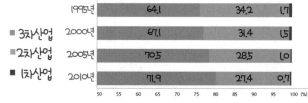

그러나 1990년대부터는 수도권이 2차 산업 비중이 감소하면서 **탈공업화**를 겪기 시작했다는게 중요해.

수도권 산업 구조의 변화 (종사자수 기준, %, 2012)

■ 3차산업　■ 2차산업　■ 1차산업

년도	3차산업	2차산업	1차산업
1995년	64.1	34.2	1.7
2000년	67.1	31.4	1.5
2005년	70.5	28.5	1.0
2010년	71.9	27.4	0.7

50 55 60 65 70 75 80 85 90 95 100 (%)

특히 **서울을 중심으로 첨단 산업**이 빠르게 성장, 집중하였지. 초기에는 서울로의 집중이 심했는데 분당, 판교에 벤처 밸리가 조성되는 등 경기도 일대로 많이 확대되었어.

지역별 소프트웨어 사업체 수

기타 25.8
경기인천 8.4
서울 65.8
2002년 /%

기타 28.9
경기인천 15.9
서울 55.2
2016년 /%

수도권이 그만큼 정보 입수가 용이하고, 고급 인력 확보나 산학 협력 등이 유리하기 때문이지.

IT 전문인력 지역별 분포

기타 13.3
경기·인천 20.2
서울 66.5

2010년 /%

같은 첨단 지식 산업 내에서도 서울은 연구, 개발, 마케팅, 관리 등의 역할을, 인천과 경기도는 IT 기기, 반도체 등을 생산하는 역할을 한다는 것도 분석해 볼 수 있어.

수도권의 부문별 IT산업 종사자수 (2012)

■ 서울특별시　■ 경기도
■ 인천광역시　○ 수도권 비중

정보 통신 서비스: 88.9 / 0.5 / 36.7
정보 통신 기기 제조업: 17.1 / 22.2 / 186.2
소프트웨어 및 컴퓨터 관련 서비스: 116.3 / 2.7 / 19.4

(만명) 20 16 12 8 4 / (%) 100

108

수도권의 문제와 대책

수도권 문제? 뭐니뭐니 해도 **과밀화**!

전체 면적 11.8%에 불과한 수도권에 사회의 거의 대부분의 분야가 집중되어 있지. 물론 편한 점도 있겠지만,

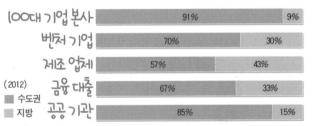

	수도권	지방
100대 기업 본사	91%	9%
벤처 기업	70%	30%
제조 업체	57%	43%
금융 대출	67%	33%
공공 기관	85%	15%

(2012)

좁은 면적에 인구와 산업이 지나치게 밀집되다 보니 **도시에서 발생되는 각종 문제**가 심각해졌어.

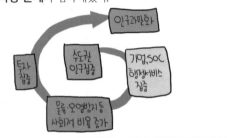

이를 해결하려면 수도권에 집중된 기능을 **분산**하고 **과밀화를 억제**해야겠지?

그러기 위해서는 자족적 기능을 지닌 신도시를 건설하고

지방에도 각종 문화 시설과 생활 편의 시설을 보급하여 지방 인구의 유출을 막아야 해.

또 서울과 주변 지역을 대중 교통으로 연계, 광역 교통 체계를 구축하면 교통 혼잡을 줄일 수 있지.

그러나 **과밀화는 완화하면서도 수도권의 경쟁력은 강화**해야 해!

이를 위해 국토 종합 개발 계획시 권역별 특성에 맞게 수도권을 재정비한 3차 수도권 정비 계획(2006~2020)을 추진 중이야.

5개의 특성화된 산업 벨트를 구축하여 국제 경쟁력을 높임으로써

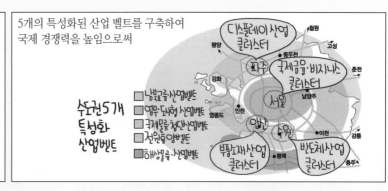

5핵의 발전축을 마련하고

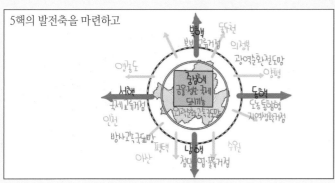

3개의 권역으로 나누어 균형있고 효율적인 발전을 제고하는 것이 현재의 3차 수도권 계획!

특히 이제는 양적 성장보다 글로벌 경쟁력을 높이는 게 필요할 거야. 서울은 투자 환경 및 외국인 생활 여건 개선, 국제회의 유치 등에 힘쓰며 세계적 도시로 거듭나고 있고

인천, 경기 지역에서는 국제 공항과 국제항 등의 큰 발전과 함께 **국제적 경쟁력을 갖춘 클러스터*** 건설에 힘쓰고 있어. 외국인이 많이 거주하는 평택항의 경제 특구, 인천의 경제 자유 구역 등이 그 예지.

클러스터*

: cluster

명명백백 more

cluster의 사전적 의미는 '**무리**'야. 포도송이처럼 함께 자라나가거나 옹기종기 모여있는 것들을 cluster라고 해. 서로 아무 관련없이 여러 개가 있는 상태보다는 **서로 영향을 주고 받는 무리**를 일컫는 말이야. 이 단어의 어원은 clot(엉키다, 얽혀있다)이거든. cluster는 컴퓨터 기술에서 하나의 제어장치에 얽혀 있는 여러 접속기 등을 말하기도 해. 산업에 있어서는 유사 업종에서 다른 기능을 수행하는 기업, 기관들이 한 곳에 모여있는 것을 말한단다. 클러스터는 **직접 생산을 담당하는 기업뿐만 아니라 연구개발기능을 담당하는 대학, 연구소와 각종 지원 기능을 담당하는 벤처캐피털, 컨설팅 등의 기관이 한 곳에 모여 있어서 정보와 지식 공유를 통한 시너지 효과**를 노릴 수 있어. 미국의 실리콘밸리처럼 자율적으로 조성되기도 하며, 중국처럼 정부가 기획 단계부터 나서서 형성되기도 해. 대표적 클러스터 모델로는 **IT클러스터와 CT클러스터**가 있어. 실리콘밸리, 보스턴 등이 전형적인 IT클러스터지. 국내에도 이를 벤치마킹한 테헤란밸리, 판교밸리, 대덕밸리 등이 있고. CT(첨단문화산업, Culture Technology)도 하나의 문화 소스를 다양한 분야에 활용할 수 있는 '원소스 멀티유즈(one source multiuse)'산업이므로 클러스터가 효과적이야. 부천의 출판문화, 춘천의 애니메이션, 대전에 영상, 게임 클러스터가 형성되어 있지.

심바의 보너스* - 수도권 각 지역 사진으로 보기

고양 일산

자유로(서울-일산)
베드타운과 서울의 연결로는 출퇴근 정체가 심할 수 밖에!

분당과 함께 주거기능 분담을 위해 건설된 1기 신도시!

처음 주거기능 분담을 위해 건설되었지만 도시가 발전 하면서 새로운 기능들을 더욱 갖추고 있어

분당벤처밸리

안산 반월공단

시흥 시화공단
안산, 시흥 등은 공업기능 분담의 역할이 커

2000년대 후반부터 개발이 본격적으로 시작된 2기신도시야. 최근 이처럼 상업·주거기능이 복합된 자족형 신도시 개발이 대세야.

광교 신도시 조감도

109 서울의 지역 분화

이번 장은 공간 챕터 '도시 내부 구조의 변화' 편에서 다루었던 내용의 연장이란다.

그린벨트
주변 지대
중간 지대
시장 도심 소공장
학교
부도심 저급 주택
고급 주택
신도시   위성 도시

이 구조가 실제 서울에선 어떤양상으로 나타나는지 보자는 거쥐~

도시가 성장하면 **접근성**의 정도에 따라 내부에서도 업종별로 **지대의 차이**가 나타나고

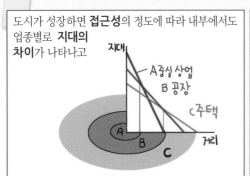

이로 인해 도시 곳곳의 지가(=지대 지불 능력)도 달라져.

서울의 지가분포

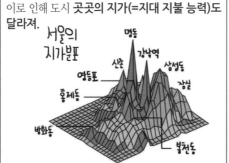

이런 과정에서 유사한 기능끼리 모이고 다른 기능은 흩어진 결과 **지역 분화**가 나타난댔지?

헤쳐~   모여~

서울 역시 이러한 현상이 뚜렷하다고.

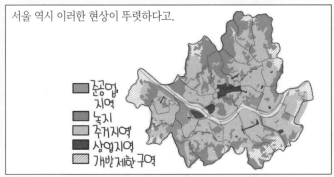

- 준공업 지역
- 녹지
- 주거지역
- 상업지역
- 개발제한 구역

도심인 종로 일대는 높은 지대를 지불할 여력이 있는 **고차 상업 기능**이 밀집해.

대기업 본사, 공공·행정기관, 백화점 등이 밀집된 게 보이지?

부도심은 환승역과 같은 **교통의 결절지**에 **상업과 서비스 기능을 분담**하는 경우가 많아.

부도심(영등포)의 현장조사

한편, 서울이 확대되면서 신촌, 영등포, 청량리 등에 **부도심**이 형성되고 도시가 다핵화 되지.

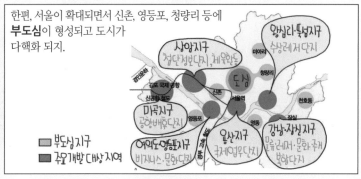

- 부도심지구
- 주요개발 대상지역

반면, **주거 기능**은 환경이 쾌적한 강남, 송파, 상계동, 목동 등 서울의 **가장자리 지역**에 밀집해 있지.

인구밀도 (명/km²)
- 7272 - 13854
- 13855 - 19027
- 19028 - 23239
- 23240 - 28898

서울 인구밀도 및 주택분포

주택(호/km²)
- 117622 - 179841
- 99213 - 117621
- 85792 - 99212
- 55181 - 85791
- 31621 - 55186

또한 도심과 주거지 사이에는 두 기능이 혼재되어 있으나 각종 공해, 노후화, 마천루의 그림자 등으로 슬럼화된 점이 지대가 있다는 것도 알아두자.

희현동·창천동·용산 일대 등

도시 곳곳은 오래되면 노후화되고 시대적 요구도 달라져 제 기능을 하지 못하거나 도시 경관을 해치기도 하지. 그래서 쾌적한 환경을 위한 **재개발** 사업을 추진하는 거야.

도심 재개발로 도심의 경제 기능 회복하고 새로운 도시 욕구도 충족하고 교통 혼잡도 완화하고~

재개발

주거지 재개발로 쾌적한 환경으로 바꾸고 더욱 다양한 주택을 공급하며 범죄율도 낮아지고 자연재해, 화재 등의 피해도 줄어들지

최근에는 무조건적인 개발보다는 환경 친화적이고 문화를 보존하는 '도시 재생' 사업에 관심이 크다는 것도 알아 두자.

낙후된 고가차도를 재건축하지 않고 보행자 보도 공원으로 만들 거야

낡았지만 역사적 의미가 있는 곳이니 테마거리로 재생 시켜 보려고

도심 (종로일대) ①

공업지역(구로디지털 단지) ③

준공업 지역
녹지
상업지역
주거지
개발제한 구역

부도심(삼성역) ④

점이지대 (회현동) ②

도심 재개발 사업

개발제한구역(원지동) ⑤

주거지역 (잠실) ⑥

110

농촌의 변화

이번엔 농촌으로 가볼까?

이곳의 변화들은 대부분 이촌향도 현상과 현대화에 따른 것으로 어려운 내용은 아냐

흐음~ 농부 코스프레~ 다시 나오길 기다리고 있었어~ ㅋ

쌤, 그 모자 머리위에 살~짝 얹은거죠?

살~짝 or 살포시 일껄...

전통적 농업 사회였던 우리나라는 산업화를 거치면서 농업을 운영하는 영농 방식이 크게 변했어.

생활 수준이 향상되고 도시로의 접근성도 나아지니 시대의 변화에 맞게 농업방식과 농작물도 변해야겠지?

무엇보다 **자급적 곡물 농업 중심**에서 점차 상품 작물 등을 팔아 수익을 얻는 **상업적 농업의 비중이 증가하고 있고**

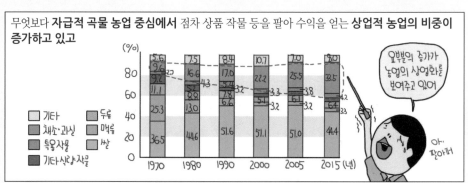

(%)	1970	1980	1990	2000	2005	2015 (년)
기타	5.6	7.5	8.4	10.7	7.0	8.0
채소·과실	9.6	16.6	17.0	22.2	25.5	33.5
특용작물	9.2	4.3	5.4	3.2	3.3	3.8
기타식량작물	11.1	8.8	7.8	5.1	6.1	6.4
두류	25.3	13.0	6.6	3.2	3.2	4.2, 3.3
맥류	36.5	44.6	51.6	51.1	51.0	44.4
쌀						

윗부분의 증가가 농업의 상업화를 반영주고 있어

아, 팔아퍼

원예 농업*, 낙농업, 축산업 등으로

영농이 **다각화**되었지.

多角

많을 다 뿔 각

다양 각도

특히 원예 작물을 비닐하우스나 온실 등에서 키우는 **시설 재배**가 늘었어.

예를 들어 전통적 벼농사 지역이었던 김해평야는 부산권과의 근접성을 이용해 시설 농업 지역으로 변화했지.

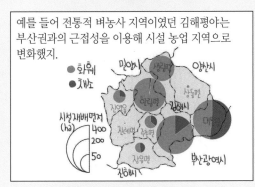

최근에는 **친환경 농산물**에 대한 수요가 높아 그 재배가 확대되고 있단다.

한편 농업 인구가 줄어들면서 농사 지을 땅이 있어도 경작할 사람이 없으니

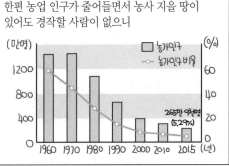

놀게 되는 **휴경지**가 늘어서

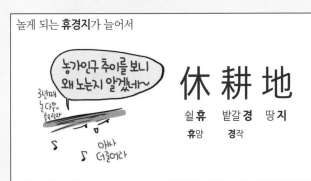

休耕地

쉴 휴 밭갈 경 땅 지

휴양 경작

총 경지 면적이 줄어들었음에도 농가당 경지 면적은 오히려 늘었어.

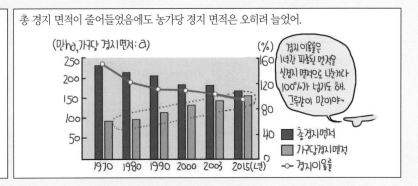

하지만 노동력 부족 문제를 해결하기 위해 **영농의 기계화**가 널리 이루어지면서

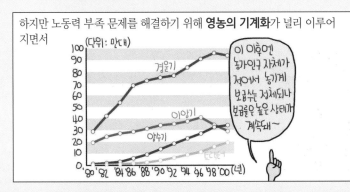

농업 생산성은 높아졌지. 물론 이건 단지 영농의 기계화 때문만은 아냐.

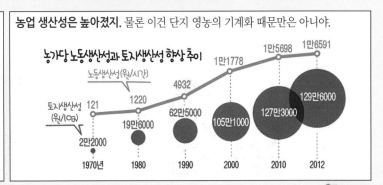

223

작물이나 가축 등 농업을 운영하는 것을 '영농'이라 하는데,

營農
경영할 **영** 농사 **농**

방금 언급한 영농의 다각화처럼 기획, 재배, 유통, 판매 등의 과정에서 다양한 혁신을 꾀했기 때문이지. 이러한 변화 들에 대해 좀 더 알아보자고.

농민들이 공동으로 투자하여 수익을 배분하는 **영농 조합**,

組合
도울 **조** 모일 **합**
원조 　 연합

농사를 전문 기업에게 맡기는 **위탁 영농**,

委託
맡길 **위** 맡길 **탁**
위임 　 신탁

기업 형태로 작물을 경작하는 **농업 회사** 등 새로운 농업 경영체의 수가 크게 늘었단다.

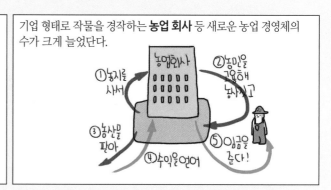

판매에도 변화가 생기는데, **유통 구조가 체계화·다양화**되는 가운데 **공영 도매 시장이나 대형 할인 매장의 비중**이 높아졌어.

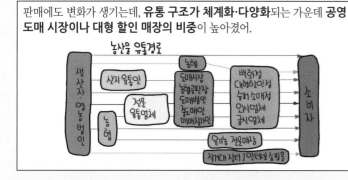

거기에 **직거래** 장터나 **전자 상거래** 등을 통해 유통비를 줄일 수 있는 방법들도 많이 활용하고 있지.

유통비용 비교 (단위: 상대값)

구분	포장비	운송비	하역비	상자수수료	운영비	유통자이율	카드수수료	유통비용 총계
도매시장경유	5.0	6.4	0.8	2.4	12.8	34.8		62.2
직거래장터	10.1	5.0			8.2			23.3
전자상거래	8.1	5.0			3		3.5~5.0	19.6~21.1

농업뿐만 아니라 농촌의 모습도 크게 변해왔어. 공간 챕터의 농촌 편을 함께 참고하도록 해~

만국샘 아버님하고 삼촌 사시잖아요 자주 찾아는 뵙는 거에요?

그게.. 장가가라는 잔소리를 하도 하셔서..

우선 인구 감소와 더불어 청장년층 및 유소년층이 감소하여

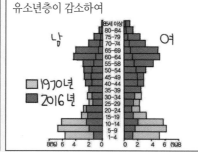

고령화와 그에 따른 **휴경지 증가**,

학교 통폐합, 통학 거리 증가 등의 현상이 나타나.

과거의 촌락 공동체적인 성격은 희미해지고

겸업을 통해 농업 이외 소득을 올리는 농가도 늘었지.

또한 경지를 다른 산업적 용도로 사용하는 경우는 늘고 농촌의 전반적인 경관이 **현대화**되었으며

최근에는 **교통 및 통신의 발달**로 정기 시장이 쇠퇴하고 농촌의 **생활권도 크게 확대**되었어.

원예농업 *

園(밭 원) / 藝(심을 예) / 農業(농업) : market gardening

원(園)은 밭을 뜻하는데 밭 전(田)보다는 고급스러운 곳이고, 예(藝)는 심는다는 뜻인데 심을 작(作)보다는 정성이 많이 담긴 행위야. 그만큼 '원예'란 밭에 심는다는 뜻이지만 특수한 작물을 많은 정성을 들여 심는다는 의미를 담고 있지. **채소나 과일, 화초, 특용 작물, 상품 작물 등의 고부가 가치 작물들을 고도로 계획된 곳에서 가꾸어 토지를 집약적으로 이용하며 높은 수익을 꾀하는 농업**을 말해.

111
농촌의 문제와 대책

농촌 지역의 가장 큰 문제라면 **인구 유출**과 **고령화**로 인해 **노동력이 부족**하다는 점이야. 그러니 **휴경지도 증가**할 수 밖에.

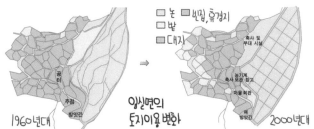

아무리 농가 소득이 늘었다고 해도 **도농간의 상대적 격차**는 계속 커져왔어.

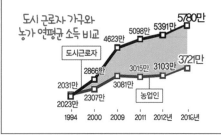

게다가 **각종 기반 시설의 부족**은 청장년층의 유출을 더욱 부채질하고 있지. 악순환이야.

남아있는 농민들도 농업 생산비가 높아져 점점 **부채**가 늘어나고 있어.

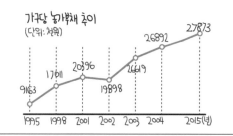

WTO 출범이나 FTA협약 등 자유무역이 확대되면 농산물 시장은 더욱 힘들어지게 돼. 우리나라는 가격 경쟁력이 떨어지거든.

그렇다면 농촌 문제의 해결책은?

노동력 부족 문제는 **영농의 기계화**를 통해 어느 정도 해결이 되었어.

시설 부족이나 농가 부채 문제는 **정부나 지방 자치 단체의 지원**이 중요하지.

무엇보다 농민들 스스로 고수익을 올리기 위해 **영농 기법을 개발**하거나

유통 구조를 개선하고

소비자의 기호를 반영하기 위한 노력을 기울여 **농업 경쟁력을 높여**야 해.

또한 농산물의 가공, 연구 등을 함께할 수 있는 **농공단지를 조성**하거나

늘어난 여가 수요에 부응하여 다양한 **관광 산업을** 개발해 볼 수도 있겠지?

지금까지 우리의 농촌과 농업에 대해 살펴봤는데 말야, 아무리 세상이 바뀌어도 밥안먹고 살 수 있어?

그래서 많은 학자들이 농업이야말로 가장 높은 부가 가치를 창출 할 수 있는 첨단 성장 동력임을 지적하고 있다고!

젊은이들이 농업 분야를 기피하게 된 현실은 참 안타까운 일이야.

그래도 의대나 공대가 빠대나지

농촌 총각되어서 장가도 못가는거 아냐...

세계의 식량문제를 해결하고 국가의 부를 창출할 농학 연구에 너의 미래를 바쳐보는 건 어때?

야!

뭐든 바치라고 할땐 일단 너부터 바치라니까 그거 보고 괜찮음 생각해 볼테니

😊 WTO*   세계 무역 기구 : World Trade Organization

명명백백 more

자유무역 안하면 혼난다! 떽!

세계 각국은 관세 장벽과 수출입 제한을 없애고, 국제 무역을 증진시키기 위해 1947년 제네바에 모여 관세 및 무역에 관한 일반 협정(GATT, General Agreement on Tariffs and Trades)을 맺었어. 그러나 GATT는 강제성과 처벌권이 없어 조정 능력이 약했던 것이 치명적인 단점이었지. 이에 세계는 다시 우루과이에 모여 무역 질서를 대대적으로 개편하고 이의 이행을 감시하는 강제성 있는 기구로 WTO를 출범하였어. 이로써 우루과이 라운드 협정에 반하는 국가는 WTO에 의해 불이익을 당할 수 있기 때문에 실질적인 **무한 경쟁과 세계화**의 흐름에서 어떤 국가도 자유로울 수 없게 된 거야. 그럼 FTA는 뭐냐고? 이건 국가끼리 알아서 맺는 자유 무역 협정(Free Trade Agreement)이야. 자세한 내용은 세계의 생활과 문화 챕터의 Special, 지역 경제 협력 기구 편을 참조해~

---

bonus 심바의 보너스* – 농촌 지역의 이모저모

저 뒤로 아파트 단지 보여? 도시적 생활권과 집약적 원예농업 기억나?

근교농촌 (경기도 하남시)

토양, 기후가 잘 맞으면 이렇게 노지에서도 원예재배가 OK! 원교농업의 장점이지?

노지재배 (수변화)

전형적인 곡창지대였던 이곳도 최근 원예농업의 비중이 점차 늘어나고 있대

김해평야

수리시설이 농촌에서 빠질 수 없겠지? 여기 가장 오랜 역사의 벽골제! 잘 가꿔서 지금은 관광자원!

벽골제 (김제)

---

112 산지 지역의 지형과 기후

이번엔 산지 지역으로 가보자.

우리나라는 70%가 산지인거 알지?

징헌놈... 인문지리에 와서도 운동화 안사주다니...

특히 높고 험준한 산지는 **북쪽과 동쪽**에 치우쳐 있으며

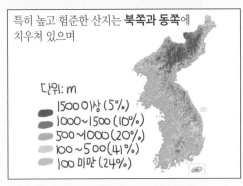

단위: m
■ 1500 이상 (5%)
■ 1000~1500 (10%)
■ 500~1000 (20%)
■ 100~500 (41%)
■ 100 미만 (24%)

우리나라의 경우 **태백산맥이나 소백산맥**을 따라 높은 산지가 분포하는데

산맥의 위치

행정 구역상으로는 강원도, 충청북도 동부, 전라남북도의 동부, 경상북도, 경상남도 북서부가 포함돼.

고도와 행정구역

지형적으로 높은 산지는 지역간 왕래를 방해하기 때문에 **지역 생활권**을 나누기도 하지. 예전엔 그나마 산지 사이 다소 고도가 낮은 곳인 영(嶺)이 주요 교통로로 이용되었어.

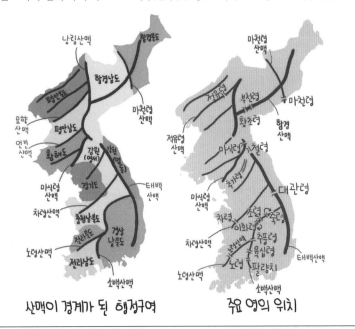

산맥이 경계가 된 행정구역

주요 영의 위치

산지의 특징적 기후를 정리해보면, 해발고도가 높다 보니 저지대보다 **여름에는 서늘하고 겨울에는 몹시 추우며 무상일수도 적지.**

강릉
태백
대관령

바람받이 사면에서 지형성 강우, 강설이 많은 것도 특징이야.

다우지·다설지 복답하긴..

바람의지 사면   바람받이 사면   동해

산의 정상에는 바람이 많이 불기 때문에 가지가 바람의 방향에 따라 편향되어 자라는

바람

편향수를 볼 수 있다는 것도 특징.

偏向樹

치우칠 **편**   방향 **향**   나무 **수**

편서풍   방향   가로수
편애

-편향수 놀이-

이건 혼자해도 잼있구만

228

113 산지 지역의 변화

교통이 발달하기 이전의 산지 지역은 외부 뿐 아니라 지역 내에서도 **왕래가 불편**했어.

그래서 주민들은 농경지를 가까이 두기 위해 흩어져서 살았는데

이러한 취락을 **산촌**이라고 불러.

散 村
흩어질 **산**　마을 **촌**

분산　　촌락
해산

농사도 넓은 평야와 용수 확보가 어려워 주로 밭농사를 지어왔고 전체적으로 농경지 자체도 적지.

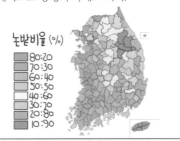

논밭비율 (%)

그래서 예전에는 농경지를 만들기 위해 불을 질러 밭을 만들어 이곳에서 잡곡을 기르기도 했어.

이를 **화전**이라 하는데, 산림을 훼손할 뿐 아니라 재 성분이 계속 지력을 약하게 하기 때문에 지금은 자취를 감춘 방법이지.

火 田
불 **화**　밭 **전**

화재　　전답

또한 나무를 베어 파는 **벌목**으로 생계를 이어나가기도 했단다.

伐 木
벨 **벌**　나무 **목**

벌초　　목재

이렇듯 산지 지역은 불편한 점이 많고 상대적으로 발달이 더디기 때문에 인구 밀도가 낮았어. 이건 지금도 마찬가지고.

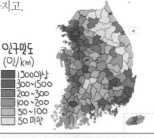

인구밀도
(인/km)

나무는 흔하니 산지의 가옥은 주로 나무판을 기와로 얹은 너와집이나

통나무로 귀를 맞추고 틀을 짜서 만든 귀틀집에 살았지.

한편 조선 후기는 상업이 융성한 시기로 산지 지역에도 정기 시장이 등장하며 활기를 띄기도 했어.

229

특히 평창의 대화장은 조선 후기 15대 시장 가운데 강원도에서 유일하게 포함되기도 했지.

평창은 조선시대 영동지방의 산물을 한양까지 나르는데 중요한 요지였거든

하지만 지나친 화전과 벌목으로 가장 중요한 자원인 산림이 급감했고

운교에서 강릉부의 서쪽 대관령에 이르는 길옆은 평평한 곳이나 높은 고개를 막론하고 모두 수목으로 덮여 우러러보아도 태양이 보이지 않았는데 - 그러던 것이 수십 년 전부터 산야가 모두 개간되어 농사 터가 되고 마을이 서로 잇닿아 산에는 작은 나무 한 그루도 없게 되었다. 예전에는 인삼이 나는 곳은 모두 영서에 있는 깊은 산 속이었는데 산사람들이 화전을 일구느라 불을 질러서 인삼의 산출이 적게 되고 매번 장마 때면 홍수가 나고 산이 무너져서 흙이 한강으로 흘러 드니 한강은 점차 얕아지게 되었다. -택리지 팔도총론 강원도편

철도의 등장으로 강원도의 물자를 실어 날라주던 한강 수운도 쇠퇴 했지.

이제 내가 트렌디지~

노량진

예전엔 여기 배가 많았는데..

그러나 근대화 이후 **육상 교통**이 발달하면서 산지 지역의 **접근성**이 높아졌고 많은 변화가 생겨.

경 영동고속국도 개통 축

오빠, 서울에서 설악산까지 하루면 갔다온데

그래도 1박을 해야 재밌지. 오빠믿지?

석탄, 석회석 등의 지하 자원이 개발 되고 **산업 철도**가 놓이면서 **광산촌**이 크게 발달했었지.

영동선 강릉~영주
태백선 태백~영월
정선선 정선~고한
충북선 제천~조치원

서울

산업철도

강릉
정선선 영월
영월 태백

그러나 화석 연료 소비는 줄고 채굴비용은 상승하면서 광업이 급격히 쇠퇴했어.

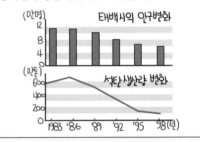

(만명) 태백시의 인구변화
12
8
4
(만톤)
600
400
석탄 생산량 변화
200
'83 '86 '89 '92 '95 '98(년)

지금은 관광 산업이나 상품 작물의 재배 등을 통해 수익 창출을 꾀하고 있어. 이때 교통의 발달이 필수!

CASINO

정선강원랜드

고장의 장점을 살린 관광상품을 만들었더니 사람들이 찾아오네

태백역

눈꽃여행 가자

눈꽃축제 행사자

산지 지형에도 다양한 고속 국도 등이 건설되면서 산간 지역의 생활은 크게 개선되었는데

산간지역을 지나는 주요 고속도로

그중에서도 강원도에 **영동 고속 국도**가 개통되면서 나타난 변화가 가장 극적이지.

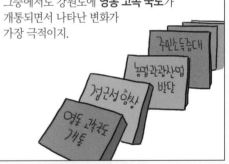

주민소득증대

농업관광산업 발달

접근성 향상

영동 고속국도 개통

수도권 소비 시장과의 시간 거리가 대폭 줄어들면서 상업적 농업이나 관광업의 발달이 가능했던 거야. 최근엔 제2 영동 고속 국도까지 건설되어 더욱 편해졌어.

서울에서 2시간반이면 대관령 도착!

제2 영동 고속 국도로 서울 원주 시간

서울
춘천
경기도 광주
원주
이천 여주
강릉
동해

이러한 변화를 바탕으로 태백은 많은 적설량을 활용하여 지역 축제를 열기도 하고

태백 눈꽃축제

오빠, 여기 너무 재밌다 내년에 다시오고 늦지 않게 설로 올라가자

아냐 더둘아 오빠가 눈사람 만들어줄게 오빠 믿지?

평창은 고원의 특성을 활용해 다양한 휴양 시설로 인기를 누려왔어. 2018년 자랑스러운 동계 올림픽 개최지이기도 하지?

심바보다 우리가 훨 큐트하지? 안구 정화좀 해~

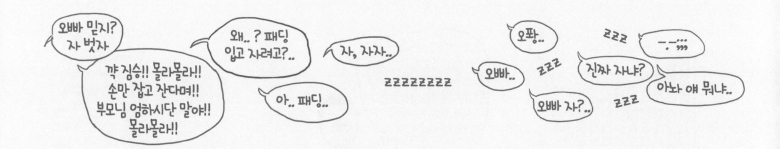

114 산지 지역의 이용

이번엔 산지를 어떻게 이용할 수 있는지 궁금하지 않니? 주민들에게 물어볼까?

우선 꼭 산지가 아니라도 숲이 있는 곳을 **임야**라고 하고

林 野

수풀 **림** 들판 야

산림 광야

숲을 통해 경제적 생산물을 얻는 것을 **임업**이라고 해. 보통 목재만 생각하기 쉬운데

林 業

수풀 **림** 일 **업**

산림 농업

베지는 않았지만 살아있는 나무들(**순임목**), 돌이나 흙 등을 자원으로서 얻는 **토석, 버섯, 약초, 산나물**, 밤 잣, 대추 등의 **수실류 등**이 모두 포함돼.

과거에는 목재나 연료를 위해 산림을 이용하는 부분이 컸지만 지금은 나무를 베야하는 목재는 거의 수입에 의존하고 있어.

대신 조경재, 버섯, 약초, 산나물, 수실류 등의 재배와 채취 등 다양한 방법으로 수익을 얻고 있지.

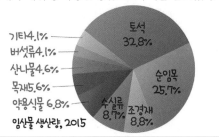

기타 4.1%
버섯류 4.1%
산나물 4.6%
목재 5.6%
약용식물 6.8%
수실류 8.7%
조경재 8.8%
순임목 25.7%
토석 32.8%

임산물 생산량, 2015

그럼 우리나라에 나무는 충분하냐고? 오랫동안 남벌을 억제하고 나무를 심는 식목(植木) 사업에 힘써왔기 때문에

임목 축적량은 60년대 이후 꾸준히 증가했어. 임야면적 자체는 개간, 관광지화 등으로 계속 줄어들지만,

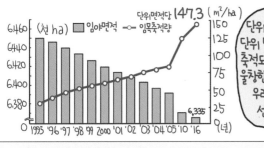

단위면적당 임목 축적량은 단위 면적당 나무가 얼마나 축적되어 있는지, 즉 얼마나 울창한지를 알려주는 지표야. 우리나라도 어느덧 선진국 평균 수준!

우리나라에서는 강원도와 경상북도가 산지가 많아 임야와 임목 비중도 높지.

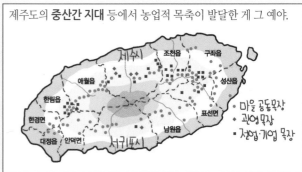

또한 교통 발달 이후에는 **변화된 식생활을 반영하는** **농축산물을 생산**하여 고수익을 꾀하게 되었다고 했지?

채소나 유제품은 현대인의 이유식!

강원도 **대관령** 일대나

자연지리 고위평탄면을 복습해봐~

제주도의 **중산간 지대** 등에서 농업적 목축이 발달한 게 그 예야.

중산간 지대가 뭐냐고? 저 한자도 풀어줘야 되냐? --;; 말 그대로 산 중간 사이지대로

中 山 間

가운데 중   뫼 산   사이 간

경사가 완만한 제주도 중턱 초지대를 말해. 자연지리 제주도편에도 잘 나와있지.

저기봐 젖소

산중턱에 넓은 목초지!

거기 누님들, 프레쉬밀크한잔 주쇼

특히 고위 평탄면에서는

여름에 서늘한 기후를 이용해서 **고랭지 농업**으로 채소와 감자들을 재배해서

큰 수익을 올리고 있지!

내가 키웠어 이것들아

7월~9월에 배추구하려면 고랭지배추 뿐!

강원도민의 소득이 증대됐다더니 과연!

그 누가 도시민 소득이 높다하였나-

115 산지의 중요성

'산지'하면 임산 자원만 있을 것 같지? NoNo, **생물 자원**이나 **지하자원**의 보고이기도 하다고.

강원도만 해도 산지에서 얻어진 광물 자원으로 공업화가 가능했고 낙차가 있으니 수력발전을 통해 전력을 생산하기도 했잖아.

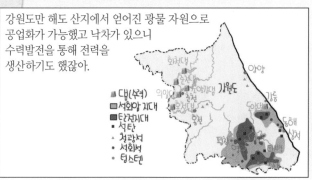

또한 다양한 **동식물의 서식지**이기도 하고

우리에게 **여가의 공간**도 제공해주지.

더욱이 소득 수준과 산지 지형으로의 접근성이 높아지면서 산림욕, 스키, 래프팅 등 다양한 활동을 이용한 **관광 산업**은 점점 발달하고 있어.

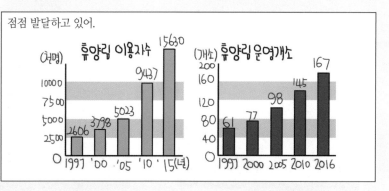

또한 산림은 물을 저장하는 능력이 뛰어나 **홍수를 예방**해. 그래서 녹색댐이라 불리지.

식생이 토사를 쥐고 있음으로써 **토사의 유실과 붕괴를 막아**주기도 하고.

기후 및 환경 조절 기능 등등 산지가 인간에게 주는 이점은 이루 다 헤아릴 수 없을 정도야.

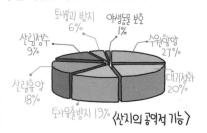

〈산지의 공익적 기능〉

이렇듯 소중한 산지가 최근 과도하게 개간되고 있어.

암석이나 자원이 무리하게 채취되면서 산은 심각하게 훼손되었지.

따라서 산지를 개발할 때는 무엇보다 **생태계**를 먼저 고려해야 돼.

도로를 건설하면서 야생동물의 경로가 차단되는 것을 **생태터널**로 예방하거나

일정 기간 출입을 통제하여 오염된 산의 생태계를 회복시키는 **자연 휴식년제**의 도입 등도 좋은 방법이지.

심바의 보너스*- 산지 지역의 이모저모

도계탄광 (삼척)

임업 (지리산)

사방댐 (강원평창)

강원랜드 (정선)

한우축산 (횡성)

산촌취락

해안 지역의 생활

우리나라의 해안 지역은 **반농 반어촌**이 많아.

半農半漁村

반**반** 농사**농** 반**반** 물고기**어** 마을**촌**

절반   농업   절반   어업   촌락

어업과 농사를 병행하여 부족한 수입을 보충 하려는 거지.

월	양식업		어업	농업	
1					
2					
3					
4	김	미역	멸치	벼	양파
5					
6					
7					
8			오징어		마늘
9					
10					
11					
12					

완도의 생산달력

● 파종
● 수확

어촌은 업의 특성상 지역 공동체가 발달하게 되는데,

마을 단위로 수산물의 생산, 판매가 이루어지는 **어촌계**나

많은 수확과 안전을 기원하는 **풍어제**를 지내는 걸 보면 잘 알 수 있지?

우리나라는 3면이 바다라 수산업이 발달하기에 좋은 조건을 갖추고 있는데

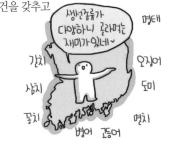

동해안과 황·남해안의 모습이 다르다는 게 특징이야.

동해안은 순수 어촌의 비중이 높고 파랑이 세서 양식업보다는 연근해 어업이 발전한 반면

황해안과 남해안은 넓은 간석지와 잔잔한 해수면 덕분에 **양식업이** 큰 비중을 차지하고 있어.

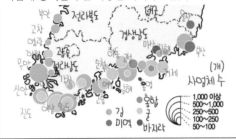

황해안은 넓은 간석지와 큰 조차 덕분에 **간척 평야가** 많고 **천일 제염업이** 발달했다는 거, 자연지리편에서 다룬건데 기억 날랑가?!

그러나 어업은 인력 부족, 어업인 고령화, 각국의 배타적 경제 수역 선포 등으로 **어려움이** 많아.

게다가 남획, 수온 변화, 해양 오염 등으로 연안의 **수산 자원이 고갈**되는 것도 큰 문제야.

다만 고부가가치의 **양식업은** 그 비중은 **늘고** 있지.

한편, 해안 지역은 수산 자원뿐만 아니라 **관광 자원도** 풍부해.

최근에는 신산업 단지 조성이나 관광 산업 등으로 어촌도 새로운 모습으로 변화하기도 해.

그에 따라 서비스업 등에 종사하는 **비어업 인구도 늘어나고** 있단다.

뭐기 만국도련님이 회를 먹으러와?

아줌마! 전복 맛갈애들 좀 골라봐바

🖐 어장에 따른 어업의 분류*

- **내수면 어업** 內 안 내 / 水 물 수 / 面 면 면 / 漁業 어업 : inland fishery : 육지 안쪽의 민물에서 이루어지는 어업이야. 하천, 댐, 저수지, 기타 인공 담수를 모두 포함하며 내수면 어업의 반대가 해양 어업이 되겠지.

- **해양어업**
  - **연안어업** 沿 물따를 연 / 岸 기슭 안 / 漁業 어업 : coastal fishery : 해안에서 가까운 곳을 따라 이루어지는 어업이겠지. 보통 영해 안에서 이루어져.
  - **근해어업** 近 가까울 근 / 海 바다 해 / 漁業 어업 : offshore fishery : 근해. 즉 가까운 바다에서 이루어지는 어업이야. 연안 어업과 근해 어업에 구분이 있는게 아니라서 함께 연근해 어업으로 불리기도 하지.
  - **원양어업** 遠 멀 원 / 洋 바다 양 / 漁業 어업 : deep sea fishery : 근거지로부터 며칠 또는 수십일이 걸리는 먼 바다에서 하는 어업이야. 각국의 배타적 경제수역 선포 이후 특히 어장이 축소되었지.

117 항구

port, harbor

그누가 항구를 빼고 해안 지방을 이야기할 수 있으리오?

항구는 바다를 항해하던 **배가 육지에 닿을 수 있도록 부두** 등을 건설한 곳을 말하지.

한자로 **항**, 항의 입구라는 뜻의 **항구**, 바다가 육지쪽으로 들어온 만에 항이 들어서므로 **항만**은 모두 같은 뜻이야.

$$港 = 港口 = 港灣$$

항구 **항**　　　항구 **항** 입구　　　항구 **항** 물굽이 **만**

항구는 용도에 따라 크게 세 가지 정도로 나눌 수 있는데,

 외국으로 수출입되는 화물을 싣는 선박이 이용
남해 〉황해 〉동해 (개녹)

 국내 어떤항만에서 다른 항만으로 화물을 실어나를 때
남해 〉동해 〉황해

 수산업의 근거지
남해 〉동해 〉황해

아무 해안에나 만들 수 있는 건 아니야.

No

우선 선박이 안전하게 정박할 수 있도록 **수심이 충분히 깊고**

야, 왜 안들어와요?

지금 배가 바다에 닿았어

바지에 똥지린 그런 느낌이야.

해수면도 잔잔해야 해.

방파제가 파도를 막아주어 안전하다우

선박이 닿는 부두 시설을 만들기 위해서는 **지반도 견고**해야 하고,

내가 약하면 배들이 불안하지

방파제

방파제

안개나 바람이 적어야 좋겠지.

물고기잡이는 바다날씨의 영향을 많이 받아

방파제

그래서 어항은 특히 기후조건이 좋아야해

또한 **육상 교통과의 연결성**이 좋으면 화물을 신속하게 실어 나를 수 있어 좋겠지?

고마워 얘들아 급한 화물이었는데

나도 고속도로타고 쏠게

짐 맞지? 어서내려 바로 실어다줄게

종종 항구의 중심은 더 적합한 곳으로 **이동**하기도 해. 이곳은 토사의 퇴적과 어장 고갈로 항구가 이동한 사례야.

←항구의 이동

동해안은 수심은 깊지만 해안선이 단조롭다보니 **파도의 영향이 커서 항구 발달에 불리**해.

방파제가 없으면 배를 댈 수가 없네

반면, **황·남해안은 해안선이 복잡하여 해수면이 잔잔한 만(灣)**에 항구를 만들기 좋지만

들쭉날쭉한 해안지형이 천연 방파제 역할을 하는구만~

황해안은 **수심이 얕고 조차가 커서** 배가 바닥에 닿을 우려가 있기 때문에

지금 썰물인거 모르나?

허, 배가 바닥에 닿았으...

갑문식 독이나

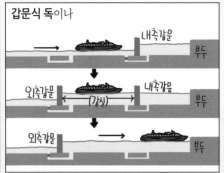

내측갑문

외측갑문 (갑실)

외측갑문

뜬다리 부두와 같은 **특수 항만 시설**을 만들어.

72.황남해안을 복습해봐

길이·높낮이 조절

[뜬 다리 부두]

육지

항구는 그림과 같이 내륙으로 가면서 방파제*와 부두*, 물양장*, 위판장*, 건조 시설, 냉동 창고, 횟집 등이 나타나. 그 배후에 취락이 입지하는데 공간이 좁아 취락의 규모가 작고 밀집된 것이 특징이지.

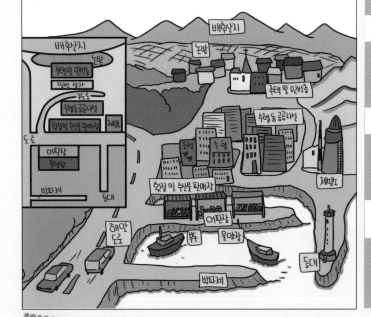

배후산지
배후산지
논밭
논밭
주택 및 미반송
일반 상가
주택 및 미반송
국도로
수령등 공공시설
수령등 공공시설
제방
횟집 및 수산물 판매상
도로
어판장
물양장
방파제
등대
횟집 및 수산물 판매상
어판장
제방교
해안
도로
부두
물양장
등대
방파제

방파제*

防 (막을 **방**) 방어, 방지 / 波 (파도 **파**) / 堤 (둑 **제**) : breakwater

말 그대로 파도를 막는 둑이야. 보통 항구는 만(灣)에 건설되는데, 이때 항구 외곽에 방파제를 쌓으면 항구의 내부가 물결로부터 보호받을 수 있거든.

부두*

埠 (부두 **부**) / 頭 (머리 **두**) : wharf

항구 중에서도 배가 직접 육지와 연결되는 곳. 그래서 사람과 화물을 싣고 내릴 수 있도록 된 곳이 부두지. 보통 육지에서 나온 구조물의 일부가 배가 머무를 수 있는 수심의 바다까지 뻗어 나가 부두가 되지. 육지 쪽에서는 여객 수송이나 화물의 하역 등의 설비가 잘 연계되어 있어야 하겠지?

물양장*

物 (물건 **물**) / 揚 (끌어올릴 **양**) / 場 (장소 **장**) : lighters' wharf

물양장은 부두야. 대형 화물선이나 여객선이 배를 대는 곳을 부두라 한다면 물양장은 주로 어선이나 부선(艀船, 동력 장치 없이 떠서 가는 배)과 같은 소형 선박을 위한 부두를 말하지. 그래서 이곳에서는 주로 중·소량의 수산물을 싣고 내리는 일이 잦지. 그래서 물양장이라고 하는 거란다.

위판장*

委 (맡길 **위**) 위임, 위탁 / 販 (팔 **판**) 판매 / 場 (장소 **장**) 시장
: consignment sale market

판매를 맡은 곳이란 뜻이지? 수산물은 그 특성상 생산 조절이나 계획 생산이 쉽지 않잖아. 그래서 가격의 급·등락 현상이 자주 있게 되지. 이에 어민들을 보호하기 위하여 보통 어촌에서는 공공의 성격을 띤 조합 등을 설립하여 수산물을 안정된 가격에 구매하고 판매를 위탁, 관리하는 곳이 있지.

118 간척지

reclaimed land

이부분은 자연지리의 '간석지' 편과 '황·남해안' 편을 복습하면 거의 다 끝난 셈.

'간척!' 물을 빼서 넓힌다는 뜻이야.

干 拓
물빠질 **간** 넓힐 **척**

간석지   개척

바닷물이 들어왔다 빠져나가는 간석지(갯벌) 부분의 물을 빼내서 평지로 만드는 거야.

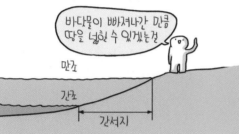

방조제를 지은 다음 바닷물을 빼는 공사를 하지.

防潮堤
마을 방 조수 조 둑 제

다시 물이 못들어오게 막기만 한다면...

바다

황·남해안은 조차가 크고 수심이 얕아서 간석지가 넓게 발달하기 때문에 간척 사업을 하기에 좋은 조건을 갖추었댔지?

또한 **해안선이 복잡**하기 때문에 **방조제** 건설에 유리해.

이렇게 만들어진 간척지는 농지 뿐만 아니라 **산업 용지**,

항만 시설과 공항 부지, 주거지, 업무 지구 등으로 활용될 수 있어.

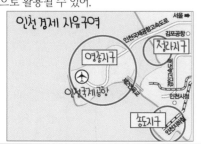

그리고 방조제 자체가 **교통로나 관광지의 역할**을 하기도 하며

방조제 안의 민물은 농업 **용수**나 공업 용수로 쓰일 수 있지.

하지만 주변 공업 지역으로부터 오염 물질이
유입되어 **환경 문제**가 발생하기도 하고

양식업과 연안 어업에 직접적인 타격을 줘서
어민들의 생계를 위협하기도 하지.

하지만 무엇보다 간석지 자체가 갖고 있는 경제적,
생태적 가치가 큰만큼

개펄의 경제적 가치 = 39억/km²
- ✓ 수산물 생산가치 = 12억/km²
- ✓ 방조가치 = 10억/km²
- ✓ 서식지제공여함의 가치 = 9억/km²
- ✓ 정화기능의 가치 = 4억/km²
- ✓ 여가및 재해방지 기능의 가치 = 2억/km²

환경과 조화를 이루어 **지속적인 발전**이 가능하도록
간석지를 활용할 필요가 있다고.

119 간척 평야와 해안 평야

reclaimed plain & coastal plain

해안지역에서는 어업뿐 아니라 농업도 병행한다고 했잖아. 그렇다면
평야가 있다는 건데.. 어디에서 농사를 짓는 걸까?

해안 지역이 있는 평야는
인공적으로 만든 간척 평야와
자연 평야인 해안 평야로 나눌
수 있어.

간척 평야는 바로 앞에서 했던 **간척사업을 통해 만들어진 평야**야.

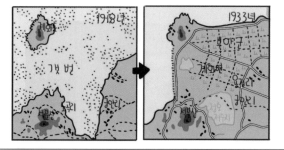

과거에는 식량이 부족해서 식량 작물을 기를 평야를
확보하는 게 국가적으로 중요한 문제였거든.

작정하고 만든 농지니 넓고 평탄하며 경지가 반듯하여 **기계화에도 유리하고 영농 규모도 크겠지.**

저수지와 수로 시설도 계획적으로 만들어서 **농업 용수도 안정적으로 공급**받을테고.

이곳 주민들은 넓은 농경지 인근에 정착해 살기 때문에 가옥들이 서로 떨어진 **산촌(散村)**이면서 일렬로 늘어서 있는 **열촌**을 형성하는 경우가 많아.

列 村

늘어설 **열**　마을 **촌**

일렬　　　촌락
병렬

그러니 지형도에 논밭이 반듯하게 정리 되어 있고 주변에 인공 저수지가 있으며 가옥이 늘어서 있다면? 그건 간척 평야!

다만 해수를 막아 만든 농지라 **염해**의 우려가 있는 건 단점.

반면 **해안 평야**는 주로 **하천 주변이나 사빈의 배후에서 불규칙적으로 나타나**는 자연 평야야.

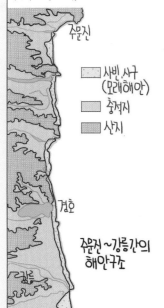

해안 지역에는 하천의 충적지가 많고 그 전면에 사빈과 사구가 나타나는 것이 보통인데,

해안 지역이 기본적으로 하천의 하류다보니 퇴적 작용이 활발하기 때문에 **충적지**가 나타나는 거지.

사빈의 모래가 바람에 날려 해안 평야에 염해를 입히거나 매몰시키는 것을 막기 위해 **방풍림**을 조성하기도 해.

이러한 충적지에 인접한 어촌은 예로부터 어업과 농업을 병행했어.

다만 동해안은 경사가 급하고 큰 강이 없어 평야의 면적이 좁다는 것은 이야기 했지?

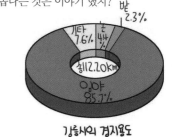

최근에는 해안평야를 농지로 쓰기보다는 관광, 서비스업 시설로 이용하는 경우가 늘었어.

넓은 야영장을 갖춘 숙박시설로 바꿔어. 농지로 쓸때보다 짱짱해~

자, 이제 간척 평야와 해안 평야의 차이를 표로 비교해 볼까?

	간척평야	해안평야
분포	황해안 간척지	동해안 사빈 배후
경관	경지가 넓어 규모가 큼 (기계화)	평야가 좁고 규모가 작음
용수확보	인공호, 저수지	하천수 이용
촌락	경지와 밀착된 산촌, 열촌	사구배후에 집촌
최근 변화	원예작물재배 증가	관광 및 서비스업 증가

심바의 보너스* - 해안 지역의 이모저모

이렇게 구획을 나누고 그물망구조를 만들어 그 안에서 어패류를 키우지. 말 그대로 카두리!

가두리 양식장 (태안)

계화 간척지 첫 수확 때 인증샷! 표정 놓고~!

간척평야 (부안 계화도)

새벽에 함 가봐~ 싱싱한 수산물 경매가 한창일거야~

위판장 (부산항)

고기 많이 잡게 해주십쇼~ 얼쑤!

풍어제

방조제가 파도를 막아주니 그 안의 선박들은 안전하네~

방파제

가공하는 것도 성실할때 해야지~ 그래서 항구 근처엔 건조장이나 냉동창고가 꼭 있어

건조시설 (속초항)

항구뒤로 농경지와 밀집된 취락이 보이지?

반농반어촌 (전남 여수)

우럭축제, 대하축제, 꽃게축제... 특산물도 팔고, 지역문화도 살리고!

특산물축제 (삼길포)

바람? 모래? 농경지와 촌락은 얘가 막는다!

방풍림 (남해)

242

120 북한의 지형과 기후

이번엔 북한으로 가보자!

북한은 평양을 수도로 총 9개의 도로 구성되어 있어.

북부 지역은 일단 높은 **산지가 많아서** 거주에는 불리한 점이 많아.

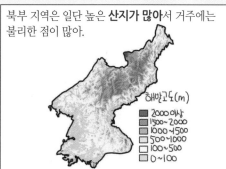

낭림이나 마천령산맥과 같은 높은 산맥은 **교통의 장애**가 되어 지역을 나누지.

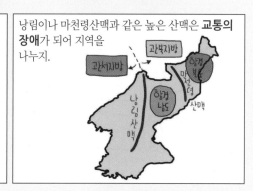

함경산맥은 태백산맥처럼 사면의 경사가 동해안 쪽은 급하고 개마고원 쪽은 완만해.

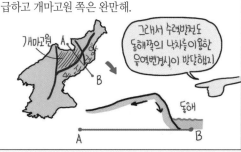

두만강을 제외한 하천들은 대부분 황해와 압록강으로 흘러들기 때문에

북부 지역에서 그나마 넓은 **평야**를 볼 수 있는 곳은 **황해안 지역**이야.

또한 북부 지역에서는 신생대 제3기 말 ~4기 초 만들어진 **화산 지형**도 볼 수 있어. 자연지리 화산 지형 편을 참고해 보렴~

그렇다면 북한의 기후는? 이부분 역시 자연 지리 북부 기후편에서 아주 자세히 다루고 있는데,

한마디로 정리하자면 북부 지역은 **춥고 강수량도 적은 편**이야.

우선 이곳이 추운 이유는 위도와 해발 고도가 높고, 대륙의 영향을 많이 받기 때문이지.

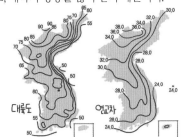

다우지/소우지 분포는 주로 산지에 의한 지형성 강수 때문.

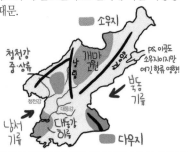

즉, 바람받이 사면에 비를 뿌리고 나면 반대쪽인 바람 그늘 사면은 건조해지기 때문인데,

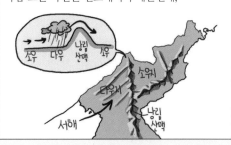

단 대동강 일대는 지형적 장애물이 적어 소우지야.

이렇게 논농사에 불리한 지형 및 기후 조건 때문에 주로 **밭농사가** 이루어지고 있어.

그나마 황해안과 동해안의 평야지대에서 논농사가 이루어지고 있지.

위도가 높아질수록 잡곡이나 감자, 옥수수 등의 생산 비중이 높아.

이렇게 열악한 조건과 경제적 후진성으로 **농업 생산성이 낮아** 여전히 식량 수급은 부족하지.

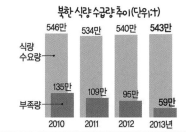

121

북한의 인문 환경

이렇게 북부 지역은 산지가 많다 보니 예전부터 **인구도 적고 인구 밀도가 낮았어.**

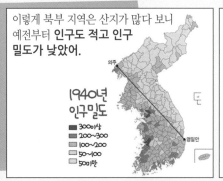

경제침체와 식량난으로 출생률은 낮고 사망률은 **높아 인구 성장률도 높지 못하고**

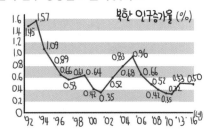

현재 인구도 약 2500만명으로 남한 인구의 절반도 안돼.

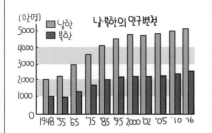

북한도 시대별로 다른 인구 정책을 펼쳤는데, 한국 전쟁 직후부터 60년대까지는 인구가 절대적으로 적었기 때문에 출산 장려 정책을 폈다가

70~90년대에는 식량난 해결이나 여성 노동력 확보를 위해 여성들의 출산을 제한했어.

하지만 최근에는 북한도 역시 고령화와 저출산으로 출산 장려 정책을 적극 실시하고 있어.

북한 인구의 대부분은 **관서 지방의 평야 지대**나 **관북 지방의 동해안 일대**에 살고 있어.

특히 **평양~남포**에 이르는 지역은 평양 평야가 있고, 공업도 발달하여 **북한의 정치, 경제, 문화의 중심지**야.

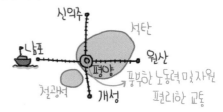

특히 평양은 수도이며 남포는 평양의 외항으로 중요한 도시지.

동해안 지역은 지하자원을 바탕으로 성장한 **공업 도시**들이 분포하고.

북한도 도시의 인구가 촌락보다 많아 **도시화가** 상당 부분 진행되었음을 알 수 있어.

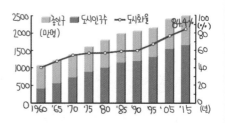

한편, 북부 지역의 도로 교통은 도로 폭이 협소하고 포장 비율이 낮아.

대신 **철도 교통의 비중이 높은**데, 이마저도 에너지난으로 운행에 어려움을 겪곤 하지.

122

북한의 산업

북한에 매장된 지하자원은 상당한 양이라고 해.

그래서 이를 바탕으로 한 **군수 산업 위주의 중화학 공업**이 발달했고

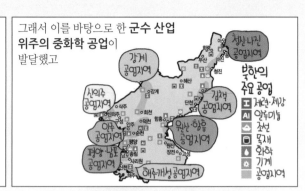

경공업의 발달은 상대적으로 저조해.

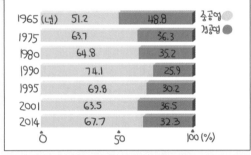

년	중공업	경공업
1965 (년)	51.2	48.8
1975	63.7	36.3
1980	64.8	35.2
1990	74.1	25.9
1995	69.8	30.2
2001	63.5	36.5
2014	67.7	32.3

북한 산업의 가장 큰 특징은 잘 알다시피 사회를 개인보다 중시하는 **사회주의** 및 공동으로 생산, 소유하는 **공산주의** 이념에 입각해,

共　産

함께 **공**　생산할 **산**

공공　생산

생산 수단을 **국유화**하고

중앙 집권적 계획 경제를 실시하고 있다는 거야.

그러다 보니 노동자의 근로 의욕이 저하되고 자원이 비효율적으로 이용되는 문제가 나타났고

'자립적 민족 경제 원칙'을 지켜왔기 때문에

무역 거래가 부진하며 무역 적자도 큰 상태야.

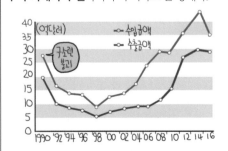

또한 경제가 발달하면 다음과 같이 1차, 2차, 3차 순으로 산업 구조가 고도화되기 마련인데,

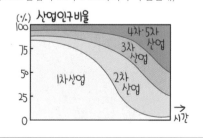

북한은 오히려 2차 산업과 1차 산업의 비중이 매우 높은 등 경제 발달 수준이 **후퇴**하고 있어.

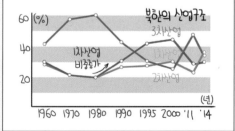

주민들은 가장 기본적인 생활조차 영위하기 힘들 정도지.

이솔(칫솔)이 낡아져서 양치를 못닦드래요

위생종이(휴지)도 없어서 똥도 못닦드래요

북한의 침체된 경제 상황이 개선되지 않으면 **남북한 경제 격차**는 더욱 벌어질 것이고

남한
북한

이는 평화 통일을 더욱 어렵게 만들 거야.

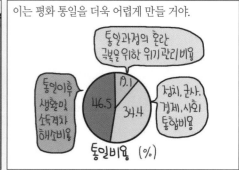

통일과정의 혼란 극복을 위한 위기관리비용

통일이후 생활및 소득격차 해소비용 46.5

19.1

34.4 정치, 군사, 경제, 사회 통합비용

통일비용 (%)

따라서 서로의 부족한 점을 보완하면서

북한
풍부한 지하자원 저렴한 노동력

개성공단

휴전선

남한
풍부한 자본 우수한 기술

경제 협력과 교류가 활발해진다면 남북한의 공동 번영과 한반도의 안전에 기여하겠지!

개성특구
·2002.11 설치
·한국 중소기업 투자유치
·임가공업주력

금강산 특구
·2002.11 설치
·한국·일본 관광객 유치

고통받는 북한 주민들을 생각해서 한달동안 이빨 안닦았어~

---

123 북한의 변화

80년 대 말 공산 국가들이 사회주의를 포기하면서 북한은 극심한 경제적 어려움을 겪게 돼.

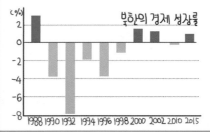

북한의 경제 성장률

1988 1990 1992 1994 1996 1998 2000 2002 2010 2015

그뒤로 점진적이나마 **개방 정책**을 취하지 않을 수 없었던 거지.

3대난
1.에너지난
2.식량난
3.외화난

1990년대 북한이 겪은 경제적 어려움을 3대난이라고해

눈물 한짝 흘려주고 고고씽

그래서 북한은 1984년 외국 자본의 도입을 공식적으로 합법화하는 **합영법**을 제정하여 개발에 노력 하고 있어.

合 營 法

합할**합** 경영할**영** 법**법**

합운   경**영**
합리   운**영**

91년에는 나진·선봉 지역을, 2002년에는 신의주, 금강산, 개성 공단을 경제적 특별 구역으로 지정했어.

체제에 미치는 영향을 고려하여 모두 국경 인근에!

신의주 특별 행정구

나진·선봉 경제 특구

금강산 관광 특구

개성 공업 지구

나진·선봉에는 외국의 자본과 기술을 받아들여 **수출 가공 지대**로 만들려고 했어.

북한

중국 및 러시아와의 접경지자 태평양의 관문인 지리적 이점을 활용하여 **국제 화물 중계 지대**로 만들 계획이었지.

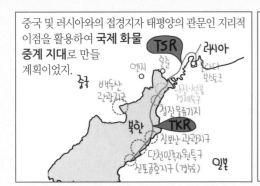

허나 안타깝게도 사회 간접 자본이 부족한 데다 외국인 투자가 적어 큰 효과를 보지는 못했어.

한편 **신의주** 특별구는 황금평, 위화도 등 중국과의 중계 무역이 유리한 인접성을 바탕으로

무비자, 무관세, 사유 재산 등이 인정되는 **행정 자치구**인 것이 특징이야.

2004년 중국과의 정치적 관계를 이유로 중단되었다가 2015년 이후 다방면에서 사업 재개에 박차를 가하고 있지.

한편 **개성에 조성한 공단**에는 많은 기업들이 진출해서 **남북 경제 협력의 대표 사례**로 꼽혀.

특히 인건비가 저렴하기 때문에 섬유, 전기, 전자 산업이 주로 입지했어. 서울과 매우 가까운 것도 큰 장점이지.

금강산은 98년부터 남한 기업이 개발, 관리한 관광지역인데, 2008년 관광객 피살 사건으로 잠정 중단 상태지.

이렇게 북한의 경제 특구들은 해당국과의 관계 변화가 크기 때문에 안정성에 문제가 있어.

124 분단과 통일

분단 상황이 장기간 지속되면서 점점 젊은 세대에게 통일에 대한 의식이 흐려지고 있는데 이는 참으로 안타까운 일이야.

거기다 **남북간 경제 규모 차이**가 점점 벌어지고 있기 때문에 분단 상황이 지속되면 통일이 더욱 어려워질 거야. 그러나 이렇게 두고 보고 있어서는 안돼!

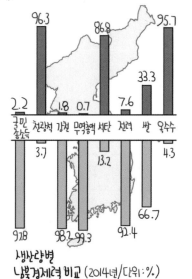

생산량별
남북경제력 비교 (2014년/단위 : %)

우리 **한(韓)민족**은 통일신라시대 이후로 하나의 국가에서 일체성을 이루며 살아왔지.

韓
대한민국 한
■ 통일신라 영토
〜〜 고려의 천리장성
■ 고려말기의 확장된영토
■ 완성된 국토경계선 (1400년경)

평양
한성
동해
금성

한반도(韓半島)를 무대로 **한국어(韓國語)**를 쓰며 고유 문화를 형성한 단일 민족이었어.

한글
민족적 · 문화적 · 영토적
통일성 유지

특히 중·남부는 농산물 공급지로, 북부는 자원의 공급지로 **상호 보완적 기능**을 해왔고.

임산, 광물, 동력자원 보냈어

농산물 보냈어~

그런데 6·25 전쟁 이후 분단이 지속되면서 하나였던 우리 민족은 남북으로 나뉘어

같은 민족끼리 피흘리며 싸우더니 60년동안 만나지도 못하고 ㅠㅠ

정치, 경제, 문화적으로 점점 이질화되면서 서로가 낯설어졌어.

남한
자본주의
시장경제
다당제

VS

북한
사회주의
계획경제
1당독재

이렇게 상호 단절이 지속되면 남북 간 갈등과 불신은 깊어져 많은 비용을 유발해.

장거리 미사일과 핵무기를 개발해서 우리의 군사력을 과시해야쥐

북한에 대응하려면 우리 군도 강해져야해 !

우리 민족의 역량이 분단 상황에 소모됨으로써 발전이 저해되는 셈이지.

분단비용
1. 과도한 국방비
2. 인적·물적자원의 비효율적 사용
3. 전쟁공포로 외국인투자 감소

분단비용 쪼금만 줄여도 교육예산을 늘릴수 있는데..

그럼 위기 이겨 부양책도 마련하고..

대륙과 해양 모두 진출하기 좋은 **지리적 이점**도 분단으로 인해 살리지 못하고 있어.

이렇게 육로로 대륙과 연결되면 물류비용도 줄고, 교역도 늘어날텐데 지금은 꼭 섬나라같아..ㅠㅠ

시베리아 횡단철도
몽골 횡단철도
중국횡단철도
만주횡단철도

한반도의 한가운데인 **휴전선 부근의 국토**가 개발되지 못하는 문제도 있고.

─ 통일국도
─ 통일철도
--- 휴전선
▨ 비무장지대

다행히 우리 민족이 유지해왔던 **민족적 일체성**은 통일의 원동력으로 작용하고 있어.

제 ×차 이산가족상봉

어이구!! 리우아버지!!! 이제 죽어도 여한이 없어..엉엉엉

그간 애덜이랑 고생많쥬!? 어서통일이 돼야.. 엉엉

근데 혹시 새장가 갔어??

그 일체성의 완전한 회복만이 민족의 번영과

세계 평화에 기여하는 길이야. 누가 뭐래도 우리의 소원은 통일!

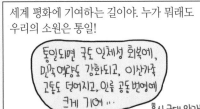

125 남북 교류

한반도의 잠재력은 결국 우리 스스로 그 가치를 인식하고 개발함으로써 실현될 수 있는데

분단은 이러한 가능성을 막는 큰 장벽이야.

하지만 남북한은 서로의 부족한 점을 **보완**함으로써 점진적으로 분단의 한계를 극복할 수 있어.

무엇보다 지리적으로 인접해 있다는 이점을 적극 활용하여 끊어진 **교통로를 회복**하고 교류를 더욱 늘린다면

민족 동질성 회복과 **남북간 긴장 완화**에 큰 도움이 될 거야.

다행히 남북간 협력과 교류는 경제 분야뿐만 아니라 정치, 문화, 과학 분야에 걸쳐 꾸준히 진전되어 왔어.

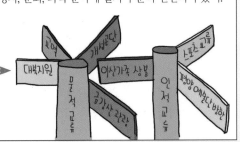

2000년 남북 정상 회담과 6·15 남북 공동 선언 발표 이후에는

내가 있듯이 있는게 아니어..

6·15 남북 공동성명

2000년. 평양

교역량이 크게 증가했어. 비록 정치적 위기가 있던 때에는 감소하기도 했지만 말이야.

남북 교역액 현황 (백만달러)

○ 반입 ● 반출

북한 핵심형 개성공단 폐쇄

19 12 · 223 · 273 · 1,032 1,044 · 615 · 521 · 1136 1452

'90 '95 '00 '05 '07 '10 '13 '15

개성공단 사업 이후로는 인적 교류 등도 크게 증가했지.

(금강산, 개성 관광객 제외)

● 총 인적 왕래

■ 개성 공단 방문

24 · 536 1,015 · 5,661 13,871 · 26,534 · 40,874 · 60,999 · 100,092 · 101,708 · 152,637 · 186,775 · 130,251 · 111,811 · 123,023 · 114,435

'93 '95 '97 '99 '01 '03 '05 '07 '09 '11

금강산 육로나 경의선 등 일부 교통로도 확보되었고

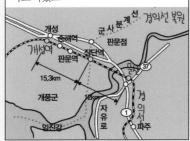

비무장 지대를 화해와 생태 벨트로 전환하고자 한 4차 국토 종합 계획 수정 계획에 따라 다양한 노력을 하고 있어.

특히 경제 교류는 간접 교역에서 **직접 교역**으로 점진적으로 변화해 왔지.

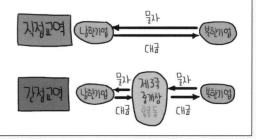

직접교역 남한기업 ⇄ 북한기업 물자 / 대금

간접교역 남한기업 ⇄ 제3국 중개상 ⇄ 북한기업 물자 / 대금

하지만 남북한 교류에 있어 아직은 많은 걸림돌이 존재하는 게 사실이야.

위험한 교류 골

남북관계의 불안정
정치·경제 체제의 차이
정치·경제 체제의 제한
교역후의 제한
교역상품의 제한
교역투자 불균형

잘해보자

너때에 이과병..

특히 정치적 상황에 따라 관계가 휘둘리는 것과 북핵 문제는 가장 큰 문제점으로 지적되고 있어.

남북 위기감이 고조되는게 우리당에 유리하지..

집권을 위해 북핵 문제를 활용할 수 있겠는걸?

그래도 장기적인 안목을 갖고 협력한다면 이는 곧 남북한의 공동 번영의 지름길이 되겠지?

기필코 이루어야지 통일!

또 오바나.. 하위나 어떻게 해뿐 말하게어!!

아무리 북한이라도 수도이며 최대 공업지역인 평양은 제법 도시답지?

평양

노동비가 싸니 이런섬유공업이 적격이지

개성공단

반~갑~습네다 반갑~습네다아~

남북합동공연 (2003. 대구)

바로 이곳이 경제자유구역으로 지정된 곳이야. 성과..글쎄..

나진항

- 만국생 소개팅 -

마인 이시네요

아, 네..

07

애프터 신청해야지~ ㅇㅇ

모야, 머리 큰건 왜 얘기 안했어! 스타킹 값도 안나와~!!

세계의 생활과 문화

기후와 문화

climate & culture

자연지리편에서 각 지역의 기후에 대해 공부했는데, 이번엔 기후와 우리 생활을 볼거야.

기후에 적응하며 인간이 발전시켜온 다양한 문화에 대해 알아보자.

살짝 없어지신 상태

너희가 생각하는 것보다 기후는 인간의 문화에 매우 큰 영향을 미쳐.

그래서 기후 학자들은 인류의 역사와 문화를 기후적 관점에서 해석한다고

명명백백의 온갖 박사 역할은 다하시는군

우선 생명의 탄생지를 보통 동아프리카로 보는데 이곳의 유인원이 내려와서 두발로 걷게 된 것도 이 지역이 건조해졌기 때문이고

열대 우림이 스텝 초원처럼 되버렸어 이제 나도 내려서 걸어야 할까봐

야, 너 정말 잘생각했다

여기서 시작된 현생인류가 전세계로 흩어진 것도 빙하기와 간빙기를 반복한 기후 변화 때문이며

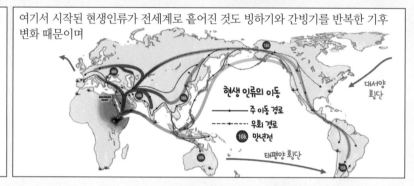

현생 인류의 이동

— 주 이동 경로
-- 우회 경로
10k 만년전

대서양 횡단
태평양 횡단

그렇게 이동하는 과정에서 각 기후에 적응하기 위하여 인종간 차이가 형성되어 왔다는 거야.

백인종   흑인종   황인종

열대 지방과 극 지방 주민의 모습을 비교해 보면 기후에 적응하기 위해 신체가 변화했음을 실감할 수 있지.

짧고 곱슬 거리는 머리 (태양열로부터 두피 보호, 체온 상승 억제)

쌍꺼풀 없이 작고 가는 눈 (눈에 반사되는 빛에서 눈을 보호)

이누이트족 (알래스카)

작은 키, 피하지방 (체온 보존에 유리)

극으로 갈수록 일사량이 적어지면서 피부색과 눈동자 색이 옅어짐

마사이족 (케냐)

큰 키, 땀샘 많음, 마른 편 (열 발산에 용이)

멜라닌 색소가 많은 검은 피부 (강한 자외선으로부터 피부 보호)

한편, 기후 변화를 추적해보면 4대 문명 발상지가 모두 당시에 농작물이 생육하기 좋은 습윤한 온대 기후 지역에 위치해 있고

나일강 유역   유프라테스 티그리스강 유역   당시 온대 기후 지역   황허강 유역

인더스강 유역

인간이 활동하기 좋은 기후를 지도에 표시해 보면 선진국 분포와 거의 일치하는 것 등도 기후가 인류의 문화를 결정하는 중요한 요소라는 증거지.

인간의 기후적 활동력

매우 높음
높음
보통
낮음
매우 낮음

반론도 있긴 하지만 이런 **기후 결정론적 관점**은 유전 및 과학 기술이 발달해감에 따라 꽤 타당한 것으로 인정받고 있어.

역사의 굵직한 사건에는 모두 기후 변화가 중요한 원인이었다!!

인간 의지나 정신 등 다른 요소들을 너무 무시한거 아냐?

특히 기후는 의식주에 직접적인 영향을 미칠 수 밖에 없는데,

각각의 기후에 적응하기 적합한 의(衣) 문화가 발달할 수 밖에 없을 것이고

덥고 건조한 곳에선 밝고 얇은 옷으로 태양을 반사시키고 통풍을 좋게 해

덥고 습하면 안입는게 최고!

춥고 습한 곳은 보온은 당연하고 말초부위가 젖지 않도록 하는 것도 중요해

기후가 식재료를 결정하기 때문에 식(食) 문화를 형성하는데도 큰 영향을 미칠 것이며

주거지 역시 기후를 반영할 수 밖에 없잖아?

시원하고 벌레도 막아줘

이동하는 유목민은 즉석텐트가 딱

창문 작고 벽 두꺼워 열차단 곳~

일면 직접적인 관련이 없을 것 같은 종교 같은 문화도

Beef? No!

Pork? No!

힌두교   이슬람교

알고보면 모두 기후의 영향을 받아.

Beef? No!

Pork? No!

사실 인도는 계절풍 기후라 자주 가뭄을 겪어. 배고프다고 소 먹어버리면 다음해에 농사는 어쩔겨.

사실 이슬람은 건조 기후인데 축축한 거 좋아하고 사료 많이 먹는 돼지를 어떻게 키울건데?

힌두교   이슬람교

이처럼 기후는 인간 생활과 뗄레야 뗄 수 없는 관계!

우리처럼 말이지?

머리 치우랬다..

127 열대 지방의 생활

우선 열대 기후는 기온이 높기 때문에 동식물의 사체가 금방 분해되고

내일 먹으려고 잡은거ㅣ 벌써 상해버렸네

우씨! 그럼 잡지 말지!

분해된 유기물은 많은 비 때문에 잘 씻겨 내려가.

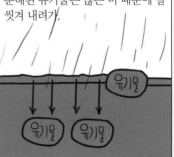

유기물

유기물   유기물

이 토양 속의 유기물에 따라 식량 작물의 생장이 크게 달라지는데

열대 기후의 토양은 유기물이 부족하여 척박하기 때문에 농업에 부적합해.

그래서 열대 우림 지역의 원주민들은 **채집**이나 **사냥**으로 먹을 것을 구했고

사바나 기후 지역의 원주민들도

사냥을 하거나 소, 염소 등을 데리고 초지를 찾아 떠돌면서 기르는 유목을 하며 살았어.

현대에 들어서는 야생 동물을 보러 전세계 사람들이 모여든 덕분에

사바나가 펼쳐진 국가에서는 관광 산업이 발달했어.

물론 열대 기후라고 해서 아예 농사를 지을 수 없는 것은 아니야.

원주민들은 부족한 유기물을 보충하기 위해 주변의 식생을 태워 그 재를 거름으로 이용했지.

하지만 매해 비가 워낙 많이 내려서 2~3년이 지나면 토양의 영양분이 남아있지 않아.

그래서 다른 지역으로 이동해야 했는데 이러한 농법을 이동식 **화전 농업**이라고 해.

火　田
불화　밭 전

이와 달리 열대 몬순 기후 지역에서는 기후 조건도 잘 맞는데다,

하천이 주기적으로 영양분을 가져다 놓는 퇴적지가 있기 때문에 매해 벼가 잘 자란단다.

그래서 열대 몬순 기후 지역의 하천 주변에는 논이 넓게 나타나고 인구가 모여 살지.

한편 15세기 이후 전세계에 식민지를 건설한 유럽인들은

열대 기후 지역의 작물로 돈을 벌 수 있는 방법을 모색했어.

자신들이 많은 자본과 기술을 투입하고 식민지 원주민의 노동력을 동원하여

식량 작물보다 더 높은 값을 받을 수 있는 상품 작물 한 가지를 넓은 농장에서 재배했지.

이는 주로 열대 지방에서 이루어지는데, 열대 우림기후 지역에서는 주로 카카오나 고무나무를,

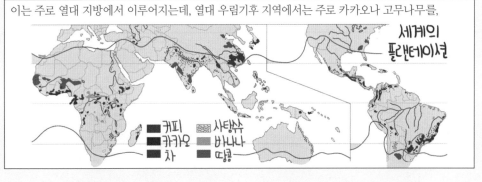

사바나 기후 지역에서는 사탕수수, 목화, 커피 등을,

열대 계절풍 지역에서는 차를 생산, 수출하여 큰 돈을 벌기도 했지.

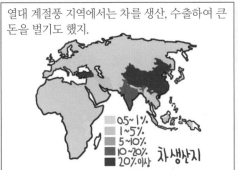

이러한 농장 또는 농법을 유럽인들이 식민지에 새로운 농업 형태를 이식했다는 뜻에서 **플랜테이션**이라고 해.

건조 지방의 생활

dry area

늘 물을 섭취해야 하는 인간에게 건조 기후에서 살아가는 건 큰 도전이야.

그래도 인류는 혹독한 기후에 적응하면서 나름의 생계를 유지해왔잖아? 건조 기후라고 포기할 순 없지.

그나마 스텝 기후에서는 풀이 자랄 정도의 비가 온다고 했었지?

그래서 전통적으로 주민들은 초지를 찾아 다니며 염소나 양을 키우는 **유목**을 했고

먹을 것과 입을 것, 심지어 집의 재료도 가축으로부터 구했어.

또 늘 이동해야 하는 유목민은 간편한 **이동식 가옥**에 살 수 밖에 없겠지.

아무리 그래도 상식적으로 건조 기후에서는 농사는 어려웠겠지?

그런데 건조 기후의 적은 강수량은 농사에 긍정적인 부분도 있단다!

강수량이 적으니 토양의 영양분이 잘 씻겨 내려 가지 않고 토양에 남아있거든.

그러니 충분한 물만 공급해주면 식물을 키우는데 토양은 문제가 없는 거지.

그래서 건조 기후 지역에서는 습윤한 기후에서 시작해서 흘러온 외래 하천이나

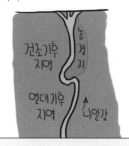

外 來
바깥**외** 올**래**

외부   미래

지하수의 물을 끌어다 **관개 농업**을 했지.

灌 漑
물댈**관** 물댈**개**

수로를 지하에 내서, 유실될 지하수를 촌락으로 돌리는 전통 관개 시설인 카나트가 대표적인 예야.

주민들은 이렇게 해서 얻은 물로 대추야자나 쌀, 채소 등을 재배하면서 살아왔어.

스텝 기후는 사정이 더 좋지. 풀이 자라기 때문에 부식이 풍부한데다 적은 강수량 덕분에 지표에 영양분이 남아있거든.

이러한 부식이 주로 검은색을 띠기 때문에 부식이 풍부한 스텝 기후 지역의 토양은 짙은 검은색이지.

인류가 주식으로 먹는 밀 농사가 처음 재배 되기 시작한 곳도 건조한 메소포타미아 지역 이란다.

이렇게 스텝 기후는 토양이 비옥한데다 밀을 짓기에는 강수량이 충분해. 세계적인 밀 생산지가 스텝 기후에서 나타나는 것도 이 때문!

온대 지방의 생활

temperate area

기후가 온화한 온대 기후에서는 농경이 잘되고 인구가 모여살게 돼. 세계 인구의 50%이상이 온대 기후에 산다고.

세계의 기후지역과 인구분포

아무래도 살기 좋다보니 산업 전반이 발달된 국가들이 대부분 위치하고 있지.

온대 기후 지역의 산업만큼은 세가지 다른 기후의 특징을 정확히 구분해서 알아두는 것이 중요하단다.

▶ 온대 계절풍 기후 : 온대 계절풍 기후에서는 기후와 강수 조건이 좋아서 농사 짓기에 적합해.

앞서 말한 것처럼 아시아에서는 전통적으로 **벼농사**가 발달한 반면

아메리카는 유럽인들이 진출한 이후에

상업적인 농업이 발달했어.

미국의 동남부 지역은 오래 전부터 목화 재배로 유명했고 밀이나 콩도 재배해.

남아메리카의 온대 초원에서는 유럽인들이 주식으로 먹는 밀을 재배하거나

소를 사육하지.

▶ 서안 해양성 기후 : 한편 북서유럽은 밀이 자라기에 기후가 온화하고 강수량이 충분하니 밀 농사가 잘될 것 같지만

문제는 이곳의 토양이 척박한 편이야. 밀은 지력 소모가 많거든.

유럽인들은 이 문제를 해결하기 위해 여러 농업 방식을 적용해 오다가

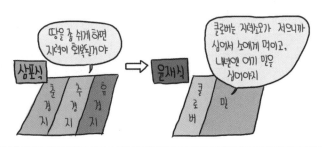

분뇨를 거름으로 쓰기 위해 가축을 사육하고 가축을 위한 사료 작물도 함께 길렀어.

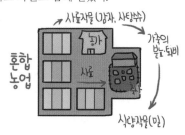

현대에 들어서는 **상업적 농업**이 발달하면서 대도시 주변에서 낙농업이나 화훼 농업을 많이 해.

그래서 인구 밀도가 높은 북해 주변 지역에서 특히 발달했지.

서안 해양성 기후에 속하며 대도시가 발달한 호주 동남부, 뉴질랜드 등에서도

고기나 유제품을 좋아하는 영국인들이 많이 진출하여 낙농업이나 목축업을 크게 발달시켰단다.

▶ **지중해성 기후** : 식물은 보통 여름에 한창 햇빛을 받아 자라는데

지중해성 기후는 이 시기에 비가 잘 내리지 않기 때문에 여름 가뭄을 잘 견디는 식물이 경관을 주도해.

바로 수분을 오래 저장하는 나무들이 적당히 거리를 두고 자라지.

왜 곡식이 아니라 나무 얘기냐고? 다음 먹거리들은 모두 나무에서 얻은 것들이거든!

이렇게 나무를 키워 먹을 것 등을 구하는 농업을 수목 농업이라고 해.

樹　木
나무수　나무목
수목원

주로 올리브, 코르크, 포도, 레몬 등을 키우는데 지중해성 농업의 가장 중요한 특징이니 잘 기억해 두라고!

오히려 겨울에는 곡물이 자라기에 충분한 비가 내리는데다 기온도 비교적 온난해서

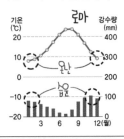

밀이나 보리를 재배할 수 있어.

남부유럽의 날씨는 농사에 불리할지 몰라도 관광을 즐기기에 나쁘지 않아.

특히 맑고 건조한 여름에는 북서유럽과 세계에서 많은 관광객들이 몰려서.

국내 산업 가운데 관광 산업이 매우 큰 비중을 차지하지.

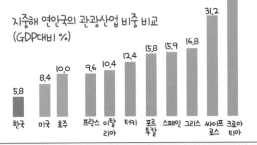

지중해 건식 사우나
음식반입 금지, 개출입 금지

130 냉한대 지방의 생활

cold area

이번엔 추운 냉대 및 한대 지역의 사람들이 어떻게 살고 있나 좀 볼까?

날씨가 추워 증발량이 더 적다 보니 지표에는 오히려 식물이 자라기에 충분한 수분이 유지돼.

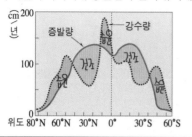

위도가 낮은 냉대 기후 지역은 겨울 이외의 계절이 비교적 서늘하기 때문에

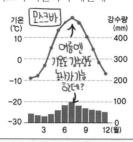

냉량습윤한 기후에서 잘 자라는 밀이나 옥수수, 잡곡 등을 재배할 수 있어.

초지를 이용하여 대도시 주변에는 낙농업이, 도시에서 먼 곳에서는 목축업도 발달했지.

하지만 위도가 약 50° 이상 높아지면 기온이 너무 낮아져 곡물은 자라기 어렵고 대신 타이가 지대가 넓게 분포해.

덕분에 러시아나 캐나다는 목재 가공업이 발달했어.

유목을 해야 하는 원주민들은 순록 가죽으로 만든 가벼운 가옥을 만들어 이동하며 산단다.

한대 기후는 여름에도 추워서 농사를 지을 수 없어. 그래서 이 지역 사람들은 생선을 잡거나 곰 등을 사냥하기도 하고

이끼류를 먹고 사는 순록을 키우며 살아왔지.

심바의 보너스* - 세계의 기후지역 이모저모 사진으로 보기

열대 우림 원주민 (아마존 야노마미족)

열대 사바나(케냐 국립공원)

열대 몬순(베트남 계단식 논)

플랜테이션 (아프리카 커피농장)

화전(열대우림)

열대 몬순 (스리랑카 실론섬 차밭)

사막기후 오아시스 농업 (모로코)

스텝 기후 밀밭 (우크라이나)

열대 고상 가옥 (캄보디아)

사막 기후 가옥 (모로코)

스텝 기후 유목민 게르 (몽골)

카나트 (아프가니스탄)

264

서안해양성 기후, 낙농업 (뉴질랜드)

지중해성기후, 수목농업 (스페인 안달루시아)

온대계절풍기후, 벼농사 (한국)

서양해양성 기후, 운하 (영국 버밍햄)

지중해성 기후, 가옥 (그리스 산토리니)

온대 계절풍 기후, 차재배 (중국 광시)

타이가 통나무집 (핀란드)

툰드라 고상 가옥 (시베리아)

툰드라 네네츠족 (시베리아)

한대 지방 자원 개발 (알래스카)

장보고 남극 기지

265

문화** 문화(文化) — culture

사전적 정의로는 **자연의 야만적 상태에서 벗어나, 일정한 목적을 갖고 사회 구성원이 공유하는 생활양식**을 말해. **의식주를 비롯하여 언어, 풍습, 종교, 학문, 예술 등을 모두 포함하는 개념**인 건 잘 알지? Culture의 어원은 라틴어의 cultura로 '밭을 갈다', '경작하다'는 뜻이야. 수렵, 채집의 원시적 야만상태에서 벗어나게 된 결정적 계기는 농경으로 인한 정착생활의 시작이었거든. 그래서 밭갈이가 문화의 척도가 된 거야. 사실 이를 문화(文化)라고 번역한 것은 일본인인데, '학문을 하게 되었다'는 뜻으로 그렇게 붙였어.

문화 상대주의** 文化(문화) / 相對主義(상대주의) — culture relativism

개고기 논쟁 때문에라도 모르는 사람은 없을 듯하지만, 정리하자면 **문화라는 것은 상대적인 입장에서 보면 옳고 그름이 없다**는 거야. 문화는 그 사회만의 흐름과 맥락 속에서 형성된 것이기 때문에, 나름대로 그 특수성을 띠게 된 이유가 있거든. 이를 잘 알지 못한 채 섣불리 판단하다 보면 옳고 그름의 잣대를 들이대기 쉬워. 개고기 논쟁도 우리 조상들의 농경문화, 식문화, 경제적 상황 등을 종합적으로 알아야 이해할 수 있는 부분이거든. **문화의 다양성을 존중하자**는 거지.

자문화 중심주의** 自(스스로 자) / 文化(문화) / 中心主義(중심주의) — ethnocentrism

좀 더 심한 표현으로 하면 자문화 우월주의겠지. 문화상대주의의 반대 개념으로, **모든 것을 자신과 자신이 속한 집단 중심으로 생각**하는 거야. **내부와 외부의 차별을 강력히 인식하고 외부에 대해 부정적 태도**를 취하지.

국수주의** 國(나라 국) / 粹(순수할 수) / 主義(주의) — ultra-nationalism

수(粹)는 '순수'의 의미야. 오로지 그것밖에 모르는 거지. 그러니 국수주의는 **오로지 자기 나라밖에 모르는 거야.** 건전한 민족주의(nationalism)와는 달리 과격화, 맹목화(ultra-nationalism) 되면서 **앞뒤 가리지 않고 무조건 우리 것만이 최고라고 여기는, 부정적인 개념**이야. 위정척사운동도 국수주의적 성격이 일부 있지만 그나마 얌전한 거고^^;, 파시즘이나 나치즘처럼 위험한 배타적 행동으로 표출될 수도 있다고.

사대주의** 事(일, 섬길 사) / 大(클 대) / 主義(주의) — flunkeyism

사(事)에는 옥편 저 아래 한.. 9번째쯤 가면^^;; '섬기다'는 뜻이 있어. 그러니 사대주의는 **큰 것을 섬긴다**는 뜻이지. 즉, **다른 나라의 문화가 자신의 문화보다 우월하다고 여기는 사상**을 말하는 거야. 조선시대 유학자들은 중국에 대해 이 사대주의에 젖어 있었어. 하지만 뭐 너희들도 서구 문화에 대한 사대주의를 갖고 있지는 않은지?

131 영국의 갈등

이렇게 다양한 언어, 민족, 종교 등이 조화를 이루어 지구의 다양성을 형성하는 것이지만,

한편으로는 이러한 차이가 심각한 갈등을 유발하기도 해.

그 중 민족이나 종교적 원인이 큰 갈등은 전쟁으로 격화되곤 하는데,

그것들은 종교 갈등편에서 보도록 하고 이번에는 여러 문화적 요소들이 얽힌 영국의 갈등을 살펴 보기로 하자.

그중 무력 충돌로까지 이어진 심각한 갈등은 북아일랜드의 갈등이야.

영국은 잉글랜드, 스코틀랜드, 웨일즈, 북아일랜드로 구성되어 있고 아일랜드는 영국과는 별개의 국가야.

월드컵 할때, 잉글랜드, 스코틀랜드, 웨일즈, 북아일랜드가 따로 출전하는 것은 잘 알지?

영국? Oh No!

거기다 Brexit가 세계적 이슈가 되면서 영국쪽 애들이 하여간 사이가 안좋다는 것은 많이들 알고 있지.

한때는 아일랜드까지 병합한 적도 있었지만 아일랜드는 2차 대전 때 독립을 선언했어.

그런데 이 때 영국은 아일랜드의 북부 지역을 제외하고 독립을 시켜줬지.

왜냐고? 영국 본토가 국교를 신교를 바꾼 후, 많은 영국 귀족이 북아일랜드로 가서 포교 활동을 했는데,

이때부터 종교적 명분 뒤에 영토 확장을 위한 영국 본토의 계략이 숨어 있었어.

그들의 정착과 포교 활동으로 아일랜드는 북부에는 신교도가, 많아지게 되면서 영국은 이를 빌미로 북아일랜드를 차지하게 되었지.

하지만 북아일랜드에도 **가톨릭계 원주민**이 여전히 살고 있었고

이들은 기득권을 쥔 본토 출신 신교도들로부터 차별을 받게 돼.

사실 알고 보면 이들은 민족도 다르단다.

그래서 **가톨릭계 북아일랜드인**이 독립을 요구하며 무장투쟁을 벌였던 거지.

최근 정치적 협상을 통해 평화협정을 체결하면서 갈등이 꺾이는 모습을 보이다가

Brexit를 계기로 스코틀랜드, 웨일즈까지 독립하려는 움직임을 강하게 보이고 있어.

하여튼 독립국가였던 곳들이 정치, 경제적으로 얽혀있던 판에 잉글랜드가 무력으로 합병하다보니 같이 살아도 골치, 독립해도 골치...

132 퀘벡주의 갈등

이렇게 민족적 차이에서 오는 갈등으로 인해 홍역을 앓고 있는 국가는 상당히 많단다.

여기에 퀘백주는 언어도 다르지. 캐나다에서 퀘백주만 불어를 쓰거든

사실 퀘벡은 캐나다에서 정치, 경제, 역사적으로 매우 중요한 곳이야. 심지어 'Canada'라는 이름도 퀘벡에서 유래했다고.

처음 프랑스는 북아메리카에서 많은 식민지를 개척하며 세력을 펼치고 있었어.

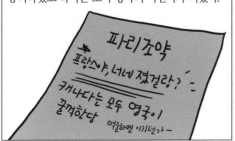

그러다 영국과 프랑스의 전쟁에서 영국이 승리하였고 북미는 오직 영국의 식민지가 되었지.

그러나 프랑스계 특유의 자부심과 경제적 능력까지 갖추고 있었던 퀘벡 사람들은 자신의 전통과 언어가 유지 되기를 원했고,

영국의 지배를 거부하며 독립을 요구한 것이

오늘날까지 이어져 오는 거야.

그러나 캐나다 정부가 이를 놔 줄리 없지.

이러한 문화적 갈등은 문화 상대주의적 관점에서 타문화를 이해하고 존중하는 자세가 필요해.

스위스 좀 봐! 종교, 언어, 민족 구성 모두 다르지만 얼마나 사이좋게 지내냐고!

퀘백주의 경우도 캐나다 정부가 언어와 문화를 존중하는 융화정책을 쓴 데다가

독립을 묻는 주민투표에 반대가 우세하는 등, 조금씩 독립의 움직임이 줄어들고는 있어.

유교** 儒 (선비 유) / 敎 (종교 교)　　　　Confucianism

공자

유교는 **공자(BC552~479)를 시조로 하는 중국의 대표적 사상**으로 공교, 혹은 공자교라고도 해. 유(儒)는 훌륭한 선비, 너그러운 학자를 말하는 한자였는데, 공자의 가르침을 받는 사람이 그러하다 하여 이후 공자의 가르침을 '유학(儒學)'이라 하게 되었지. 유학(儒學), 혹은 유가(儒家)는 사상적인 측면을 말하는 것이고, 종교적 측면을 말할 때는 유교(儒敎)라고 해. 사실 사후세계가 설정되지 않아 종교로 보기 어렵지만 인간 생활과 규범에는 큰 영향을 주었지.

불교** 佛 (불교 불) / 敎 (종교 교)　　　　Buddhism

누구나 깨달음으로 부처가 되리

석가족이란 부족의 왕자로 태어난 **고타마 싯다르타는 깨달음을 얻어 자타가 공인하는 '붓타'**가 되었어. '붓타'는 산스크리트어(옛 인도어)로 **'깨달은 자', '눈뜬 자'**라는 뜻이지. 이를 영어로 표기한 것이 'Buddha'. 한글로 표기한 것이 '부처', 한자로 표기한 것이 '佛陀(불타)'야. 줄여서 그냥 佛(불)이라 하기도 하고. 뜻과는 아무 상관없이 음만 빌려온 것이지. 그래서 불교는 **불타(고타마 싯다르타)의 가르침을 믿는 종교**라는 뜻이란다.

이슬람교**　　　　Islam

알라여!

'이슬람'은 아랍어로 **'복종하다, 순종하다'는 뜻**이란. **유일신인 알라에 순종한다**는 의미겠지. 이슬람교는 **아라비아의 예언자 무함마드(Muhammad)가 창시한 종교**로 전세계 20% 이상이 믿고 있을 만큼 엄청난 수의 신자를 거느린 세계 3대 종교 중의 하나야.

힌두교**　　　　Hinduism

of 인도! by 인도! for 인도!

'Hindu'라는 말의 의미는 **'인더스 강'**인데 인더스 강은 곧 '인도'를 말해. 산스크리트어 (옛 인도어)로 인더스 강을 신두 (Sindhu)라 했는데, 이것이 Hindu가 되었지. '**힌두'가 곧 '인도'**일 만큼 힌두교는 **거의 대부분의 인도인이 믿는, 인도의 종교**야.

유대교**　　　　Judaism

우리는 선택받은 민족

현 팔레스타인과 이스라엘 지방의 고대에는 성경에 나오는 인물인 '유다'의 이름을 딴, 유다왕국이 있었어. 그래서 이 일대를 유대(Judea)라고 부르지. 유대교는 **유대에 살던 사람들인 유대인들의 종교**로, **구약성서와 유일신 야훼(여호아)**만을 믿으며 크리스트교와 달리 예수의 신성을 부정해. Judea를 한글로는 '유대'라고 하지만 한자로 표기한 것이 '유태(猶太)'야. 역시 음만 빌려왔겠지?

문화권과 종교

cultural area & religion

농경과 정착 생활의 시작은 문명을 탄생하게 하였고

농경 　 정착 　 도시 및 문명의 발달

인류는 인접한 지역 간에 빈번하게 교류하면서 동질적인 문화권을 형성해 왔어.

앵글로 아메리카 문화권 / 라틴 아메리카 문화권 / 북극문화권 / 유럽 문화권 / 서남아시아·북아프리카 문화권 / 아프리카 문화권 / 동아시아 문화권 / 동남 및 남부아시아 문화권 / 오세아니아 문화권

함께 공유함으로써 동질적인 문화권을 형성하는 요소에는 여러 가지가 있지만 그 중 종교를 결코 빼놓을 수 없지.

민족 / 종교 / 인종 / 언어 / 관습

종교가 같으면 비슷한 관습과 가치관을 공유하기 때문에

밥주와 떡을 나누고~ 아멘~ / 밥주와 떡을 나누고~ 아멘~

종교는 동일성 유지의 가장 강력한 요소로 작용하거든.

우리는 하나요 / 샤이세여~

종교는 크게 세계 종교와 민족 종교로 나눌 수 있어.

민족 종교 / 세계종교

민족 종교는 특정 국가나 민족의 종교로 지역의 문화 및 역사와 밀접한 관련이 있지.

문화 / 민족 / 역사 / 민족 종교 / 민쑵니다!

유대인의 **유대교**, 인도의 **힌두교**, 우리나라의 **천도교***나 **대종교*** 등이 민족 종교에 해당돼.

우리는 선택받은 민족 / 사랑이 곧 하늘이요 / I'm 단군

유대교 　 힌두교 　 천도교 　 대종교

그러나 어떤 민족 종교나 그 분파는 인류의 보편적 가치와 부합하면서

사랑과 평화, 그리고 평등을 / 끄덕 / 끄덕 / 좋은 말일세~ / 옳소

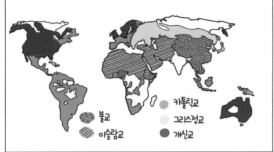

국경과 민족을 초월해 전파되어 세계 종교가 되기도 해.

카톨릭교 · 불교 · 그리스정교 · 이슬람교 · 개신교

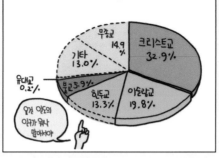

크리스트교나 이슬람교, 불교처럼 말이야.

- 크리스트교 32.9%
- 이슬람교 19.8%
- 힌두교 13.3%
- 불교 5.9%
- 유대교 0.2%
- 기타 13.0%
- 무종교 14.9%

오겅 이도의 아까 뭐라 말야써?

이들은 뚜렷한 창시자와 경전이 존재하는 게 특징이라는 것도 알아두자.

이슬람교 · 크리스트교 · 불교

 **천도교*** 天(하늘 **천**) / 道(길 **도**) 도리 / 敎(종교 **교**)

명명백백 more

사람이 곧 하늘이오

최제우는 조선말의 유학자로, 혼란한 시기에 민족을 바로 세우고자 동학(東學)을 창시했어. 동학은 당시 천주교를 부르던 서학(西學)에 대립되는 개념으로 '한국의 종교'라는 뜻이지. 이후 동학의 3대 교조 손병희는 **동학의 종교적인 면을 체계화**하고 천도교로 개칭했어. **하늘의 도리를 따르는 종교**라는 뜻으로 말이야.

 대종교* 大(클 **대**) / 倧(상고시대의 신인 **종**) / 敎(종교 **교**)

명명백백 more

I'm 단군

대종교를 알려면 종(倧)자만 알면 된단다. 앞에서 종주도시화를 할 때, 종(宗)은 으뜸, 우두머리라는 뜻이라고 했잖아? 거기에 사람 인(人)변이 붙어서 종(倧)은 상고시대에 신격화되어 추종했던 사람을 뜻해. 거기에 큰 대(大)자가 붙으니… 누구겠어? 그래!! 단군이겠지! **단군을 숭배**하며 우리 민족 고유의 하느님을 신앙하는 대표적인 민족 종교라고. 대종교 역시 외세에 의한 혼란기였던 조선말에 나철이 창시했어. 역시 종교는 혼란기에 창시된 경우가 많다니까. 사람들은 지푸라기라도 잡고 싶은 심정일 테니까 말이야.

- 눈이 참 맑으시네요
- 조상님 덕을 많이 받실 거 같아요
- 근데 조상님이 가까이 가질 못하시네요
- 이것도 인연인데 말씀 좀 듣고 가세요~
- 안 좋은 기운이 보이네요. 안타까워서…
- 도에 관심 있으세요?
- 저, 저기요!!!

---

134 유교 문화권

Confucian culture area

우리가 가부장적 가족제도 아래서 효와 예를 중시하며 사는 것은 유교의 영향이야.

음.. 그래… / 다녀왔어요 / 힌디시줄? / 꾼~

유교사상은 춘추전국시대* 제자백가* 중의 하나였던 **공자의 사상이 체계화된 것**으로,

공자 / 내가 계승·발전 시켰지 / 맹자

인(仁)과 예(禮)를 인간의 기본적 덕목이라고 가르쳐.

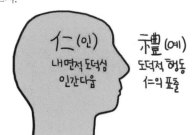

仁(인)
내면적 도덕심
인간다움

禮(예)
도덕적 행동
仁의 표출

유교는 국가적 통치 이념으로 채택 되어 **중앙 집권화**를 확립하는데 기여했고

원래 유교는 불편등한 신분 질서를 지지한다구~

사
농·공·상
노비·천민

남성 중심적이고 가부장적인 가족 구조를 이루게 하였으며

가장
장남
차남
기타

공동체 질서와 생활 윤리를 강조하는 것이 특징이야.

윤리·도덕
바른 생활이란

중국과 우리나라, 일본에 분포하는데, 세 나라는 때마침 **대승 불교와 한자, 율령*** 등도 공유하면서 **동아시아 문화권**을 형성하지.

동아시아 문화권

문소리아
스키다시
코스프레
MMBB
아, 끝난거 아니었어?
─ 명명백백 문화권 ─

춘추 전국 시대* (BC8~BC3) : 春秋 (춘추) / 戰國 (전국) / 時代 (시대)

명명백백 more

춘추전국시대는 **전반부의 춘추시대와 후반부의 전국시대를 합한 말**이야. 주나라가 세력을 잃고 진이 중국을 통일하기 전까지로, **지방의 제후들이 자웅을 다투었던 극심한 혼란의 시기**이지. 춘추(春秋)는 공자가 〈춘추〉라는 역사서에서 이 시기의 내용을 자세히 기술한 것에서 이름을 딴 것이고 전국(戰國) 역시 한나라의 위향이 이 시기의 이야기를 써서 〈전국책〉이라는 이름을 붙인데서 유래해. 전국(全國)이 아니야! 전쟁 전(戰) 자를 쓴 것은 그만큼 이 때가 극심한 패권 다툼의 시기였기 때문이겠지.

제자백가*

諸 (모두, 여럿**제**) / 子 (경칭 **자**) 공자, 맹자 / 百 (일백 **백**) / 家 (집, 학파**가**) 유가, 도가: all classes of philosophers

공자 묘자 맹자
여자 장자
미자 숙자

제자백가가 **춘추전국시대 여러 학자들의 사상**을 말하는 것인 줄은 알면서도 왜 '제자백가'라고 하는지는 아무도 모르더라고! 제자백가의 제자는 '스승-제자'할 때의 그 제자가 아니야. 먼저, 자(子)란 공자·맹자처럼, 중국에서 학자에게 붙였던 존경의 호칭이고 제(諸)란 '모두, 여럿'이라는 의미이니 제자(諸子)는 여러 학자들을 말하지. 그리고 집 '가(家)'자는 학자들에 의해 다듬어져 이루어진 학파나 사상에 붙이는 말이야. '유가·도가·법가' 하는 것처럼 말이지. 따라서 제자백가란 **여러 학자들이 백가지 학파를 이룬 것**을 말해. 실제로 그 당시의 학파들을 다 세자면 189종에 이르렀다고 하니 '백가(百家)'란 말이 부족할 정도였어.

율령*

律 (법칙 **률**: 형법) / 令 (명령 **령**: 행정법)

律
令

명명백백 more

율령은 '**형벌과 행정에 관한 법규**'라는 뜻으로서 중국 **수나라·당나라 때** 정비되어 편찬되었어. 그 내용을 **우리나라와 일본이 공유함으로써** 동아시아 문화권을 형성하는 하나의 요인이 되었지.

135 불교 문화권

인도에는 예로부터 브라만교의 폐쇄적인 신분제가 사회를 지배하고 있었는데

고타마 싯다르타는 신분의 평등을 주장하고 출가, 스스로 깨달음을 얻어 불교를 창시했어.

불교는 현재 인도에서는 빛을 보지 못하고 있지만

만민평등, 자비, 생명 존중 사상 등이 보편적 가치와 부합하면서 전 세계로 퍼지게 돼.

이 때, 미얀마, 타이 등 동남아시아로는 소승불교가, 우리나라나 중국, 일본 등은 대승불교가 전파되었어.

또 티벳에서는 라마교(티벳불교)가 탄생하여 티벳, 몽골, 북인도 등에 퍼져 있단다.

그런데 소승, 대승 할 때의 '승'은 승려 승(僧)이 아니라 수레 승(乘) 이야.

물론 여기서 '수레'는 열반·해탈의 경지로 가는 수레를 말하겠지.

소승불교는 초기의 불교와 가까워 엄격한 계율과 출가 수행을 통한 개인의 해탈을 강조하고,

대승불교는 유연한 교리로 민중과 긴밀한 관계를 유지하며 중생의 구제를 강조해.

그리고 불교의 경전은 어려워 경전으로는 포교가 힘들기 때문에

절이나 탑, 불상 등이 제작되었단다. 이로 인해 **전파국의 조형 예술**이 발전하기도 했지.

특히 우리나라 불교는 부처님의 보살핌으로 나라가 굳건하기를 바라는, **호국 신앙**의 성격이 강했다는 것도 알아두자.

그래서 대장경도 조판하고 승려군이 일어나기도 했던 거야.

136 이슬람 문화권

이슬람교는 뭔가 좀 많이 낯설지?

하지만 낯선 관습들도 각각의 문화와 역사의 맥락에서 보면 다 그럴 만한 이유가 있단다.

우리가 종교의 특정 부분이나 일부 부정적 사례를 통해 일방적인 편견에 사로잡히는 것은 글로벌 시대에 바람직한 자세가 아니야.

그러니 그들을 알아간다는 마음으로 역사적·시사적인 부분까지 함께 공부해봐.

이슬람교는 예언자 **무함마드**가 아랍 민족의 원시 신앙, 유대교, 크리스트교 등을 결합하여 창시한 것으로,

주로 **서남아시아와 북아프리카**에서 아랍어를 쓰는 **이슬람 문화권**을 형성하고 있어.

여기는 **건조 기후 지역**으로 오아시스 농업과 유목 생활을 하였고 이러한 특징을 반영한 문화가 많아.

이들은 하루에 다섯 번 성지 메카를 향해 기도를 드리고

라마단*이라 하여 한 달간 금식을 하는 등 엄격한 **코란***의 규율에 따르도록 되어있지.

코란에는 돼지고기가 불결하다 묘사되어 먹지 않는데,

현실적으로 돼지는 건조지역에서 기르기 어렵단다.

일부다처제도 알고 보면 전쟁이 많았던 탓에 고아와 과부를 보호하기 위함이었어.

역사적으로 보면 이슬람교는 이슬람 왕국의 정복 활동을 통해 북아프리카와 서남아시아로 퍼져나갔고

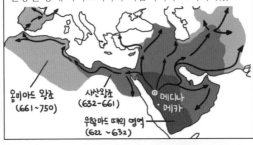

이슬람 상인의 활약으로 육상으로는 중앙아시아와 해상으로는 동남아시아까지 진출했지.

그들은 비록 무력으로 정복했다 할지라도 종교를 강제하진 않았어. 세금을 면제해 주는 방법을 썼지.

이슬람교는 관용을 중시하고 종교의 강제성이 없어야 한다고 생각하거든.

이슬람 양식에는 아라베스크(아라비아풍)라 불리는 화려한 문양이 발달했는데,

이는 우상숭배 금지로 석상이나 성화가 없어 문양으로 대체했기 때문이야.

또 둥근 돔과 뾰족한 첨탑을 같이 두는, **모스크**라는 사원 건축 양식도 특징이지.

이 사원만 보더라도 이슬람 문화는 **페르시아와 그리스, 비잔틴*** 문화가 융합된 것임을 알 수 있어.

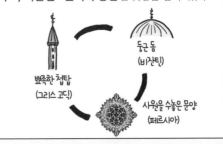

동양의 문물을 유럽으로 전하며 **동서 문화 교류에 기여하기도 했고**

다 우리가 우럭에 정해 줬는데, 우럭애들이 더 잘 이용하더라고

화약 나침반 종이

당시 그들의 자연과학이 크게 발달 하여 서양 문명에 자극이 되었지.

수하, 의하, 처명학, 염금슐 등우 정말 당대 최고였어

'아라비아' 숫자

남자들은 말이야.. 왜 일부 다처제 얘기만 나오면 좋아하는 걸까? 5명중 4명은 아얘 장가도 못갈텐데... 내가보기엔 다들 일부일처제의 수혜자들인데...

헉.. 듣고보니 그렇네...

코란* Qur'an

명명백백 more

Qur'an은 **이슬람교의 경전**으로 단순히 **아랍어의 'reading(읽어야 할 것)'**이라는 단어에 불과해. 그리고 알라도 아랍어로 유일신인 '하나님'이란 뜻일 뿐, '알라'라는 신이 따로 있는 것은 아니란다. 단지 아랍어 자체가 낯설다 보니 특별한 이름처럼 느껴질 뿐이지. 그래서 만약 성경을 아랍어로 번역한다면 '하나님'은 '알라'로 번역될 테고 반대로 코란의 알라는 '하나님'으로 번역되겠지. ㅋ 당황스럽지??? 그런데 코란은 다른 언어로 번역되는 것이 금지되어 있단다. 이 때문에 아랍어가 빠르게 전파되었지.

라마단* Ramadan

명명백백 more

라마단은 천사가 코란을 가르쳐 준, 신성한 달이라 하여 **한 달간 해가 떠 있는 동안에는 금식**은 물론 음주, 흡연, 성행위에 물을 마시는 것까지도 엄격히 금하고 있지. 라마단은 원래 아랍으로 **극도의 더위**를 뜻해. 그 이유는 이 때가 가장 더운 달이기 때문은 아냐. 라마단은 이슬람력으로 9월이지만, 이슬람력은 음력의 일종으로 매년 그 시기가 달라지거든. 다만 이 때 겪게 되는 극한의 배고픔과 갈증의 상황을 빗대고, 라마단 의식이 태양처럼 세상의 악을 그을릴 것이라는 믿음을 표현한 것이지.

비잔틴 제국* Byzantine Empire

명명백백 more

비잔티움

최대영토일 때의 비잔틴 제국 (55어년무렵)

비잔틴이 동로마 제국을 말하는 것은 알고 있던데,.. 이 '비잔틴'은 무슨 뜻일까? 답은 **이 제국의 수도가 '비잔티움 (Byzantium)'**이었기 때문이야. 로마제국은 콘스탄티누스대제가 395년 로마 제국의 수도를 비잔티움으로 옮기면서 동·서로 분리돼. 그리고 비잔티움을 자기의 이름을 따 '콘스탄티노플'이라 명하면서 우리는 이곳의 지명을 **콘스탄티노플**로 배워왔지. 현재의 이름은 '**이스탄불(Istanbul)**'이며 터키의 최대 도시야. 그렇지만 막상 동로마 시대를 살던 사람들은 자기들을 로마 제국의 정통성을 이은 국가로 여겼으며 당연히 '로마 제국'이라 했어. 그러나 후대의 역사가가 서로마와 동로마를 구별하기 위해 '비잔틴 제국(Byzantine Empire)'이란 별명을 붙인 것이지.

---

137 힌두교 문화권

Hindu culture area

힌두교는 고대부터 인도에 내려오던 **브라만교에 민간 신앙과 불교가 흡수되어 발전한** 그야말로 **인도의 종교야.**

힌두교

브라만교 민간신앙 불교

인도 이외의 분포지라고는 인도네시아의 발리섬 정도로 미미하지.

여기가 발리섬 인도네시아

인도의 젖줄이라 부르는 갠지스 강을 신성시하는 관습이 있고

앞의 종교들과는 달리 다신교야.

영혼불멸과 윤회사상을 믿기 때문에 살생을 금지하고 채식을 하지.

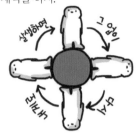

암소를 숭배하고 소고기를 금기시 하는데 사실 그럴만한 이유가 있단다.

또한 **카스트제도*** 라는 매우 폐쇄적인 신분제가 특징인데,

이것은 **사회적 활동에까지 엄격히 적용**되는, 지독한 신분 차별 제도야.

그러나 이를 윤회의 일부로 생각하며 순응하고 있지.

또 힌두교가 강한 결속력을 지닌, **민족주의적 성격**이 짙은 까닭에

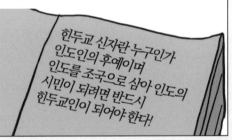

영국 식민지 당시, 독립 투쟁의 정신적 기반이었다는 것도 알아두자.

카스트제도*　　　caste system　　　명명백백 more

카스트(caste)는 **'순수혈통, 피'**를 의미하는 포르투갈어인 '카스타(casta)' 에서 온 거야. 이름만 봐도 철저히 **세습적인 신분제** 라는 걸 알겠지? **브라만, 크샤트리아, 바이샤, 수드라**라는 네 계급으로 나뉘는데 모두 인도어라 그렇지 사실 단어에 계급의 의미가 그대로 담겨 있어. 브라만은 인도에 고대부터 내려오던 브라만교를 믿던 **성직자, 승려 계급**으로 제사를 담당하는 인도의 최고 특권층이지. 제2계급인 '크샤트리아'는 '무사', '영토의 지배자' 정도로 번역될 수 있어. 이름에서 알 수 있듯이 **정치와 군사를** 담당하며 브라만계급과 함께 인도의 지배 계급이야. 제3계급인 '바이샤'의 의미는 'live'이니까 농업·상업 등을 담당 하며 실제 **생산을 담당하는 평민 계급**이겠지. 마지막으로 '수드라'는 '고통 받는 자'라는 뜻이야. 카스트의 최하위 계층으로 **노동자나 수공업자 계급**을 말하지.

명명백백 Special 10) 크리스트교? 가톨릭? 그리스 정교? 개신교?

크리스트교? 그리스도교? 카톨릭? 개신교? 기독교?... 뭐가 같고 뭐가 다른지 비슷비슷하면서도 헷갈리지? 크리스트교 문화를 이해하는
데 도움이 되니 명명백백식으로 한번에 정리해 두자고~

크리스트교**
Christianity

기원년에 이스라엘의 예루살렘에서 탄생하였고 하나님의 아들을 자처하며 믿음과 사랑을 전파하다 십자가에 못
박혀 죽은 실존 인물 Jesus Christ. Christ는 영어식 표기고, 원 그리스어로는 Jesus Khristos(예수 그리스도)라
발음하지. 바로 이 **Jesus Christ의 가르침을 믿는 종교**이니 'Christ교(그리스도교)'라 하겠지. 크리스트교는
유럽의 역사 속에서 많은 굴곡을 겪으며 **로마카톨릭교, 그리스 정교, 그리고 개신교**로 나뉘게 돼.

기독교**
Christianity

기독(基督)은 '크리스트'를 음만 빌려 한자식으로 표기한 거야. **크리스트교=기독교**이니, 기독교도
가톨릭과 그리스정교, 개신교를 모두 포함한 말이겠지. 그런데 우리나라에서는 기독교가 개신교와
동의어로 쓰이곤 하는데 이는 사실 잘못된 거라고.

로마 가톨릭vs그리스 정교vs개신교**
Roman Catholic vs Eastern Orthodox vs Protestantism

그리스정교   가톨릭   개신교

당시 크리스트교는 로마 제국의 박해에도 불구하고 신자가 계속 늘어났고 2세기부터는 전 인류의
유일한 구원이 되고자 **'가톨릭(Catholic)교'라고 불리기 시작**했어. katholik은 그리스어로 '보편적인,
모든'이라는 뜻이거든. 언제까지 막을 수만은 없었던 로마는 4세기 초에 크리스트교(가톨릭)를
공인하고 후에는 로마의 국교까지 되기에 이르지. (언제는 믿으면 죽인다더니.. 변덕은 -.-;;) 한참 후
로마 제국은 동·서로 분열되고 서로마가 게르만족의 침입으로 멸망해.

이후 **로마의 교회와 콘스탄타노플을 중심으로 한 동로마 교회들은 성상숭배를 둘러싼 다툼을
결정적 계기로 하여 11세기 동·서로 완전히 갈리게 되었어.** 이 때, 로마 교황을 위시하며
**성상숭배를 허용하는 서로마의 크리스트교를 서로마 가톨릭, 로마 교황의 우월성을 부정하고
기독교 초기의 정통성을 중시하는 동로마의 크리스트교를 동방정교, 혹은 그리스정교라고 해.**
정교의 '정(正)'은 정통(正統)성을 뜻하거든. 그리스정교가 그리스, 러시아, 루마니아 등 동로마 국가들에서 비교적 자유롭게 정착된 반면, 로마
가톨릭교는 로마 교황을 정점으로 강하게 집결하며 중세 유럽 사회에 절대적인 권력을 행사했어.

시간이 갈수록 로마 카톨릭은 정치·경제적으로 세속화되었으며 면죄부 판매나
성직매매를 비롯한 부패와 타락을 일삼았지. 이에 **루터, 칼뱅 등은 종교개혁을
일으키게 돼. 부패한 로마교황을 부정하고 청렴하고 근면하게 사는 것이 성경의
가르침임을 강조했는데, 이를 고쳐서 새롭게 된 크리스트교, 즉
개신교(改新敎)**라고 하지. 그리고 당시 유럽세계의 팽창과 더불어 전세계로 퍼지게
되었단다. .

크리스트교
(=가톨릭) → 서로마가톨릭 ┌ 개신교
                         └ (서로마) 가톨릭
          → 그리스정교
            =동방 정교

결국 유럽의 크리스트교는 동·서로 갈리면서 원래 크리스트교와 같은 말로 쓰이던 가톨릭이 서로마의 크리스트교만을 지칭하는 말로
축소되었고, 가톨릭은 다시 한번 종교개혁에 의해 개신교가 분리되어 나가게 된 거야. 이제 헷갈리지 않겠지?

크리스트교
문화권

Christian culture area

크리스트교는 이스라엘에서 예수 그리스도에 의해 창시되었다가

지중해를 중심으로 유럽전역으로 확대된 뒤에

오랫동안 **유럽 사회와 문화의 근간**이 되어 온 종교야.

믿음과 사랑을 강조하는 가르침이 인류 보편적 가치와 부합한데다가

16세기 유럽 열강이 팽창하면서 전세계로 퍼지게 되었지.

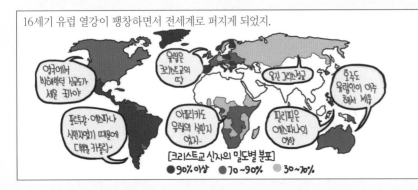

특히 직업을 통한 부의 축적을 긍정했던 개신교는

시민 계급에 널리 퍼지며 **근대 국가의 탄생과 자본주의 발달에 영향**을 미쳤어.

가톨릭의 경우 낙태를 엄격히 금지하고 있어 현재도 낙태 반대 운동의 구심점 역할을 하고 있단다.

또한 크리스트교는 포도주를 마시는 전통이 있어 **포도** 재배가 유럽 전역으로 퍼지는 계기가 돼.

그밖에 **고딕*양식, 크리스마스, 부활절 등**은 크리스트교 문화권에서 공유하는 문화들이야. 잘 알지?

심바야, 만국샘은 종교가 뭐냐?

만국이? 석가탄신일 다가오면 절 기웃거리고 부활절 때는 성당 나가고 크리스마스 즈음엔 교회가서 맛난거 먹고 선물도 받는, 일종의 복합 신흥 종교지.

참 종교인의 자셀세.. ㄹㄹ

🙂 고딕* Gothic

명명백백 more

고딕은 왜 고딕일까? 곧아서 고딕인가? -.-;; Gothic은 '고트족'이란 뜻이야. 고트족은 사실 약탈을 일삼는 야만족이었는데, 재미있는 건 고딕은 고트족과는 아무 관련이 없단다 ^^;; 중세 유럽에, **뾰족한 첨탑을 특징으로 하는 건축양식**이 르네상스 전까지 유행 하였는데, **르네상스 시대의 이탈리아인들은 중세의 이 양식을 거칠고 야만적인 고트족 같다**고 해서 '고딕(Gothic)'이라 불렀어. 알고 보면 중세의 양식을 경멸하는 이름이었다고. 고트족이 알면 이렇게 말하겠지.. "왜 가만히 있는 날 갖고 그래?"

십장생들, 고트족이 뭐가 어디가 어때서??

뭐가 좀 어떻긴 해.. 거울 좀 봐

거칠게 생겼구마..

---

139 종교분쟁

religion conflicts

종교에 대해 공부했으니, 이제는 이들 종교간 분쟁에 대해 공부해 보자.

국제적인 분쟁들은 단편적인 요약만을 외우면 고통스런 암기가 되지만, 역사적 배경을 함께 알면 꽤 재미있는 이야기가 된다고.

자, let's go!

최근 일어나는 테러들로 인해 전 세계는 경악을 금할 수 없는 끔찍한 경험을 했어.

우리나라가 비교적 테러에 안전하다고 하지만 세계가 모두 연결되어 있는 글로벌 시대인만큼, 종교 분쟁도 결국 우리와 관련이 없을 수 없지.

테러 영향력 지수

10
8
6
4
2
.01
매우강함

매우약함
없음
해당사항 없음

정말 궁금하지 않니? 사랑과 평화를 외치는 종교가 왜 그토록 끔찍한 살육전을 치러야하는 것인지 말이야.

신의 이름으로~

신의 이름으로~

종교는 기본적으로 **배타적 성격**을 갖기 쉬운데다가

국경선이나 민족구성이 종교 분포와 다르고

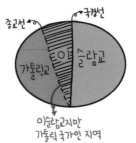

여기에 **정치적, 경제적 이해관계**까지 겹치면서 종교분쟁은 전쟁으로 격화되곤 해.

세계 곳곳에서 피흘림이 계속 되고 있지.

이의 해결을 위해서는 '상대를 존중하는 노력과 대화와 타협…'은 좀 무기력하게 들리지?

그럼 이제부터 대표적인 몇몇 종교 분쟁들을 좀더 자세히 살펴 보도록 하자고.

그럼 12월 31일에는 모든 종교가 이벤트를 하는데 그땐 어디로 가?

그날이 바로 만국이에게 '종교 분쟁'의 날이지..

참 종교인의 고뇌랄세…

140 서남 아시아의 종교분쟁

원래 서남아시아는 유대교, 크리스트교, 이슬람교의 발생지고,

특히 예루살렘은 세 종교 모두가 성지로 여기는 만큼 분쟁의 운명을 안고 있는 곳이지.

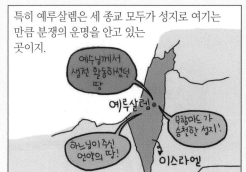

지금의 이스라엘 지역은 예로부터 '팔레스타인'이라 불리었으며, 오래전부터 유대인이 살고 있었어.

그러나 약 2000년 전, 유대인은 로마 제국에 의해 나라를 빼앗기고 세계 곳곳에 흩어져 살게 되었고,

로마 역시 이슬람 제국인 오스만 투르크에 의해 멸망하면서

팔레스타인 땅에는 쭉 아랍 민족들이 살게 되었지.

그러나 특유의 똑똑하고 근면한 민족성으로 세계에 영향력을 행사하고 있던 유대인들은

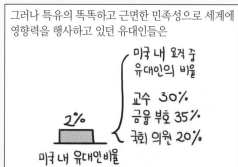

2000년 전 빼앗겼던 땅에 유대국가를 세우고자 단결하였으며 영국과 미국의 도움으로

이스라엘을 건설했어.

UN의 중재로 두 곳에 팔레스타인 자치구를 두었지만 하루 아침에 나라를 빼앗겼으니 난리가 날 수 밖에.

그래서 **팔레스타인 및 이들을 지지하는 주변 이슬람국들과, 유대인 및 서방세력 사이에 끝없는 분쟁**이 일어나는 거야.

그 밖에도 이 지역은 레바논처럼 **비이슬람 정권과 이슬람 정권의 갈등**

같은 이슬람이라도 **종파가 다른 이슬람인 끼리**의 분쟁,

이란–이라크전처럼 **민족이 다른 이슬람인끼리**의 분쟁,

이라크–쿠웨이트전처럼 **석유를 둘러싼 분쟁**,

IS와 같이 이슬람 내에서도 극단적인 종파가

뒤에서 분쟁을 조장하는 **서양 열강들에 자행하는 테러, 전쟁** 등… 폭탄 냄새 잦아들 날 없는 곳이지.

관심을 갖고 더 공부하다보면 여러 나라의 복잡한 역학 관계가 실타래처럼 얽혀 있다는 것을 알게 될거야.

141

동유럽의 종교분쟁

최근 크로아티아를 비롯한 발칸반도 여행이 유행이라고 하던데 말이야,

이 곳은 불과 얼마 전까지만 해도 연일 피바람이 불던 곳이었어.

이 발칸반도 지역은 유럽과 아시아의 경계에 있다 보니

민족과 종교가 다양해 갈등의 소지가 많았어.

그러나 민족보다 이념이 중요하던 시절, 유고가 병합하여 하나의 국가로 만들었지.

유고 연방과 소련으로 인해 갈등이 억눌려 있다가,

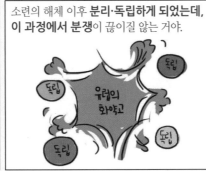

소련의 해체 이후 **분리·독립하게 되었는데, 이 과정에서 분쟁**이 끊이질 않는 거야.

가장 먼저 슬로베니아와 크로아티아가 유고와의 혹독한 전쟁으로 독립을 했어.

그런데 보스니아-헤르체고비나가 독립할 때에는 심각한 내전이 발생했어.

여긴 원래 이슬람인 보스니아계와 동방정교인 세르비아계가 공존하고 있던 곳이었거든.

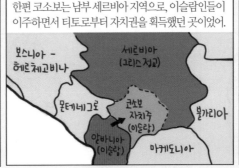

그런데, 보스니아-헤르체고비나가 독립을 하려할 때, 옆나라 세르비아의 꼬드김으로

강경파 **세르비아계들이 보스니아와 분리**하겠다며 전쟁을 일으키고 여기에 세르비아가 가담해 사태가 커졌지.

한편 코소보는 남부 세르비아 지역으로, 이슬람인들이 이주하면서 티토로부터 자치권을 획득했던 곳이었어.

세르비아가 이를 박탈하려 하자 이에 반발한 **코소보는 독립내전**을 벌였지.

이 두 사건은 당시 **세르비아 대통령이 소위 '인종청소'를 단행하면서 엄청난 사상자**를 냈어.

현재 보스니아-헤르체고비나에서는 두 개의 정부가 존재하고 코소보는 UN이 관리하면서 전쟁의 위험은 줄어들었지만 정말 인종, 종교, 국가가 얽혀서 위태로워 보이지?

142 인도지역의 종교분쟁

인도는 영국으로부터 독립하면서 엄청난 종교 분쟁에 휘말리게 돼.

인도가 불교와 힌두교의 발상지이자 이슬람국가와도 근접해 있기 때문이지.

그래서 이슬람교가 많던 파키스탄은 영국 독립 당시 인도와 분리되었고

동파키스탄이었던 방글라데시도 내전으로 독립을 해.

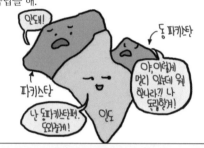

그런데 이 때, 인도와 파키스탄의 접경 지역인 카슈미르는 대부분 이슬람교를 믿는 곳이었어.

그래서 이슬람국인 파키스탄으로 귀속되길 원했으나

당시 힌두교도였던 지도자에 의해 인도로 귀속되었고,

분리·독립을 주장하는 카슈미르와 파키스탄, 인도 간에 끊임없는 분쟁이 발생하는 거야.

또한 불교 국가인 **스리랑카**도

식민시절 영국이 이주시킨 **힌두교도들이,**

자신들을 차별하는 불교 주민과 내전을 벌이는 등 인도 안팎은 종교 문제로 늘 어수선하단다.

143 신항로 개척

Discovery of sea route

자, 이제부터는 15, 16세기 유럽의 탐험가들이 새로운 바닷길을 개척한 스토리를 좀 공부해 볼까?

바로 이 신항로의 발견이 세계사의 판도를 바꾸는 계기가 되거든.

자자, 이야기는 11~13세기 유럽이 이슬람 세계를 원정한 십자군전쟁으로 거슬러 올라가.

이후 유럽에는 향신료, 비단, 귀금속 등 **동방 산물에 대한 관심**이 폭증하게 되거든.

인도, 중국 등지에서 건너오는 동방 산물의 수요는 나날이 증가하였고 상인들은 끝없이 부유해졌지.

이때에 이용했던 무역로가 육로와 지중해였어. 당시 지중해를 장악했던 **비잔틴과의 교역**으로 동방문물을 얻었지.

그러다 이슬람 세력인 오스만투르크제국*이 비잔틴을 멸망시키고 **동서 교통로를 장악**하여

중개 무역의 이익을 빼앗게 돼.

따라서 누군가 다른 경로를 통해 인도에 도달할 수만 있다면 그야말로 대박이 나는 거야. ^0^

그런데 당시 지구 구형설, **나침반 보급, 조선술·항해술 등의 발달**로 신항로 개척이 꿈만은 아니었어.

때마침 마르코폴로는 [동방견문록]*을 펴내 동양에 대한 호기심을 자극했고

이슬람 세계 너머에 또 다른 크리스트교 국가가 있을 것이라는 **종교적 신념**도 있었으며

왕실 입장에서도 동방 산물은 경제적 가치가 높았으므로 탐험가들을 적극 **후원**했지.

마침내 유럽인들은 **대서양을 통해 인도에 도달하는 신항로 개척**에 성공하는데, 특히 포르투갈이 가장 적극적이었어.

포르투갈의 바르톨로뮤 디아스는 희망봉에, 바스코 다 가마는 이를 지나 마침내 인도에 도달하였지.

한편 에스파냐의 후원을 받는 콜럼버스는 서쪽으로 인도를 가려다 엉뚱하게 **아메리카 대륙을 발견**하게 되고, 이를 인도의 일부라 생각하여 서인도제도라 했지.

그리고 마젤란은 최초로 **세계 일주**에 성공하게 돼.

결국 유럽인들은 지구는 정말로 둥글고 대서양을 통해 어디든 갈 수 있음을 알게 된 거야.

그러니 비싸고 치사한 **지중해 무역이 쇠퇴**하고

대서양을 통해 마음껏 교역하면서 유럽의 세력이 비약적으로 확대되었지.

ㅋ, 지금 몇 천원도 안 하는 후추 하나가 바닷길을 열고 세계사를 바꾸어 놓은 셈이니, 재미있지 않아?

🙂 십자군*

十字(십자) / 軍(군사 군) : Crusade

명명백백 more

성서에도 나오지만, 원래 예루살렘은 예수가 탄생한 곳이고 크리스트교의 성지지. 그런데 팔레스타인 분쟁에서도 얘기했듯이 7세기 이후에는 이슬람인들이 점령해 살고 있었어. 11세기에서 13세기까지 **유럽의 크리스트교들이 이곳을 탈환하기 위해 8회에 걸친 대원정에 나섰는데**, 이에 참가한 기사들이 가슴에 **십자가를 달았다**하여 십자군원정 이라고 해. 물론 이는 표면적으로 **신앙적 열정**에 의한 운동처럼 보이지만, **중세 봉건 지배계급의 영토 확장욕, 동방 산물에 대한 욕심, 호기심, 모험심** 등의 동기가 종교로 포장된 전쟁이었어. 이 원정은 결국 실패했지만 유럽인은 **이슬람 세력과 접촉**하면서 세계관이 확대되고 **동방 산물에 대한 관심**이 폭증해 결과적으로 신항로 개척의 계기가 된다고~

🙂 오스만(투르크)제국*

Osman (Turkish) Empire / Ottoman Empire

명명백백 more

오스만 제국 최대 영토 (1680)

투르크는 영어인 'Turk'를 그대로 발음한 것이고 이를 한자로 하면 **돌궐(突厥)**인데, '돌궐족' 이라고 국사책에서 그냥 무턱대고 외운 기억 있지? 중앙아시아 일대에 광범위하게 펼쳐져 있던 이들은 7세기 후반 서쪽 반은 이슬람화되었고 동쪽 반은 당나라에 복속하여 오랑캐 취급을 받기도 했어. 한참 후 이들은 **이슬람왕조를 중심으로 오스만 제국을 건설**했는데, 투르크 족이 세운 오스만 제국이라고 해서, 오스만 투르크라고도 해. 지금 터키의 최대 도시인 이스탄불 (=비잔티움, =콘스탄티노플)을 수도로 북아프리카와 중앙아시아, 유럽에 걸친 광대한 영토를 차지하고 특히 16~17세기에 전성기를 누린 이슬람 국가야.

지정학적 위치로 동·서 교류의 중심지였으며 비잔틴 문화와 이슬람 문화가 융합된 다원적인 문화를 갖고 있어. 1923년에 왕조가 멸망하고 공화국을 수립하였는데, 이게 우리가 알고 있는 **'터키(Turkey)'**야. '투르키'라고 안 읽다 보니, 투르크가 곧 터키인 것도 모르는 학생들이 많더라고 - -..

🙂 동방견문록*

東方(동방) / 見(볼 견) / 聞(들을 문) / 錄(기록할 록) : Description of the World

명명백백 more

이탈리아의 모험가 **마르코 폴로가 동방(원나라)을 여행하고 그 보고 들은 바를 기록한 책**이야. 한자로 그렇게 번역했 다는 거지, 원제는 〈세계의 기술(Description of the World)〉이야. 역사상 세계사에 가장 많은 영향을 끼친 기행문 이지. 이슬람 세계 부터 중국, 일본에 이르기까지 다양한 이야기가 실려 당시 **유럽인의 호기심을 자극**하긴 했지만, 사 실과 다르거나 과장된 부분이 많아. 일본이 황금으로 덮인 나라라 하지 않나… 그래서 실제 원나라까지 갔다 왔는지 의심하는 사람도 있고.. 아무래도 마선생님께서는 좀 뻥이 심하셨던 분인 듯 -.-;;

bonus 심바의 보너스* – 신항로 개척, 유럽 이전엔 아무도 안했을까?

훗, 아냐. 이슬람 상인들은 예로부터 발달된 과학 기술을 바탕으로 동서양을 넘나들며 활발한 상업활동을 했고, 명나라의 환관인 정화는 2차례의 원정을 단행해 인도양을 지나 동아프리카까지 간 것을 볼 수 있어. 다만 중국은 당시 식민지가 필요치 않아 정화의 죽음과 함께 중단되었지. 원래 중국은 넓은 땅에서 자급자족 해 왔으며 육로 (실크로드)를 잘 써왔고, 무엇보다 중화사상이 강해서 해외 원정에 크게 관심이 없는 나라야. 그래서 이 때 원정을 단행한 것도 명나라 힘을 과시하고 주변국으로부터 조공을 받아오기 위함이었어. 그래서 요란뻑적지근한 -.-;; 배들과 엄청나게 많은 사람들을 데리고 원정을 했지. 사실 반란으로 황제가 된 영락제가 도망간 이전 황제를 찾아 제거하고자 하는 이유도 있었고. -.-;; 하여튼 이렇게 시작된 원정은 드넓은 중국 다스리기도 벅찬 왕조들이 식민지에 별로 관심을 갖지 않았고 재정 낭비라는 이유로 시들해졌어. 그런데 환관이 누구냐고? 내시야 ^0^ 오랜 뱃길을 견디기엔 이분들이 유리할지도 ^^;;

정화의 원정로

아메리카**

[유럽 침략 이전에 아메리카 대륙에 있던 인디언들의 고대 문명]

아메리카 대륙을 발견한 것은 콜럼버스지만 그는 원래 인도를 가려고 했던 것이고 죽을 때까지 자기가 발견한 곳이 인도의 일부인 줄 알고 있었지. 그래서 아메리카 원주민들을 인디언(인도인)이라 불렀어.

그러나 이후 아메리고 베스푸치는 그 곳이 인도가 아닌 신대륙일 것이라는 생각을 했어. 그렇게 해서 콜럼버스가 발견한 신대륙은 아메리고의 이름을 따서, '아메리카'라 명명하게 되었지. 만약 콜럼버스가 그곳이 신대륙인 걸 알았다면 '콜럼비카'가 되었을지도?^^;;

콜럼버스(1492)
아메리고 (1499) (1501)

죽을 똥을 싸서 발견했드만 웬일 아메리카?

그러게, 어딘지도 아셨어야쥐 콜선생께서 인도라매요~?

Christopher Columbus
1451~1506, 이탈리아

Amerigo Vespucci
1454~1512, 이탈리아

▶ 잉카 문명 Inca Civilization

잉카 문명은 지금의 페루를 중심으로, 안데스 산지 일대에서 번성하였어. 잉카(Inca)는 그들의 언어로 '왕', '태양의 아들'이란 뜻인데, 잉카족은 왕이 나라를 다스리고 태양신을 섬겼거든. 1500년대 초, 스페인의 정복자들에 의해 멸망하기 전까지 100년 정도만 번성한 제국이었지만, 지금도 그 유적을 보면 신비로울 만큼 발달된 문명을 갖고 있었어.

나, 잉카의 태양신인데 만국이 겁나지 않았느냐?

▶ 아즈텍 문명 Aztec Civilization

아즈텍 문명은 지금의 멕시코 고원에서 발달했어. '아즈텍'이란 명칭은 '아즈틀란(Aztlan)'이라는, 전설 속의 낙원에서 온 건데, 아즈텍인들이 신의 과일을 따먹는 바람에 노여움을 사게 되어 쫓겨나 중앙아메리카를 방황하게 되었다는 거야. 신들은 자기 과일을 먹는걸 싫어하나 봐 ^^;; 이름의 유래에서 알 수 있듯이 이곳 저곳을 떠돌던 수렵민족이었던 아즈텍인들은 1200년경 지금의 멕시코 고원에 정착하여 도시국가를 세우고 제국으로 발전하다... 물론 에스파냐에 의해 멸망했지. -.-;;

굴고보니 좀...

[유럽 침략 이후 아메리카 대륙의 구분]

앵글로아메리카와 라틴아메리카**

앵글로 아메리카
영국(앵글로색슨족)
포르투갈, 에스파냐 (라틴족)
라틴 아메리카

앵글로 색슨족은 잉글랜드에 살던 색슨족이란 뜻으로, 쉽게 영국인을 뜻하는 것으로 보면 돼. 그런데 북아메리카를 앵글로 색슨의 아메리카, 줄여서 앵글로 아메리카라 하는 이유는 미국과 캐나다가 주로 영국의 진출로 건설된 국가이기 때문이지. 지금도 미국과 캐나다는 그 영향으로 영어를 쓰고 개신교를 믿잖아.

그러나 멕시코 이남의 중남미 아메리카는 사정이 다르지. 포르투갈과 에스파냐가 진출하여 대다수의 주민이 포르투갈어와 에스파냐어를 쓰며 가톨릭교를 믿어. 포르투갈이나 에스파냐는 라틴족에 속하기 때문에 이 지역을 앵글로 아메리카와 구분하기 위해 '라틴아메리카' 명명하기 시작한 거야. 이곳은 지금까지도 유럽 식민지배의 흔적이 가장 뚜렷하게 남아있는 지역이야. 자신을 지배했던 유럽국의 언어, 종교 등이 그 국가의 정체성으로 고스란히 남아있거든.

144 삼각무역

triangular trade

남녀관계에 제삼자가 끼어들면?

삼각관계!
오지랖..

두 국가 무역에 제삼국이 끼어들면?

삼각 무역

신항로 개척 이전에는 오스만 제국을 통해 중개 무역을 하던 유럽 열강*들은

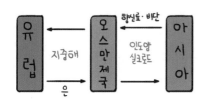

신항로 개척 이후, 어마어마한 수입·수출의 시장을 제공받고 무역 구조를 다각화하기 시작하지.

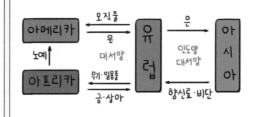

특히 16세기에서 18세기까지는 유럽과 아프리카, 아메리카를 연결하여 노예를 매개로 한 삼각 무역이 두드러지는데, 그 과정은 이렇게 돼.

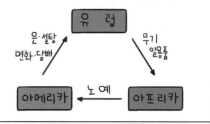

유럽은 아프리카 지도자에게 무기와 공산품을 제공하고 그들로 하여금 노예를 팔도록 했어.

그리고 유럽은 그 노예들을 아메리카의 사탕수수, 면화, 담배 농장에 팔아 넘겼지.

이 때의 노예제도는 아직까지도 인종 차별의 뿌리가 되고 있다고 ㅜ

그리고 나서 아메리카 농장들도 새로운 작물을 유럽에 내다팔아 이익을 챙긴 거야.

이때의 노예무역 말고도 '삼각무역'은 그냥 삼국간의 무역을 가리키는 일반적인 말이기도 해.

양국간 무역이 불균형해지기 쉽기 때문에

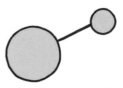

불균형, 무역축소 초래

다각화시켜 안정을 꾀하는 것이지.

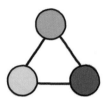

다각화 · 안정

열강*

列 (여러 **열**) / 强 (강할 **강**) : the Powers

열강은 **여러 강한 것들**, 즉 **강대국들**을 복수로 표현하는 말이야. 그러니 열강의 개념은 시대적으로 변화가 있을 수밖에. 여기서는 에스파냐, 포르투갈, 네덜란드, 영국, 프랑스 등 당대에 발달된 국력으로 세계 시장을 점령했던 나라들을 말하겠지.

145 가격 혁명

the price revolution

신항로 개척 당시 유럽에서는 은이 화폐처럼 쓰였는데

은화 3냥이면 되겠소?

이것이 라틴 아메리카로부터 대량 유입되면서

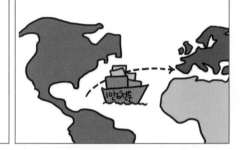

물가가 오르고 화폐의 가치가 폭락했어.

은 유입 후 물가 변동	
에스파냐	3.4배↑
프랑스	2.2배↑
영국	2.6배↑

이러한 가격 폭등이, 이후 사회 변화의 중요한 원인이 되는데, 그래서 이를 가격혁명이라고 하는 거야.

오알 미테도 가격혁명 한다고 써붙였던데?

어떤 변화를 가져왔냐고? **상업이 발달해, 상공업자와 시민 계급이 성장**하고

물가가 비싸니 상공업자 유리하지~

기존의 화폐를 가지고 있거나 고정된 지대를 받던 **봉건*지배 층은 물가 상승으로 몰락**하지.

이제 이돈 가지고는 애 붙이값 대기도 어려워 T

또 전체적인 경제규모가 커지면서 자본주의가 발전하는 원인이 되었어.

자본주의의 발전

뭐 이정도면 '혁명'이라 할만하지? ^^

革 命

가죽벗길**혁** 목숨 **명**

혁신   운명

명이 다한 것을 가죽을 벗기듯 완전히 새로이 한다는 뜻이야. 질적으로 완전히 다른 패러다임의, 급진적인 변화만이 바로 혁명!

봉건*

封(봉할 **봉**)/建(세울 **건**) : Feudalism

봉건의 어원은 주나라의 제도에서 나온 말이야. 고대 중국의 주나라는 주로 왕실의 친척이었던 **제후들에게 땅을 내려서 그들의 나라를 세울 수 있게 했어.** 이 땅을 봉할 봉(封)에 땅 지(地)를 써서 봉지라 하였는데, 땅을 하사하여 아무개의 영토로 봉하겠다는 뜻이야. 즉, **봉지(封地)를 내려 나라를 건설(建)하게 한 제도가 봉건제도지.** 영어로는 feudalism이라 하는데, 역시 봉지(封地)를 뜻하는 라틴어 feodum에서 유래했단다. 왕은 제후들에게 그 반대급부로 충성심과 군사적 지원을 요구했어. 이 말이 확장되어서 지금은 꼭 주나라의 제도가 아니라도, **중세 때 행해졌던 주종 서약관계, 지배·예속관계, 영주·농노의 관계** 등을 모두 봉건제도라고 해.

146 상업 혁명

the commercial revolution

신항로 개척으로 아시아와 아메리카는 유럽의 수입·수출 시장으로 전락하고 말아.

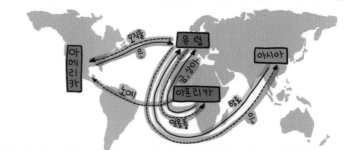

이전에 없던 식물과 기호식품들이 아메리카에서 활발히 유입되었고

이는 생산력을 증대시켜 유럽, 나아가 세계의 인구 성장을 촉진했지.

값싼 원자재들을 마음껏 공급받고 마침 은의 수입으로 발생한 가격혁명이 유럽의 자본을 급격히 팽창시켜

경제가 활활 타오르며 상공업이 폭발적으로 발전하게 돼.

특히 **대규모 무역 독점 회사를** 조직하여 철저히 이익을 챙겼는데

이를 주도했던 나라는 네덜란드와 영국이었어.

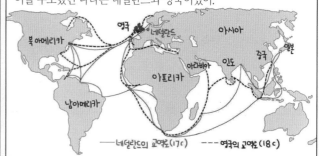

가격혁명으로 봉건층들은 경제적 힘이 없어진 반면,

무역 경쟁은 한층 격화되었기 때문에

무역상들은 다른 나라와의 충돌에서 그들을 보호해 줄 강력한 왕권이 필요하게 돼.

이로써 봉건제가 무너지고 절대 군주가 등장하면서 이들의 보호로 산업이 발달하지.

이렇게 상업의 발달은 근대 자본주의의 발달에 불씨를 지피고, 사회 전체에 근본적인 발전을 가져왔어.

이를 상업혁명이라고 해. 물건을 사고파는 상업으로 인해 일어난 혁명적 변화잖아!

147 증기 기관과 운하

steam engine & canal

18세기로 넘어오면 안 그래도 나날이 팽창하는 유럽에, 날개를 달아주는 교통상의 발전이 일어나지.

수증기의 열에너지를 엔진의 구동력으로 바꾸는 증기기관!

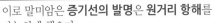

이로 말미암은 증기선의 발명은 원거리 항해를 가능하게 했으며

증기기관차는 대량의 물자를 빠르게 공급하면서 생활 공간을 넓혀 주었지.

또한 운하(운송을 위한 하천)를 건설하여 항해 거리를 획기적으로 단축했는데, 이는 내륙에도 선박이 다닐 수 있도록 인공적으로 물길을 만드는 거야.

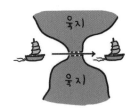

運 河
옮길 운 하천 하
운송

이집트의 수에즈에 운하를 건설하여 아시아로 가는 항해 거리가 크게 단축되었고

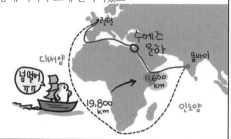

태평양으로 갈 때에도 파나마에 운하를 건설하여 뱃길을 연결시켰어.

18, 19세기 **교통의 발전**은 유럽의 공업화, 산업화와 맞물려

식민 쟁탈전의 제2라운드에 돌입하게 돼.

영국
네덜란드
에스파냐
포르투갈
프랑스

그들의 영향력은 그야말로 세계로 확대되면서 유럽이 진정한 의미의 세계사를 이루었다는 **유럽 중심주의적 사고**가 퍼지게 되지.

백인으로서의
무거운 짐을 지라.....
........유럽만이
미개한 세계를 깨이게
할 수 없을 것이니
~ 키플링, 「백인의 짐」

참어.. 재가 정글북 작가래.. 정글북 쟁나자나.. ㅋ

뭐?? 백인만이 미개한 세상을 깨워? 비유럽 문화는 무슨 호구인줄 아니? 니들 기준 아니면 야만인이고 원시문화냐?? 백인의 짐? 생태계와 지역마다의 정신 문명을 파괴한 니들이 세계의 짐이야! 이런 십장생 제국주의자 같으니라고...

148
중상주의

유럽의 식민지 정책을 한마디로 정리하면?

골드벨을 울려봐

네, 정답은, 중상주의입니다.

아,아깝다..
그르르
인종차별
팽창주의
미움,깨,사랑

mercantilism

16세기 후반, 봉건제가 무너지고 강력한 중앙 집권을 이루었던 유럽의 절대 왕정은

Down
UP

자국의 상공업 육성을 위해, 수입을 규제하고 수출을 장려하면서 자본을 축적하는 데 혈안이 되었어.

세금 잘 내는 저의 신료들, 그리고 무역업자들~ 필요하신거 있음 말씀하삼~ 콜미~

짜라란~♪

이를 **상업을 중시**한다는 뜻으로 **중상주의**라고 해.

상업!

重商主義
중할중 상업상 주의

중상주의는 근대 자본주의가 확립되기 전까지 유럽의 근본적인 경제 정책이었어. 이를 위해서는 **값싼 원료 공급지와 시장이 필요했기** 때문에 식민지 개척에 앞장서게 된 거라고.

초기에는 발달된 항해술을 바탕으로 **에스파냐와 포르투갈**이 세계를 양분하다시피 했어.

에스파냐는 아메리카 대륙으로부터 금을 채굴하는데 혈안이 되었고, 포르투갈은 인도, 인도네시아 지역에서 향신료, 비단, 귀금속을 유입해왔어

16C

무적함대의 패배로 에스파냐의 기가 꺾인 이후에는 **네덜란드**가 인도와 인도네시아로 진출하며 해상 무역의 이익을 독점했지.

네덜란드

17C

이를 배 아파하던 영국은 영국 식민지와의 수출입을 규제하며 네덜란드를 견제하였고,

· 항 해 조 례 ·

영국 식민지와의 장사는 묻지도 따지지도 말고 무조건 영국 선박만 할수 있음!!

프랑스와 영국이 한동안 우열을 다투다가

영국

프랑스

영국은 북아메리카와 인도에, 프랑스는 퀘벡과 동남아시아에 주로 진출했어

18C

프랑스-영국의 전쟁에서 **영국**이 승리한 후로는 한동안 영국이 절대 강자로 군림하게 돼.

해가 지지 않는 나라!

그러나 전통 왕조와 문명을 이루고 있던 아시아와 아메리카 입장에서 이러한 유럽 열강의 팽창은 침략일 뿐이었어.

아메리카의 눈부신 고대 문명은 모두 파괴되고 식민지로 전락하였으며,

아시아 각국은 **전통 수호와 근대적 개혁 사이에서 갈등**하며 유럽에 대항 하고자 했지만 대부분의 운동은 실패 했지.

아시아에서는 유럽 열강들의 침략에 대응하고 그에 따른 근대화의 과정에서 많은 움직임이 일어나. 무조건 외우려고 하면 어렵지만 명명백백식으로 이름을 자연스럽게 풀어내면 쉽고 재미있는 부분이니까 짚고 가 보자~

▶ 중국

의화단 운동** 義(옳을 의)의리, 정의 / 和(합할 화)화합 / 團(모일 단)단체

어느 나라건, 일단 외세가 침입하면 그들을 배격함으로써 스스로를 지키고자 하는 움직임이 일어나기 마련이야. 중화사상이 강한 중국이야 말할 것도 없겠지. 농민들은 **옳은 것을 위해 모였다**는 뜻을 가진, 의화단을 조직하여 **외세 배척**을 주장하며 난을 일으켰어. 이를 의화단운동이라 한다.

태평천국 운동**

아니, 서양 열강의 등쌀과 내부 혼란으로 바람 잘 날 없을 중국에 태평천국이라니, 뭔가 수상하지 않아? 태평천하도 아니고 천국이라니… --;; 그래 이건, **농민반란군이 세운 종교 국가**야! 청 말에 홍수전이라는 사람이 자기가 예수 동생이라는 둥 -.-;; 기독교를 이상 야릇하게 재해석한 종교가 유행하는데, 여기서 태평천국이라는 국가를 건설하기에 이르지. 태평천국운동의 배경은 서양 열강과 그들에게 당하는 무력한 정부에 대한 불만이었기 때문에 이 운동은 **반외세, 반봉건 운동**이었어. 그러니 서구 열강과 청 정부의 협공으로 멸망하고 말았지.

양무 운동** 洋(서양 양) / 務(힘쓸 무)의무, 업무

양무는 서양을 (배우고자) 힘쓴다는 뜻이잖아. 의화단운동이나 태평천국운동의 태도와는 상반되지? 그도 그럴 것이 뭐.. 자기들 눈으로 봐도 서양의 과학기술이나 발전된 문물을 부정할 수 없었던 거지. 아편전쟁 등 잇따른 전쟁에서의 패배로 자신감을 잃고, 차라리 그들의 **기술을 배워 힘을 기르고자** 했던 거야. 전국적 차원에서 통일된 계획으로 추진되진 못했지만 부분적으로 청을 안정시키면서 근대적 발전을 이루었어.

변법자강 운동** 變(변할 변) / 法(법 법) / 自(스스로 자) / 彊(강할 강)

변법자강? 외우려 하지 말고 그대로 풀어 보자고. **법을 변화시켜 스스로 강해지려는 운동**이겠지? 여기서 법이란 법이나 체제, 제도 등을 모두 말해. 단지 과학기술만 배우겠다는 양무운동으로는 개혁의 한계를 느꼈거든. 서양열강도 모자라 청-일전쟁까지 패하면서 중국의 위기의식은 극에 달했어. **전통적인 정치체제와 교육제도 등을 모두 개혁하고 자강을 실현**해야 한다고 해서 추진했지만 보수파의 탄압으로 실패하고 말았지.

신해혁명(중화혁명)** 辛亥 (신해) / 革命 (혁명)

음.. 이런 이름들은 연도를 말하는 거라서.. 힌트를 얻을 게 별로 없네. 신해년은 1911년인데 드디어 중국이 **민주주의 혁명**을 일으키고 나라 이름을 중화민국(中華民國)이라 했어. 그래서 신해혁명은 중화혁명이라고도 하지. 양무운동, 변법자강운동 등 청왕조의 근대화 운동들이 모두 실패하자 쑨원은 근대적인 민주 공화국 수립을 위한 혁명을 일으키고 결국 **청은 멸망**하게 돼. 그러나 봉건, 전제(과거 황실)세력과의 갈등은 끊이지 않았고 중국은 극심한 혼란에 빠지지. 하지만 아시아 최초의 민주 공화국 수립으로 그 의의는 큰 운동이야.

▶ 우리나라

위정척사 운동** 爲 (지킬 위) 호위 / 正 (바를 정) / 斥 (물리칠 척) 배척 / 邪 (사악할 사)

우리나라도 마찬가지로 외세가 처음 들어왔을 때는 이를 배척하고자 했어. 그래서 성리학 이외의 모든 것을 사악한 것이라 규정하고 배척했는데, 이를 위정척사 운동이라 하지. **바른 것(성리학적 질서)을 지키고 사악한 것을 배척한다**는 뜻이야.

갑신정변** 甲申 (갑신) / 政 (정치 정) / 變 (변할 변) 변화

갑신년(1884)에 일어난 정변이야. 정변은 정치 정(政)자가 들어 있듯이 **정치적 변란**을 말해. 개화당이 청나라에 의존적인 보수파를 몰아내고 **개화 정권을 수립**하려 했거든. 낡은 봉건 체제를 깨뜨리고 자본주의와 근대화로 나아가려는 움직임이었으나 외세와 보수파의 반발 때문에 **3일만에 실패**로 돌아갔지.

▶ 일본

메이지 유신** 메이지 / 維 (오직 유) / 新 (새로울 신)

유신이라 함은 **모든 것을 바꾸어 "오직 새로움!"**을 추구하자는 뜻이야. 일본의 **메이지 왕이 일본의 정치, 사회 구조를 근본적으로 뜯어 고치며 근대 자본주의로의 개혁**을 추구하고 부국강병을 이룬, 대대적 개혁이지. 단기간에 입헌 군주제를 이루는데 성공한 개혁이었지만 아시아 여러 나라에 대해서는 침략적 태도를 취하면서 이후, 제국주의와 식민주의로 나가는 데 결정적 발판을 마련하게 된 셈이라… 쩝..

149 국제 사회의 변화

한때 전세계 대부분의 국가가 양편으로 편을 나누어 싸우던 시절이 있다는 것 아니?

제2차 세계 대전 이후, 우리가 분단될 당시만 해도 세계는 미국과 소련을 중심으로 **냉전 체제**가 형성되었어.

하지만 1990년대 초 독일이 통일되고 이어 소련마저 붕괴되면서 공산주의는 완전히 몰락하게 돼.

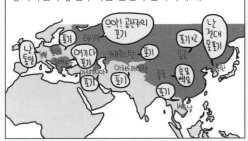

이렇게 냉전 체제가 막을 내리면서 세계는 이데올로기보다 **경제적 실리**를 추구하게 돼.

뿐만 아니라 미-소 중심의 양극화 체제에서 유럽, 일본, 중국 등의 세력이 강해 지고 제3세계의 국가들도 발언권이 높아지는 등 **다극화 체제**로 전환되었단다.

특히 최근의 가장 큰 특징은 **중국이 급성장**하면서 세계 최강국 **미국과의 패권 구도**를 형성하였다는 점이지.

어쨌든 각국은 여전히 국가간 인구, 자원, 산업 등의 차이로 인해 **상호 교류**하면서 보완할 수 밖에 없는데

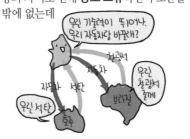

교통과 통신의 발달 덕분에 국가간 협력이 더욱 원활해졌지.

특히 **국제 연합(UN)**과 **세계 무역 기구 (WTO)**는 전세계적인 협력 기구로서 큰 역할을 하고 있어.

이에 반해 지리적으로 인접한 특정 국가들이 블록을 결성하여 **지역 협력 기구**를 만드는 경향도 나타 났어.

우리나라도 **경제 협력 개발 기구(OECD), 아시아· 태평양 경제 협력체(APEC), 아시아· 유럽 정상회의(ASEM)** 등에 가입하여 국가간 상호 보완에 일익을 담당하고 있지.

150 세계화

globalization

세계화란 국가간에 물자, 인력, 정보 등이 자유롭게 이동하게 되면서

삶의 공간이 세계로 넓어지는 현상이야.

1500~1840년
범선 : 104일

1850~1930년
증기기관차 : 16일

1950년대 비행기 : 3일

1960년대~현재 제트기 : 2일

특히 **교통과 통신의 발달**이 이를 가능하게 했으며

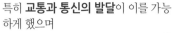

WTO나 IMF 등의 기구들은 바야흐로 **자유 무역**이 이루어질 수 있는 환경을 만들었지.

WTO 세계무역기구
World Trade Organization
- 자유무역 위배행위 감시
- 관세 및 비관세 장벽완화
- 세계무역 분쟁 해결

IMF 국제통화기금
International Monetary Fund
- 국제통화문제 합의·협력
- 외환안정 촉진
- 국제무역의 증대 및 균형조성

세계화로 인한 변화로는 **전 지구적 규모의 기능 통합,**

이번영화는 전세계 동시개봉이래 누욕사는 내친구도 지금 포사러 간대

TICKET OFFICE

유·무형 자원의 자유로운 이동,

존, 물건 잘 받았어 물건값은 인터넷 뱅킹으로 보냈어. 확인해봐

Hi, Mr.Kim! 대답 들어왔어. 다음물건은 온라인으로 주문해~Bye

한국
미국

세계 도시의 성장,

I ♥ NY
TOKYO
LONDON

전세계를 무대로 활동하는 **다국적 기업의 발전** 등을 꼽을 수 있어.

H자동차 본사
H자동차 본공장
H자동차 지점
H자동차 판매대리점

세계화로 인한 영향을 평가해 보면 무역 장벽 축소로 **교역량과 국제적 부가 증가**한 측면이 가장 커.

$

전지구적인 문제에 대한 공동 대응도 원활해졌지.

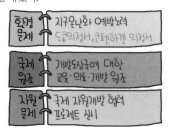

환경 문제 : 지구온난화 예방노력
도쿄의정서, 국제하게 의정서

국제 원조 : 개발도상국에 대한
교육·의료·개발 원조

자원 문제 : 국제 자원개발 협력
프로젝트 실시

하지만 **국가간 빈부차가 확대**되고

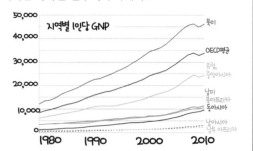

지역별 1인당 GNP

50,000
40,000
30,000
20,000
10,000

북미
OECD평균
유럽
중앙아시아
남미
동아시아
남아시아
중부 아프리카

1980 1990 2000 2010

다국적 기업과 **독점 자본**이 시장을 지배하며

문화적 **자주성이 훼손**되는 등의 부정적 측면을 간과해서는 안되지.

그래서 일부 NGO들은 세계화가 선진국이나 다국적 기업의 이익을 위한 논리라고 이를 비판하기도 해.

151 세계 속의 우리나라

세계화는 그 비판적 측면에도 불구하고 피할 수 없는 현상이야!

교통, 통신 기술의 발달 속도가 더욱 빨라져 국가간 교류는 더욱 활발해질 테니까.

따라서 세계화의 흐름에 무방비하게 휩쓸리지 않도록 우리의 문화를 지키고 개발 하면서 **국가 경쟁력**을 키워야 해.

우리나라는 경제가 성장함에 따라 **국제적 위상도 매우 높아졌어.**

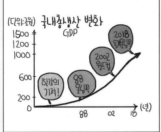

극빈국에서 어느덧 다른 나라에 원조를 주는 나라로 경제 성장과 공적 개발 원조의 상징국이 되었지.

한류 현상은 정치, 경제적 뿐만 아니라 우리나라의 문화적 위상도 크게 높아졌음을 실감케 하지?

높아진 위상만큼 **공동의 번영**을 향한 **책임있는 자세**가 중요한 법.

우리나라는 96년 OECD에 이어 99년 개발원조위원회(DAC)에도 가입하여 국제적 위상에 맞는 **공적 원조**를 위해 노력하고 있어.

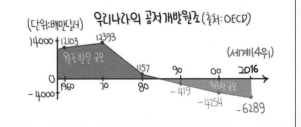

환경 보호 활동에도 주도적 역할을 하고 있기도 하지.

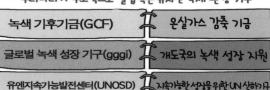

** 우리나라가 주도적으로 설립 혹은 유치한 국제 환경 기구

녹색 기후기금(GCF)	온실가스 감축 기금
글로벌 녹색 성장 기구(gggi)	개도국의 녹색 성장 지원
유엔지속가능발전센터(UNOSD)	지속가능한 성장을 위한 UN 산하기구

또한 UN군을 파견하면서 다양한 구호 및 평화 유지활동에 적극 참여하고 있으며

마지막으로 세계 최고의 인천공항을 이용한 하늘길, 부산항과 광양항의 뱃길, 시베리아 횡단 철도 및 아시아 하이웨이의 육로를 아울러

인천, 부산, 광양 등을 경제 자유구역으로 지정하는 등 세계 교류의 허브이자 물류의 중심지로 거듭나고 있단다.

152 지역화

localization

작용이 있으면 동시에 반작용도 있기 마련.

세계화의 소용돌이는 한편 각 지역의 독자성을 강조하는 지역 중심의 활동을 강화하기도 했어.

세계화가 전반적인 개방과 통합의 추세를 말한다면,

지역화는 **집단들의 정체성을 강화**하려는 움직임이야.

지역의 전통이나 특성을 살리지 않으면 오히려 세계화의 추세에 휩쓸려 주도적인 발전이 어렵게 되었거든.

세계적 차원에서 나타나는 지역화의 움직임은 인접 국가 간에 폐쇄적이고 유리한 경제 관계를 맺는 **블록화**이고

국가적 차원에서는 **지방 자치 제도의 활성화**나

지역 상품 개발, 지역 이미지 제고 등을 통해 지역의 경쟁력을 높이는 거야.

그래서 문화적 전통과 잠재성을 지닌 **지역 사회**는 **세계화의 주체**로서 그 중요성이 점점 커지고 있어.

지금은 **지역적 가치가 세계적 가치**가 되고 이것이 곧 **국가의 경쟁력**이 되니까

뿐만 아니라, 지역의 이미지나 상품은 곧 그 지역의 **경제적 기반**이 되기 때문에

지역화에 의해 창출된 **경쟁력 있는 지역 이미지**는 주민 생활까지 풍요롭게 한다고~

우리나라도 이를 깊이 인식하고 세계 속에서 고유한 매력을 지닌 국가 브랜드로 거듭나기 위해 힘쓰고 있지. 각 지역 도시들도 마찬가지이고.

명명백백 Special 13) 지역 경제 협력 기구

세계화와 인접국 간의 발전을 도모하는 지역화는 동시에 진행되어 왔어. '블록 경제화'라고도 하지. 지금도 경제 협력 블록들은 계속 늘어나고 있는 추세야. 이 지역 협력 기구들을 외울 필요는 없어. 다만 그 중에서 우리와 밀접한 관련이 있는 EU와 APEC, NAFTA 정도는 알아두면 좋지.

사실 모두 지역 경제 협력에 관한 움직임이지만 자유 무역 협정, 연합, 공동체 등… 정식 명칭은 모두 다르지? 명명백백이니 무조건 외울 수야 없지! 사실 차분히 보면 이름 속에 다 힌트가 있다고~

① 회원국 간의 관세만을 철폐하는 자유 무역 협정(FTA, Free Trade Agreement)

② 회원국 간에는 자유 무역을 하지만, 역외국에 대해서도 공동 관세를 적용하는 관세 동맹(Customs Union),

③ 관세 동맹과 함께 회원국 간에 (상품뿐만 아니라) 생산 요소의 자유로운 이동이 가능한 공동 시장(Common Market),

④ 회원국 간의 금융, 재정 정책까지 함께 수행하는 경제 공동체 (Economic Community),

⑤ 단일 통화와 공동 의회 설치 같은 정치적 통합까지 꾀하며 완전한 경제 통합 수준인 단일 시장(Single Market)

등으로 나눌 수 있어. 뒤로 갈수록 강한 결합인데, 읽을 때 참고하면 도움이 될 거야.

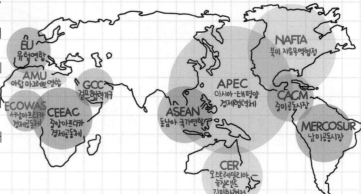

▶ EU (Europe Union: 유럽 연합)

유럽의 경제 협력을 꾀했던 ECC(Europan Economic Community: 유럽 경제 공동체)가 발전하여 **경제 및 정치적 통합까지 추진하면서 새로이 출범한 가장 강력한 형태의 연합 기구**야. 경제 블록 중에서는 유일하게 단일 화폐 (유로)를 쓰는 단일 시장(Single Market)이지. 2004년 이후에는 동유럽 국가들에게까지 문을 열어 **유럽의 거의 모든 국가가 가입한 상태로**(이 동유럽 국가들 중에는 아직 유로를 공유하지 못하는 회원국도 많긴 해.), **강력한 미국의 독주를 견제하면서 유럽의 성장과 권익 보호**를 꾀하고 있어. 최근 경제가 어려워진 그리스, 스페인 등의 서유럽 국가의 원조 문제와 국가 내부적 정치 동기 등으로 EU의 가장 중요한 중심국 중 하나인 영국이 탈퇴를 결정한 Brexit 사건이 있기도 했지?

▶ APEC (Asia-Pacific Economic Cooperation: 아시아-태평양 경제 협력체)

우리나라도 속해 있는 APEC은 한·미·일 및 동남아시아, 오스트레일리아, 캐나다, 중국, 홍콩, 멕시코 등, **태평양을 둘러싼 국가들간의 경제 협력체**야. 사실 태평양 주변 국가라는 점을 제외하면 역사·문화적 공유점이 없어 정신적 결속력은 약하지만 아시아-태평양 지역은 세계 인구나 세계 총 생산의 절반 정도를 차지할 정도로 광대한 지역이야. 그런 만큼 **EU 등을 견제하면서 경제 협력과 무역 자유화 촉진**을 목적으로 모이고 있지.

▶ **NAFTA** (North American Free Trade Agreement: **북미 자유 무역 협정**)

FTA라는 약자가 포함된 것에서도 알 수 있듯이, **북미 지역, 즉 미국, 캐나다, 멕시코가 관세와 무역 장벽을 폐지하고 자유 무역권을 형성한 협정**이야. 협정의 체결로 미국의 자본과 기술, 캐나다의 자원, 멕시코의 노동력이 결합되어 지역 경제가 활성화되기도 했지만 미국 기업의 멕시코 이동으로 인한 미국 내 실업 증대, 멕시코의 환경 악화 등 부정적 시각이 있어. 어쨌든 우리나라처럼 대미 의존도가 높은 나라에서는 미국의 블록화는 예의주시해야 할 움직임이지.

▶ **ASEAN** (Association of South-East Asian Nations: **동남아시아 국가 연합**)

동남아시아 국가들이 만든 연합 기구야. 동남아시아 국가들의 경제·사회적 기반 확립과 공동 안보를 목적으로 활동하고 있어. APEC에 가입하고 유럽 연합과의 경제 협력 협정을 체결하는 등 국제 무대에서 뭉쳐서 목소리를 키우는 데 힘쓰고 있지.

▶ **CACM** (Central American Common Market: **중미 공동 시장**)

중미 국가들, 과테말라·엘살바도르·온두라스·니카라과·코스타리카의 지역 경제 협력 기구야.

▶ **MERCOSUR** (MERcado COmun del SUR: **남미 공동 시장**)

Mercado Comun del Sur는 Southern American Common Market의 스페인어야. 남미는 브라질을 제외한 거의 모든 국가가 스페인어를 사용하잖아. 브라질과 아르헨티나, 두 나라의 경제 협력프로그램으로 시작해 파라과이, 우루과이, 베네수엘라 등이 회원국으로 활동하고 있지.

▶ **GCC** (Gulf Cooperation Council: **걸프 협력 회의**)

페르시아만(Gulf만) 주변에는 사우디아라비아·쿠웨이트·아랍에미리트·카타르·오만·바레인의 6개국이 있어. 이 6개국은 석유의 생산·수출국일 뿐만 아니라 아랍어를 사용하고 이슬람교를 믿으며 대부분 세습 왕정 체제의 동일 민족 국가라는 점에서 공통점을 지니며 지리적으로도 인접해 있지. 특히 이 지역에서 벌어지는 각종 침공과 전쟁 등에 공동 대응하고 경제 협력을 모색하기 위해 발족되었어.

▶ **AMU** (Arab Maghreb Union: **아랍 마그레브 연합**)

마그레브는 아랍어로 동방의 반대인 '서방'을 뜻해. 이슬람 국가들은 주로 중동과 북서 아프리카에 집중 분포되어 있는데, 중동은 동쪽, 북서아프리카는 서쪽이잖아. 즉, 북서 아프리카를 이슬람의 서방세계라 하여 아랍 마그레브라 하는 거야. 회원국은 모로코, 리비아, 알제리, 튀니지, 모리타니아 등이지. 이 국가들은 유럽의 영향을 많이 받는 만큼 유럽 통합에 대응하고 다른 아랍 국가들의 강한 블록화에 대처할 필요를 느끼게 되어 결성하였지.

▶ **ECOWAS** (Economic Community of West African States: **서아프리카 경제 공동체**)

경제력이 약하고 개별 국가의 목소리가 약한 아프리카 지역에서도 블록화를 통해 세계 무대에서 영향력을 확대하려는 움직임이 강하지. 세네갈, 코트디부아르, 가나, 토고 등 서아프리카 국가들이 모여 발족한 경제 협력체야.

▶ **CEEAC** (Comunidad Economica de Estados de A'frica Central: **중앙아프리카 경제 공동체**)

Comunidad Econo'mica de Estados de A'frica Central은 스페인어로, 영어로 표현하면, Economic Community of Central African States이야. 그래서 CEEAC은 ECCAS라고 하기도 해. 카메룬, 콩고, 가봉, 르완다, 등의 중앙아프리카 국가들의 경제 협력 기구야.

▶ **CER**(Closer Economic Relations: **오스트레일리아-뉴질랜드 긴밀화 협정**)

CER (Closer Economic Relations)은 해석하면 '긴밀화'가 될 테니까 Full Name은 Australia-New Zealand Closer Economic Relations Trade Agreement (ANZCERTA)야. 양국간의 무역 증진과 상호 발전, 경제 협력을 꾀하고 있지.

책이 책을 추천합니다.

광고가 아니랍니다. 명명백백이 생각하는 좋은 책을 청소년 여러분께 추천해요.
함께 읽어 보세요.

National Geographic 시리즈

꼭 책이 아니라도 좋아요. 인터넷, 방송 채널, 사진집 등 다양한
콘텐츠를 접해보세요. 지리에 빠져들게 될테니까요!

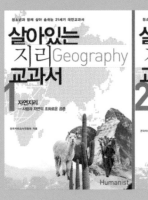

살아있는 지리 교과서

전국지리교사연합회 저 | 휴머니스트 | 2011.08.29

지구의 자연과 그 속에서 사는 사람들의 삶을 이해할 수 있는 기초 지식이
가득 들어있어요. 그밖에도 '전국지리교사연합회'에서 저작한 책들은 좋은
게 많더라고요. '믿보저자'에요.

지리의힘

팀 마샬 저 | 사이 | 2016.08.10

지리는 어떻게 개인의 운명을,
세계사를, 세계 경제를 좌우
할까요? 왜 지리가 세계를 보는
창이 되는지 알 수 있을 거에요.

왜 지금 지리학인가

하름 데 블레이 저 | 사회평론
| 2015.07.06

팀 마샬의 책과 관점을 비교해
보세요. 같은 작가의 책인 '소수에
대한 두려움', '분노의 지리학도
추천해요.

찾아보기*

인 : 인문 지리
자 : 자연 지리

좋은 책은
흥미와 호기심을 불러일으킵니다.
어때요, 지리가 좀 재미있어 졌나요?

그럼 다음 과목에서 또 만나요~~

명명백백_인문 지리편

초판 1쇄 발행 2017년 1월 1일

발행처_김만국상사
저자_김만국상사 편집부
발행자_박보람, 오정민

등록번호_제2016-000142호
소재지_경기도 성남시 분당구 야탑동 매화로 48번길 11-4
문의_contact@mmbb.kr

*파본은 발행처에서 바꾸어 드립니다. 당근.
**많은 사람들이 개고생해서 만든 저작물입니다. ㅠ.무단복제는 법에 의해 처벌받아요. 추가로 곤장100대.
***하지만 명명백백이 교육 자료로 필요하신 선생님들은 저희에게 연락주세요.

좋은 콘텐츠를 만드는 사람들, 김만국 상자